新文科建设教材
工商管理系列

Climate Change & Business

气候变化与商务

张跃军◎主编

清華大學出版社
北京

内 容 简 介

近百年来，受人类活动和自然因素的共同影响，世界正经历着以全球变暖为显著特征的气候变化，全球气候变暖已深刻影响人类生存和企业发展。为了帮助企业在全球气候变化的危机中育先机、于变局中开新局，本书应国家双碳战略和高质量发展要求，共设三篇七章。第一篇“气候变化：人类面临的共同挑战”，第二篇“气候变化：企业的危与机”，第三篇“气候变化：企业绿色变革的引擎”。全书既有科学事实也有战略梳理，既有宏观形势也有理论方法，既有全球治理也有中国方案，既有机理分析也有大量案例，以期在应对气候变化的潮流中，帮助企业明确转型升级和高质量发展的方向。

本书适合能源经济、环境管理、气候政策、管理科学等领域的专业人员，高等学校相关专业的高年级本科生、研究生和教师阅读，尤其是 MBA、EMBA、MPAcc 等专业学位研究生阅读，也适合从事经济管理工作的政府部门领导和企业中高层领导参考。

图书在版编目（CIP）数据

气候变化与商务/张跃军主编. —北京：清华大学出版社，2024.6

新文科建设教材. 工商管理系列

ISBN 978-7-302-66117-7

Ⅰ. ①气…　Ⅱ. ①张…　Ⅲ. ①气候变化－关系－企业管理－高等学校－教材　Ⅳ. ①P467 ②F272

中国国家版本馆 CIP 数据核字(2024)第 085121 号

责任编辑： 朱晓瑞
封面设计： 李召霞
责任校对： 王荣静
责任印制： 丛怀宇
出版发行： 清华大学出版社

网　　址： https://www.tup.com.cn，https://www.wqxuetang.com
地　　址： 北京清华大学学研大厦 A 座　　**邮　　编：** 100084
社 总 机： 010-83470000　　**邮　　购：** 010-62786544
投稿与读者服务： 010-62776969，c-service@tup.tsinghua.edu.cn
质 量 反 馈： 010-62772015，zhiliang@tup.tsinghua.edu.cn
课 件 下 载： https://www.tup.com.cn，010-83470332

印 装 者： 三河市人民印务有限公司
经　　销： 全国新华书店
开　　本： 185mm×260mm　　**印　张：** 12　　**字　　数：** 283 千字
版　　次： 2024 年 8 月第 1 版　　**印　　次：** 2024 年 8 月第 1 次印刷
定　　价： 49.00 元

产品编号：100768-01

前言

面对日益严峻的全球气候变化问题，中国作为全世界最大的发展中国家，克服自身经济、社会等方面困难，实施了一系列应对气候变化的战略、措施和行动。中国在应对全球气候变化、参与全球气候治理、深度参与全球环境治理方面，主动承担了大国责任。2020 年 9 月 22 日，习近平主席在第 75 届联合国大会一般性辩论上发表重要讲话，承诺“中国将提高国家自主贡献力度，采取更加有力的政策和措施，二氧化碳排放力争于 2030 年前达到峰值，努力争取 2060 年前实现碳中和”。

推进碳达峰碳中和，是党中央经过深思熟虑，统筹国内国际两个大局作出的重大战略决策。党的二十大报告明确指出，实现碳达峰碳中和是一场广泛而深刻的经济社会系统性变革，要积极稳妥推进碳达峰碳中和，有计划分步骤实施碳达峰行动。

党中央着眼于中华民族伟大复兴的千秋伟业，从前瞻性视角进行超前性全局性谋划，对推进双碳工作作出系统全面部署。在 2021 年 3 月 15 日召开的中央财经委员会第九次会议上，习近平总书记对“双碳”工作作出总体部署，强调实现碳达峰碳中和是一场硬仗，是对我们党治国理政能力的一场大考，要求各级党委和政府扛起责任，确保如期实现 2030 年前碳达峰、2060 年前碳中和的目标。在 2021 年中央经济工作会议上，习近平总书记将正确认识和把握碳达峰碳中和作为五个重大理论和实践问题之一，强调绿色低碳发展是经济社会发展全面转型的复杂工程和长期任务，能源结构、产业结构调整不可能一蹴而就，更不能脱离实际。2022 年 1 月 24 日，中央政治局围绕努力实现“双碳”目标进行第 36 次集体学习，习近平总书记发表重要讲话，将“双碳”工作纳入生态文明建设整体布局和经济社会发展全局。

党的十八大以来，以习近平同志为核心的党中央高度重视企业家群体和企业家精神在国家发展中的重要作用。在 2020 年 7 月召开的企业家座谈会上，习近平总书记强调：“企业家要带领企业战胜当前的困难，走向更辉煌的未来，就要弘扬企业家精神，在爱国、创新、诚信、社会责任和国际视野等方面不断提升自己，努力成为新时代构建新发展格局、建设现代化经济体系、推动高质量发展的生力军。”

当前，世界百年未有之大变局正加速演进，新一轮科技革命和产业变革带来的激烈竞争前所未有，气候变化、疫情防控等全球性问题给人类社会带来的影响前所未有，经济全球化遭遇逆流，世界经济在脆弱中艰难复苏。同时，我国已进入高质量发展阶段，人民对美好生活的要求不断提高，但发展不平衡不充分问题仍然突出，创新能力还不适应高质量发展的要求。国内外发展环境发生的深刻复杂变化，给我国企业发展带来了不小挑战、提出了更高要求。

经过几年发展，目前我国实现“双碳”目标的“1+N”政策体系已经建立，相关工作如火如荼在各行各业稳步推进。但是，相对发达国家而言，我们实现“双碳”目标时间紧、任务重、压力大，需要各行各业加大投入力度、齐心协力推动“双碳”目标实现。在“双碳”目标约束下，我国企业家是停滞不前、持续观望，还是顺势而上、占据先机，是停产退出、关门出局，还是重新布局、转型升级？无论如何，企业家都迫切需要了解“双碳”背景和政策动向，系统梳理“双碳”政策给企业转型发展带来的危与机，尤其是需要了解一些先进企业已经提出的“双碳”目标和具体行动，推动企业制定自己的碳减排路径，发展培育低碳技术，建立产业链、供应链碳中和管理体系，并将碳减排成本纳入企业经营决策中。企业能否加快产业结构、能源结构优化升级，促进绿色低碳技术创新应用，是助力国家实现“双碳”目标，推动高质量发展取得更大进步的关键。

为此，在习近平主席 2020 年 9 月提出“双碳”目标后，我们团队 2020 年下半年开始着手准备讲义，并于 2021 年上半年在 MBA 和 EMBA 学员中开设新课“气候变化与商务”，后多次授课，持续更新讲义，受到学员普遍欢迎。授课之余，我体会到，学生学习一门课程时，最好还是要有一本配套的教材，于是我组织团队编写了这本书。

全书写作得到了我作为负责人的湖南大学资源与环境管理研究中心的青年教师和优秀研究生刘景月、石威、程浩森、杜孟凡、强薇、黄玉琴、梁婷、王霞、李若瑾、赵文等协助，得到了我主持的国家社科基金重点项目“‘双碳’目标下能源结构转型路径与协同机制研究”（22AZD128）、重大项目“完善我国碳排放交易制度研究”（18ZDA106），国家自科基金专项项目“碳定价机制的复杂机理与动态优化研究”（71774051）等资助，也得到了清华大学出版社朱晓瑞老师的鼎力帮助。在此一并表示衷心的感谢！

书中如有不当之处，请不吝赐教，我们会在后续版本中不断改进。

张跃军

2024 年 4 月

目 录

第一篇 气候变化：人类面临的共同挑战

第二篇 气候变化：企业的危与机

第三篇 气候变化：企业绿色变革的引擎

第一篇

气候变化：
人类面临的共同挑战

第1章

全球气候变化

1.1 全球气候变化概述

地球经过46亿年的演化，形成了一个生机盎然的人类家园。从古至今，人类对神秘宇宙的探索从未间断。人类已乘载宇宙飞船登上月球，实现了对其他行星（如火星、金星等）的探测。尽管人类对宇宙的探索在无限扩大，但还远远不能离开地球去谋得生存。地球为人类的生存与发展提供了大量的自然资源，然而这些自然资源并非取之不尽，用之不竭。如果人类不能有效地保护环境和节约资源，地球总有一天会达到负载人类的极限，导致人类走向灭亡。近代工业化一方面极大地改善了人类生活水平，另一方面也导致全球自然资源大量消耗和环境污染。为了给子孙后代留下天更蓝、山更绿、水更清的优美环境，人类需要开辟一条新的发展道路，不仅仅是短期内支撑人类进步的道路，更是长期支撑未来人类进步的道路，一条可持续发展的道路。

近百年来，受人类活动和自然因素的共同影响，世界正经历着以全球变暖为显著特征的气候变化，全球气候变暖已深刻影响人类的生存和发展。2018 年 10 月，联合国政府间气候变化专门委员会（Intergovernmental Panel on Climate Change，IPCC）发布了《全球 1.5 ℃增暖特别报告》，引起各国政府和社会公众的极大关注。国际社会日益意识到全球气候变化对人类当代及未来生存空间的威胁和严重挑战，意识到采取共同应对措施减少和防范气候风险的重要性和紧迫性。习近平总书记指出，要坚持和平发展道路，推动构建人类命运共同体。中国把应对气候变化作为推动构建人类命运共同体的重要抓手，把生态文明建设作为可持续发展的重要战略，推动全球绿色、低碳、可持续发展。

小故事速递 1.1：因气候变暖，而举国搬迁的国家——图瓦卢

全球气候变化对世界各国的生态系统和社会经济产生了重大影响。2020 年，全球平均温度较工业化前水平（1850—1900年平均值）高出 1.2℃，是有完整气象观测记录以来的 3 个最暖年份之一。2011—2020 年，是 1850 年以来最暖的 10 年，全球海洋热含量再创新高，两极地区海冰范围持续异常偏小。2018 年，全球天气气候相关灾害发生次数为 1980 年以来最多，所造成损失超过全球自然灾害经济损失总量的 90%。全球变暖已成为各国政府和科学界共同关心

的重大问题。地球是人类唯一的家园，地球上良好适宜的气候与环境是人类生存和社会经济发展的必要条件，更是维持整个社会可持续性发展的重要前提。因而防止气候恶化是全人类共同的任务和使命。

1.1.1 全球气候变化机理与形势

引起气候变化的原因有多种，概括起来可分为自然气候波动与人类活动影响两大类。前者包括太阳辐射变化、火山活动等自然因素，后者包括化石燃料燃烧、土地利用变化等人为因素。

1. 引起气候变化的自然因素

1）太阳辐射的影响

地球气候系统的能量基本都来自太阳，太阳辐射输出的变化被认为是引起气候变化的外因，不少科学家试图以此来解释地球气候的变化。但长期以来，并没有证据表明太阳辐射输出会发生显著变化。因此，科学家认为太阳辐射输出是常数，即太阳常数。直到 20 世纪 70 年代末，卫星可以在大气层外准确测量太阳辐射输出量的变化，才确定太阳辐射输出量并不是完全不变的。但太阳辐射变化影响气候的机理尚不清楚，缺乏严格的理论或观测事实支持。许多科学家认为太阳黑子数多时地球偏暖，黑子数少时地球偏冷。例如，17 世纪太阳黑子数很少，并且寿命很短。当时太阳照度比现在约小 1 W/m^2，这一时期正好对应了小冰期的偏冷时段。科学家们估计，自 1850 年起，太阳照度的最大变化不超过 0.5 W/m^2，其对地球表面能量变化影响较小，因而太阳辐射的变化对现代全球变暖的影响有限。

2）火山活动的影响

火山爆发也可能是影响气候变化的自然因素之一。火山爆发之后，向高空喷放出大量硫化物气溶胶和尘埃。它们可以反射太阳辐射，从而使其下层的大气冷却。在强火山爆发后的几年，一般会出现全球范围的降温，其降温幅度在 0.3℃～1.0℃之间，因而火山爆发产生的是负辐射强迫。近百年主要的火山爆发活动集中在 1880—1920 年和 1960—1991 年。20 世纪最强的一次火山爆发是 1991 年 6 月菲律宾的皮纳图博火山爆发，它使大气层净辐射量降低了约 0.5 W/m^2，持续了 2～3 年时间，使全球平均气温降低了 0.5℃左右，结果使连续增温的全球地表温度曲线出现了一个短时期的谷区。由于每次火山爆发所产生的影响持续时间只有几年，与温室气体增加产生的长期影响相比，是一种短时期的影响，不是造成近百年全球变暖的主要因子。

3）气候系统内部变率的影响

气候变化可以由来自气候系统以外的外强迫造成，也可以由气候系统各部分之间的相互作用产生。前者一般称为气候系统外强迫引起的自然气候变化与变率，后者称为气候系统内部产生的自然气候变化与变率。在这些气候系统内部自然变化中，最重要的方面是大气与海洋环流的变化或脉动。这种环流变化是造成区域尺度各种气候要素变化的主要原因。大气与海洋环流的变化有时可伴随着陆面的变化。在年际时间尺度上，厄尔尼诺–南方涛动（El Niño-Southern oscillation，ENSO）和北大西洋涛动（Northern Atlantic oscillation，NAO）是大气与海洋环流变化的重要例子。它们的变化影响着大范围甚至全球尺度的天气与气候变化。近几十年，长期的大气与海洋环流变化十分反常。例如，ENSO事件自1976年起发生得更为频繁、强烈和持久，这与热带太平洋在这一时期明显偏暖有关，因而可能与全球气候变化有密切的关联。

2. 引起气候变化的人为因素

1）化石燃料燃烧的影响

随着工业的发展，化石燃料燃烧导致大气中CO_2的含量不断增加。“温室效应”的强弱与CO_2的浓度有密切关系。CO_2浓度增加，“温室效应”的作用增强，低层大气–对流层的温度将升高。2021年5月，全球大气中CO_2含量已达419 ppm，相比1850—1900年，全球大气的平均温度已升高近1.09℃，到2040年，平均气温预计将升高约2℃。化石燃料燃烧后排出的烟尘微粒，增加了大气中的烟尘微粒的数量，从而在一定程度上降低了大气温度。烟土微粒中有许多半径小于20 μm的气溶胶粒子，悬浮在大气中，犹如一把伞遮住了阳光，减弱了太阳辐射，导致地面气温降低。同时，大气中的烟尘微粒又提供了相当丰富的凝结核，创造了降水形成的有利条件，增多了降水的机会。降水的增加，对地面的气温也起到了冷却作用。尽管烟尘微粒可以使大气温度降低，但是相比温室效应导致大气温度的提升，仍然微乎其微。因此，化石燃料燃烧是造成全球气候变化的主要原因。

2）土地利用变化的影响

土地利用是人类活动作用于自然环境的主要途径之一，是土地覆被变化的最直接和最主要的驱动因子。土地覆被的变化，将引起温室气体排放吸收以及地面反射率、蒸发作用的变化，从而引起整个生态系统的贮碳能力、能量平衡、水分输送的变化。各种土地利用形式，尤其以森林采伐、城市建设和农业种植为代表，都会对温室效应、能量平衡、水分输送造成影响，从而在区域甚至全球尺度上影响气候变化。温室效应方面，土地利用主要是通过改变全球温室气体，如CO_2、CH_4的收支平衡，加剧温室效应。土地利用造成温室气体的增加主要有森林过度采伐、城市建设及城市工业、农业生产活动等方面。能量平衡方面，土地利用首先引起了土地覆被的变化，而土地覆被的变化引起下垫面性质包括地表反照率、粗糙度、植被叶面积指数和地表植被覆盖度发生明显的改变。反射率变化造成地面对太阳辐射吸收的变化。由于地面是大气的主要加热源，地面热状况的变化必将导致大气原来热量分布平衡及气压分布被破坏。另外，土地表面植被覆盖的变化对蒸发作用甚至对成云致雨都有影响。因此，根据不同的尺度范围，土地利用的变化可以影响到全球的能量平衡并至少在地方尺度上影响到水分的分布。微气候变化方面，城市热岛效应是居民地扩展对局部地区气候影响的最好例证，土地覆盖变化引起的微气候变化在生活中也时有发生。通过地球表面各种尺度和各种圈层之间的相互作用，土地利用对小的地方尺度上的气候影响可以扩大到更大的尺度甚至全球范围。因此，城市热岛效应对全球温度升高有极大影响。

3. 全球气候变化形势

近百年来的气候变化已经给全球自然生态系统和社会经济系统带来了重要影响，并且这种影响将会持续下去。全球气候变化的主要形势特征可以概括为下列三点。

1）全球气候变暖将继续加剧

从 1860 年有仪器观测记录以来，全球气温上升迅速，进入到一个不断增暖的时期。其中有两个较显著的增暖期：一个在 20 世纪 20—40 年代，另一个在 20 世纪 80 年代以后。从全球平均来看，第二个增暖期比第一个要强得多，全球 15 个最暖的年份都出现在 20 世纪 80 年代以后，并且 2016 年和 2020 年是近 160 年最暖的两年，因而全球气候变化的第一个主要形势特征就是未来全球变暖现象将表现出加剧的趋势。

2）全球降水在中高纬和热带地区增加，在副热带地区减少

全球气候变暖最直接的影响是空气中水汽含量的变化。气温的上升使空气能容纳更多的水汽，温度每升高 1 ℃，空气将能多容纳 7%的水汽。因而，气候变暖会进一步影响降水量。大量观测数据表明，中高纬度地区和热带地区一般呈现出降水增加的趋势，而副热带地区一般呈现出降水量下降的趋势，这样就出现了干的地方越干、湿的地方越湿的局面；另外，气候变暖还会导致降水结构出现变化。以中国为例，近 50 年来，中国年平均雨日总体呈下降趋势，主要是小雨日数减少比较明显（减少 13%），而暴雨日数不但没有减少，反而呈现增加趋势（增加 10%）。雨日数特别是小雨日数减少，这意味着干旱风险增加，而暴雨日数增加意味着短时强降水事件频率增加，城市内涝等风险增加。

3）极端天气、气候事件的频率和强度增加

与全球变暖关系密切的一些极端天气、气候事件，如厄尔尼诺现象、干旱、洪水、热浪、雪崩、风暴、沙尘暴、森林火灾等，其发生频率和强度都在增加，由这些极端事件引起的后果也会加剧。比如，干旱发生频率和强度的增加，将加重草地土壤的侵蚀，因而将增大荒漠化或沙漠化的趋势。同时，极端天气、气候事件给全世界带来的经济损失也在不断加大。据世界气象组织《2020 年气候服务状态报告》，由极端天气、气候灾害所带来的损失与 50 年前相比已增加了 7 倍，因而引起各国政府和大众的关切。

1.1.2 人类对气候变化的认识

1. 从科学走向应对

国际社会从科学认识气候变化到建立全球应对气候变化制度经历了很长的阶段。早在 17 世纪，科学家就开始注意到温室效应。1824 年，傅里叶（Fourier）提出了地球大气具有温室效应的论点。1839 年丁达尔（Tyndall）进一步阐明了大气中微量的温室气体对地球温度变化的特殊作用。随后，阿伦尼乌斯（Arrhenius）、卡伦德（Callendar）等科学家通过一系列实验和研究指出大气 CO_2 加倍将导致全球平均地面温度升高 2℃～3℃。随着现代物理学的发展，大气的温室效应、温室气体，尤其是大气中 CO_2 浓度增加导致全球变暖的坚实科学基础才得以建立。1958 年，美国夏威夷观象台开始进行 CO_2 浓度观测，从而正式揭开人类研究气候变化的序幕。

20 世纪中期，可持续发展问题引起了国际社会的高度关注，人类有关环境与发展的

思想实现了重要飞跃。1988 年，联合国大会通过《为当代和后代人类保护气候》的决议。1990 年，IPCC 发布第一次《气候变化科学评估报告》，提出了人类活动引起的排放正在显著增加大气中温室气体的浓度。1992 年，联合国环境与发展大会通过了《联合国气候变化框架公约》(以下简称《公约》)，确定了《公约》"共同但有区别的责任" 基本原则（以下简称 "共区" 原则）。《公约》生效一年后根据 "柏林授权" 启动了强化附件——国家承诺的谈判。历时两年于 1997 年达成的《京都议定书》不仅设置了发达国家的集体减排目标，同时，每个国家还确定了各自的减限排目标。从 1991 年《公约》谈判进程启动到 1997 年《京都议定书》的达成仅历时 6 年，如此高效的节奏，最主要得益于当时国际社会对环境与发展问题的重视，以及发达国家和发展中国家在发展水平和温室气体排放上尚存在巨大差距。然而，《京都议定书》的生效却一波三折，在经历了美国拒绝核准、等待俄罗斯的最终核准以满足生效条件、欧盟与俄罗斯反复谈判后，于 2005 年才得以生效。由此，国际应对气候变化的基本格局得以确定。

2. 从理想走向务实

美国在《京都议定书》生效期间的态度变化拉开了后续应对气候变化谈判的艰难序幕。鉴于《京都议定书》第一承诺期于 2012 年底到期，在《京都议定书》生效后即开始启动《公约》进程下的 "应对气候变化长期合作行动对话"，并于 2007 年达成 "巴厘路线图"，提出了发达国家减缓承诺和发展中国家适当减缓行动的双轨安排，确定了应对气候变化的 "四个轮子"，即减缓、适应、资金、技术，以及针对 "长期目标" 的 "共同愿景"。尽管 "巴厘路线图" 启动顺利，但后续进展并不平坦，各国针对发达国家和发展中国家减缓行动的区分、发达国家之间行动的可比性、发展中国家减缓行动的可测量、可报告和可核实等问题都产生了重大的分歧。未来协议的具体设计也开始酝酿由 "自上而下" 向 "自下而上" 方式演化。磋商对话方式呈现多元化，各种非正式对话不断涌现。

2007 年 IPCC 发布第四次评估报告，进一步确认了过去数十年的气候变暖主要归因于人类活动，科学性的增加直接提升了国际政治舞台对应对气候变化行动的认可度，推动了 "巴厘路线图" 的诞生。2009 年哥本哈根会议举办之时，气候变化已成为标志性的全球性议题，在政治上达到了前所未有的高度。由于大会组织程序的失误，"哥本哈根协议" 未能通过，但其核心内容，包括 2 ℃目标、"共区" 原则、两轨安排、1000 亿美元的长期资金目标、绿色气候资金、技术机制、审评等内容都在后续的 "坎昆协议"、德班平台进程中得到反映。哥本哈根会议未获成功既反映了全球治理决策程序的问题，也反映了 "南北之争" 愈加激烈以及小国集团力量与超级大国的角力。国际社会应对气候变化进入低谷期，但也趋向务实。

3. 从博弈走向合作

20 世纪 90 年代初，发达国家 CO_2 年排放量占全球排放的 66%。而到 2020 年，其占全球排放总量的份额已下降到 33.4%，发展中国家特别是新兴发展中经济体的排放和发展都发生了较大变化。回顾国际社会应对气候变化的进程，2009—2010 年成为一个重要的时间点。南北分歧依旧、发展中国家内部分化加剧、利益格局呈现多样化，各种力量重新组合。同时，从 "巴厘路线图" 进程开始，美国重新以积极姿态回归应对气候变化的主流，发展中国家也在采取实质性的行动。2011 年启动的德班平台进程起到了承上启下的作用，一是继续讨论提高 2020 年前行动力度，即解决“坎昆协议”未能解决的问题；二是确定 2020 年后国际气候治理的制度。在德班平台谈判伊始，发达国家就明确表示要重新解读《公约》。各方围绕德班平台是否应该遵循《公约》原则展开了激烈的争论，尤其是“共区”原则。为了打破关于承诺原则性争论的僵局，华沙会议上提出了“国家自主贡献”（intended nationally determined contributions，INDC）的概念，要求各方尽快开展国内的准备工作，确定各自在新协议下的承诺目标。这一概念本意是加速谈判进程，但实际上的效果和预期有很大的差距。

随着 2013—2014 年 IPCC 第五次评估报告的发布，科学认知得到进一步强化。同时，世界经济和能源格局进入结构性调整期，低碳技术的发展与应用取得了显著进展。另外，各国政治意愿和合作共赢理念不断增强。巴黎气候大会前，已有 167 个国家正式提交了有关开展温室气体减排等气候行动的“国家自主贡献”目标，其排放的温室气体约占到全球排放总量的 90%。在美国、中国、法国、联合国秘书长、公约秘书处以及所有缔约方的共同努力下，巴黎大会最终达成了以《巴黎协定》和相关决定为核心的一系列成果。《巴黎协定》提出了将全球平均温度上升幅度控制在低于工业化前水平 2℃，并争取不超过 1.5℃，以及建立气候韧性社会和推动资金向低碳领域投入的目标；明确了全球温室气体排放尽快达峰的长期减排路径；确定了提高气候变化适应能力的全球适应目标，加强对发展中国家的资金、技术和能力建设支持，以及以促进性、非侵入性、非处罚性和尊重国家主权的方式实施关于行动和支持的强化透明度框架的一揽子共识。这是在《公约》《京都议定书》和“巴厘路线图”等一系列成果基础上，按照“共区”原则、公平原则和各自能力原则，以更加包容、更加务实和激励的方式鼓励各方参与的重要成果，充分展现了各国合作应对气候变化、推进绿色发展的共识，并充分照顾到了各国关切。

1.1.3 气候变化中的中国角色

1. 应对气候变化的积极参与者

1）中国积极认真参加联合国气候变化谈判

20 世纪 80 年代末，当《公约》谈判的筹备工作在全球紧锣密鼓展开之时，中国国内也开始认真着手谈判准备工作。中国在参加谈判初期，认为气候变化问题涉及能源生产结构的调整与改造，会触及各国经济与社会发展的基础。《公约》势必限制温室气体排放，涉及相关执行措施，从而可能影响中国经济发展。但是，应对气候变化是全球共同利益所在，站在道义制高点，作为环境大国，中国应该对参加国际气候谈判持积极态度。基于上述基本思路，本着“积极认真，坚持原则，实事求是和科学态度”的方针，中国代表团在公约谈判中依托“77 国集团+中国”，为维护发展中国家的利益积极发声。

除在谈判磋商中积极发声，为表明中国参加公约谈判的积极姿态，中国在谈判进程中提出了一份完整的公约草案提案——《关于气候变化的国际公约条款草案》。在《公约》谈判过程中，发展中国家只有中国和印度提出了完整的《公约》草案提案。后来，中国和印度的草案文件作为“77 国集团+中国”《公约》草案提案的蓝本，成为重要的基础谈判文件。此外,《公约》于 1992 年 6 月达成之后，中国全国人民代表大会于 1992 年 11 月批准该《公约》，并于 1993 年 1 月将批准书交存联合国秘书长处。由此，中国是最早缔结《公约》的国家之一。

2）积极维护中国和其他发展中国家的发展权益

温室气体减排责任分担始终是联合国气候变化谈判的核心问题，也是谈判博弈的焦点。维护中国和其他发展中国家的基本发展权益，争取尽可能多的排放权和发展空间，不承担量化减排义务，是早期中国参与气候谈判的核心诉求之一。为此，中国在谈判中积极而坚决地维护这一基本立场。值得一提的是，在中国代表团提交的《关于气候变化的国际公约》条款草案第二条一般原则中，提出“各国在对付气候变化问题上具有共同但又有区别的责任”。这与后来《公约》中的“共区”原则几乎相同。《公约》于 1994 年生效之后，国际气候变化谈判很快进入《京都议定书》的谈判周期。《京都议定书》的主要任务就是通过谈判制定一份法律文件，确定发达国家减排温室气体的量化义务。但是在谈判中，发达国家一直试图增加发展中国家的减排义务，双方为此展开激烈交锋。在中国和其他发展中国家的共同努力下，谈判的最后结果体现了“共区”原则,《京都议定书》得以达成。

3）中国积极展开国内的节能减排行动

1992 年，联合国环境与发展大会召开以后，中国政府率先组织制定了《中国 21 世纪议程：中国 21 世纪人口、环境与发展白皮书》，从国情出发采取了一系列政策措施，为减缓全球气候变化做出了积极的贡献。从中国气候政策的制定和实施来看，在这个阶段，中国已经出台了一系列重大的政策性文件，旨在调整经济结构，提高能源利用效率，优化能源结构。中国在环境、交通等领域也采取了相应的政策和措施。虽然这些政策的首要目标并非应对气候变化，但是试图整合应对气候变化的目标，是“与气候相关”的政策措施。从实施角度看，虽然取得一定成效，但总体上来看，政策的有效性和效率还不够高。

2. 应对气候变化的积极贡献者

1）开始将应对气候变化的政策主流化和系统化

2007 年 6 月，国务院发布《中国应对气候变化国家方案》，首次明确了将应对气候变化纳入国民经济和社会发展的总体规划之中，明确了到 2010 年国家应对气候变化的指导思想、具体目标、基本原则、重点领域及政策措施，宣布到 2010 年，实现单位国内生产总值（gross domestic product，GDP）能源消耗比 2005 年降低 20%左右，相应减缓 CO_2 排放。该方案是我国首部全面应对气候变化的政策性文件，也是发展中国家颁布的第一部应对气候变化国家方案。2008 年 10 月召开的中国共产党第十七次全国代表大会上，胡锦涛总书记在报告中提出“加强应对气候变化能力建设，为保护全球气候作出新贡献”，应对气候变化首次被写入中国共产党的纲领性文件。自 2008 年起，中国每年发布《中国应对气候变化的政策与行动》白皮书，全面阐述积极应对气候变化的立场，介绍应对气候变化的新进展。2013 年，中国发布《国家适应气候变化战略》，将适应气候变化的要求纳入国家经济社会发展的全过程。另外，值得一提的是，2007 年，中国政府编制的第一部国家气候变化评估报告正式出版，为中国制定和实施应对气候变化的国家战略和参与应对气候变化的国际合作提供了有力的科技支撑。

2）中国的谈判立场发生微妙变化

2007 年的《中国应对气候变化国家方案》强调，中国将本着积极参与、广泛合作的原则参与国际气候谈判，“进一步加强气候变化领域的国际合作，积极推进在清洁发展机制、技术转让等方面的合作，与国际社会一道共同应对气候变化带来的挑战”。2007 年以前，以中国为代表的发展中国家坚持认为，发达国家累积排放了过多的温室气体，所以应承担应对气候变化的首要责任，并向发展中国家提供资金支持和技术转让，反对将发展中国家的自愿承诺问题提上议程，拒绝任何形式的减排承诺。2007 年后，中国虽然重申发展中国家现阶段不应当承担减排义务，但是提出可以根据自身国情采取力所能及的积极措施，尽力控制温室气体排放增长。2009 年，中国宣布自愿减排指标，到 2020 年，单位国内生产总值 CO_2 排放比 2005 年下降 40%～45%。这是中国首次在国际气候变化谈判中提出量化的、清晰的减排承诺。

3）积极推进联合国气候变化谈判进程

中国借助日益增加的国际影响力不断推动气候谈判进程，作出更多的贡献。2007 年 12 月，在巴厘气候大会上，中国代表团为达成“巴厘路线图”做出了重要努力和贡献。筹备 2009 年哥本哈根气候大会期间，中国起草了关于哥本哈根会议成果的中国案文，时任总理温家宝亲自对“基础四国”的代表做工作，在中国案文的基础上形成“基础四国”成果文件草案。“基础四国”案文的提出，使中国争取到了更大的主动权，从而得以引导哥本哈根气候大会的谈判进程，促成会议成果。在谈判面临失败的最后关头，中国积极利用“基础四国”协调机制，付出巨大努力，促成《哥本哈根协议》，为哥本哈根谈判取得积极成果发挥了关键性的作用。

2012 年，在多哈气候大会中，由于各方立场和利益存在很大分歧，特别是围绕《京都议定书》第二承诺期问题的谈判一度陷入僵局。在会议面临失败的危急时刻，中国代表团密集开展外交斡旋，积极引导谈判走向，并应会议主席请求积极对相关国家做工作。在会议最后时刻，中国代表团因势利导，推动会议主席和秘书处下决心果断采用一揽子方式通过会议成果，为多哈会议取得积极成果做出了重要贡献。

为中国和发展中国家争取一定的排放空间一直是中国参加国际气候谈判的一个重点目标。中国为维护发展中国家的团结、巩固中国战略依托而积极运作，在 2009 年哥本哈根气候大会召开之前，中国积极联络印度、巴西、南非，倡导建立“基础四国”磋商机制，定期协调立场，2012 年形成了 30 多个亚非拉国家参加的“立场相近发展中国家”协调机制，并加强同小岛国、最不发达国家、非洲集团的对话、沟通和理解。

3. 应对气候变化的积极引领者

2015 年 12 月 12 日，《公约》第 21 次缔约方大会在法国达成《巴黎协定》。《巴黎协定》是全球气候治理进程的重要里程碑，标志着 2020 年后的全球气候治理进入一个前所未有的新阶段。巴黎气候大会的成功举办标志着中国的角色转变——在全球气候治理中，中国从积极贡献者转向积极引领者。

1）积极贡献全球气候治理的中国理念

在国际气候谈判中，中国的观点日益受到各缔约方的欢迎和重视。中国积极提出，应对气候变化要坚持人类命运共同体和生态文明的理念，倡导构建人与自然生命共同体，坚持“共区”原则，坚持气候公平正义，维护发展中国家的基本权益。2015 年 11 月，习近平主席在巴黎气候大会开幕式上发表讲话，他表示，应对气候变化的全球努力是一面镜子，给我们思考和探索未来全球治理模式、推动建设人类命运共同体带来宝贵启示。2017 年 1 月 18 日，习近平主席在瑞士日内瓦万国宫出席“共商共筑人类命运共同体”高级别会议，并发表题为《共同构建人类命运共同体》的主旨演讲。他强调：“构建人类命运共同体，关键在行动。我认为，国际社会要从伙伴关系、安全格局、经济发展、文明交流、生态建设等方面作出努力”。2020 年 9 月 30 日，习近平主席在联合国生物多样性峰会上强调，中国将秉持人类命运共同体理念，继续作出艰苦卓绝努力，提高国家自主贡献力度，采取更加有力的政策和措施，二氧化碳排放力争于 2030 年前达到峰值，努力争取 2060 年前实现碳中和，为实现应对气候变化《巴黎协定》确定的目标作出更大努力和贡献。

2）进一步加大应对气候变化的行动力度

近年来，中国不断强化应对气候变化的行动，力度之大前所未有，基本扭转 CO_2 排放快速增长的趋势。到 2019 年底，碳强度比 2015 年下降 18.2%，已提前完成中华人民共和国国民经济和社会发展第十三个五年规划纲要（简称“十三五”规划）约束性目标任务；碳强度较 2005 年降低约 48.1%，非化石能源占能源消费的比重达 15.3%，中国向国际社会承诺的 2020 年目标均提前完成。2020 年 9 月，习近平主席在第 75 届联合国大会一般性辩论中宣示了“二氧化碳排放力争于 2030 年前达到峰值，努力争取 2060 年前实现碳中和”的目标。这意味着中国作为世界上最大的发展中国家，将完成全球最高碳排放强度降幅，用全球历史上最短的时间实现从碳达峰到碳中和的过程，充分体现了中国应对气候变化的力度和雄心。习近平主席强有力的宣示为落实《巴黎协定》、推进全球气候治理进程和疫情后绿色复苏注入了强大政治推动力，不仅带动日本、韩国宣布碳中和目标，而且推动欧盟进一步提高减排力度，得到国际社会广泛赞誉。

3）积极推动气候变化南南合作，加大对外气候援助

在气候变化领域，中国对发展中国家的援助可追溯至 2007 年。近年来，中国推进气候变化南南合作的力度不断加大。通过“一带一路”倡议及南南合作等机制，中国帮助广大发展中国家建设了一批清洁能源项目。中国支持肯尼亚建设的加里萨光伏发电站年均发电量超过 7600 万 kW·h，每年可减少 6.4 万 t CO_2 排放。中国援助斐济建设的小水电站为当地提供了清洁稳定、价格低廉的能源，每年斐济可节省约 600 万元人民币的柴油进口费用，这些小水电项目助力斐济实现“2025 年前可再生能源占比 90%”的目标。2013—2018 年，中国共在发展中国家建设应对气候变化成套项目 13 个，其中风能、太阳能项目 10 个，沼气项目 1 个，小水电项目 2 个。

中国积极帮助发展中国家提升应对气候变化能力，减少气候变化带来的不利影响。2015 年，中国宣布设立气候变化南南合作基金，在发展中国家开展“十百千”项目（10 个低碳示范区、100 个减缓和适应气候变化项目及 1000 个应对气候变化培训名额）。迄

今，中国已与34个国家开展了合作项目。中国帮助老挝、埃塞俄比亚等发展中国家关注环境保护、清洁能源等领域，制定相关发展规划，加快绿色低碳转型。中国向缅甸等国赠送太阳能户用发电系统和清洁炉灶，既降低了碳排放又有效保护了森林资源。中国赠送埃塞俄比亚的微小卫星已经成功发射，可以帮助该国提升气候灾害预警监测和应对气候变化能力。2013—2018年，中国举办了200余期以气候变化和生态环保为主题的研修项目，在学历学位项目中设置环境管理与可持续发展等专业，为有关国家培训了5000余名专业人员。

1.2 气候变化风险及其影响

1.2.1 气候变化风险

1. 气候变化风险的内涵

目前对气候变化风险还没有比较统一的看法。国际上，IPCC报告将气候变化风险定义为“不利气候事件发生的可能性及其后果的组合”；世界银行的研究报告认为气候变化风险是“特定领域气候变化或气候变异后果的不确定性”。与气候变化风险高度相关的概念还包括极端气候事件和脆弱性。极端气候事件是全球气候变化风险加大的表现之一。以全球变暖为主要特征的气候变化，引发极端气候事件（如强降水和干旱等）在全球许多国家和地区发生的频率和量级呈上升趋势，这些事件通过作用于对气候敏感脆弱的部门和地区，最终将对社会经济系统造成严重的不利影响。极端气候事件往往在与脆弱的承灾体耦合时，潜在的风险才转化为真实的损失。脆弱性是指“系统易受或没有能力应对气候变化（包括气候变率和极端气候事件）不利影响的程度”。就气候变化问题而言，某一系统的脆弱性是该系统对气候的变率特征、幅度和变化速率及其敏感性和适应能力的函数。

极端气候事件是指出现概率非常小的气候事件，即某一特定时期内发生在统计分布之外的罕见气候事件，通常分布在统计曲线两端各10%的范围内，具有灾害性、突发性等特点。在IPCC综合报告中，极端气候事件被定义为“在特定地区发生在统计分布之外的罕见气候事件”。

极端气候事件所引起的气候灾害（如干旱、洪涝、热带气旋、风暴潮、寒潮等）已经并将继续对人类社会经济系统造成严重的不利影响。中国是受极端气候事件影响严重的国家之一，由于极端气候事件引发的自然灾害，每年都会造成一定程度的经济损失和人员伤亡，这些影响主要集中在水资源、农业粮食生产和生态系统等对气候敏感脆弱的领域。

极端气候事件与自然灾害之间有着密切的联系，但又有所不同，主要表现在以下三个方面。

（1）极端气候事件与自然灾害两者之间表现为因果关系，极端气候事件往往是自然灾害的重要诱因和承灾体的致灾因子，灾害是否发生也取决于孕灾环境和承灾体对气候敏感脆弱的程度。

（2）自然灾害是气候灾害（干旱、洪涝、热带气旋、风暴潮、寒潮）、地质灾害（地震、滑坡与泥石流）、生物灾害（病虫害和鼠害）等多种灾害的总称。而极端气候事件主要与其中的气候灾害相关，二者不能等同。

（3）自然灾害的主要研究侧重于灾害的定义和危害程度，而极端气候事件的研究目的在于气候变化和某些自然灾害之间建立科学的逻辑关系，即由于人类活动和自然变化的共同作用，大气中温室气体浓度增加，地球气候系统的自然变率逐渐加快，极端气候事件（强降水、干旱等）的发生频率和强度增加，旱灾、水灾和热带气旋等自然灾害的出现频率和危害程度也随之增加。

2. 气候变化风险的特征

近年来，在全球变暖的大背景下，世界各国极端天气、气候事件明显增多，造成的损失和负面影响不断加重，应对全球气候变化已经成为世界各国共同面临的一项重大挑战。总体来看，当前全球气候变化明显地具有严重性、全球性、萌发性、长期性、政治性等典型特点。

1）影响后果：严重性

随着全球气候持续变暖，台风等各类极端气候事件发生更加频繁，灾害损失和影响不断加重。气候变化会带来天灾，不仅威胁着人类的生命与安全，还会导致许多流行性疾病的产生，给人类的健康带来很大威胁；气候变化致使全球气候变暖，改变着动植物的生活环境，进而影响着农作物的生长和动物的生存。尤其是，随着人口、资源和社会经济活动的日益集中，全球气候变暖越来越具有密集性特点。据 IPCC 报告，如果温度升高超过 2.5℃，全球所有区域都可能遭受不利影响，发展中国家所受损失尤为严重；如果升温 4℃，则可能对全球生态系统带来不可逆的损害，造成全球经济重大损失。据 2007 年我国发布的《气候变化国家评估报告》，气候变化对我国的影响主要集中在农业、水资源、自然生态系统和海岸带等方面，可能导致农业生产不稳定性增加、南方地区洪涝灾害加重、北方地区水资源供需矛盾加剧、森林和草原等生态系统退化、生物灾害频发、生物多样性锐减、台风和风暴潮频发、沿海地带灾害加剧、有关重大工程建设和运营安全受到影响。因此，气候问题目前已经成为 21 世纪人类社会面临的最严峻挑战之一，而且可能是未来威胁到人类生存的重大问题。

2）波及范围：全球性

全球气候变化问题无论在问题产生的原因、事态发展变化的过程、造成的影响、所波及的范围以及解决问题的途径上，都不再局限于某一个地区或国家，也不再局限于特定的时间范围内，而是呈现出很强的跨地域扩散传播的全球性、超国家特征。气候变化受到地球大气层的影响制约，某地的气候与其他地方的气候相互平衡与相互牵制（水、热状况平衡）。当某地的气候发生变化（水、热状况不平衡）时，也会影响其他地方的大气波动，出现全球性气候变化。罗马俱乐部在 1972 年发表的震撼世界的著名研究报告——《增长的极限》中指出：虽然格陵兰岛距离任何大气铅污染源都很远，但是在格陵兰冰块中沉淀的铅的数量，自 1940 年起，每年增加 300%。

当前，世界各国、各地区无不处于全球气候变化的影响中，都会直接或间接地受到全球气候变化的冲击。某些环境问题在现象上表现为区域性，后果则与国际社会整体紧密相连，从而使区域问题具有世界意义。例如，影响气候变化的人为因素中，主要是由工业革命以来人类活动特别是发达国家工业化过程的经济活动引起的，化石燃料燃烧和毁林、土地利用变化等人类活动所排放的温室气体导致大气温室气体浓度大幅增加，温室效应增强。据美国橡树岭国家实验室研究报告，自1750年起，全球累计排放了1万多亿吨 CO_2，其中发达国家排放约占80%。但发达国家工业化活动带来的影响却是世界性的，全球气候变暖不但对各国的经济、政治、社会、国际关系、人类健康造成影响，而且对人类赖以生存的自然界生态系统也造成了重要的影响。

总的来看，作为全球环境问题的一部分，全球气候变化问题已经突破国家与地域的限制，其带来的影响并非针对某一国家、某一地区，而是影响到整个人类社会与自然界，成为整个人类社会的公敌，威胁着整个人类社会。因此，正如美国行政学家斯蒂尔曼所言："在对危机的处理上，尽管世界各国存在地域上和意识形态上的差异，但反应是相似的。"作为一个全球性的问题，全球气候变化问题无法由任何一个国家或地区独立应对，它需要世界各国的共同努力，通过国际社会广泛的合作予以解决，尽管目前世界各国尚未就气候变化问题综合治理采取的措施达成共识，但全球气候变化会给人带来难以估量的损失，气候变化会使人类付出巨额代价的观念已为世界所普遍接受，并成为广泛关注和研究的全球性环境问题。

3）发生特点：萌发性

从事件发生的特点来看，各种风险和危机可分为突发性和萌发性两类。其中，突发性危机是指事件的发生突如其来、出乎意料，超出了决策者在事前的预期和想象，爆发伊始就表现出较为严重的后果。例如，2001 年美国"9·11"事件属于一场突如其来的灾难，恐怖分子利用劫持民航客机撞击美国纽约世贸中心和华盛顿五角大楼。虽然早在事件发生前的2000年8月布什总统就得到情报部门关于本·拉登手下人员将劫持飞机的报告，但情报没有说恐怖分子将把飞机作为导弹袭击世贸中心和五角大楼。萌发性危机是指事件的发生具有逐步发展变化的特点，刚开始事态不明显，各种征兆、信息不明确；随着时间不断推移，由于事态本身不断恶化扩大或因决策分析、研判、决策失误，导致在此过程中各种征兆和信息不断增多和明确，事件不断升级和扩大，最终从小范围的小事件引发成为危机事件。

突发性危机和萌发性危机具有不同的特点。一般而言，突发性危机突如其来，出乎意料，一般比较容易为决策者所察觉，事件的过程及其后果比较容易观测得到，决策过程比较快速和平稳。萌发性危机一般具有逐渐发展变化的特点，在事发之初不为决策者所察觉，难以对事件发生的过程和结果进行预测。因此，与突如其来的突发性危机相比，萌发性危机的发生、发展和结果不太容易预测和观测。

气候变化属于典型的萌发性危机。在事件发生的初始阶段，由于存在信息不完全、不及时、不准确等各种信息不对称现象，事态后果的严重性在刚开始的短期时间内并不完全凸显，而且事态发展变化的结果并不完全能够进行事前的准确预期和估计。因此，决策者容易对事态进行错误的认识、分析和判断，无法清晰、准确、全面地认识事态可能产生的各种中长期后果。因此，面对气候变化这种典型的萌发性危机事态，世界各国政府和民众很可能在初始阶段的短时间内无法全面认识和判断事态可能产生的中长期后果，进而无法有效采取各种针对性的应对行动。

4）时间跨度：长期性

2010 年，《全球风评评估》指出，当今世界面临的最大风险来自各种逐渐发展变化的蠕变风险。因为这些失灵和风险需要很长时间才能显现，其潜在的巨大影响和产生的长期后果可能被严重低估。全球气候变化属于蠕变风险，所造成的影响会随着时间和空间的推移不断积累和加重，经历由量变发展为质变，导致风险变为灾害的过程。因此，作为一种蠕变性、渐发性灾害，气候变化与突发性灾害在影响后果和所应采取的应对策略方面都不同——前者的影响是长期持续、不断累积变化的，可以更好地进行提前预防和准备，做到关口前移；而后者的影响则是突如其来、出乎预料的，主要是要做好应急抢险工作。

当前人类面临的气候变化问题主要是指工业革命以来，由于大规模使用化石燃料、森林植被遭到破坏等原因，CO_2 等温室气体超过了自然的吸纳能力，大气中温室气体浓度增加导致气温升高，进而引发冰川融化、海平面上升、水资源失衡、生态系统严重损害等一系列影响人类生活的环境问题。工业革命前，在漫长的农业社会，人类保持以农牧业为主的生产方式，化石燃料使用量很小，人类与自然环境形成大体平衡的能量和物质循环，对自然环境的整体性影响很小。而工业革命在赋予人类改造和利用自然巨大能量的同时，也使人类活动真正具有了影响全球环境的能力。在过去的 200 多年中，人类的物质文明获得了突飞猛进的发展，但资源环境问题也日益凸显。因此，全球气候变化的产生、发展及其影响，经历了很长的历史时间，而且这种影响还将持续下去，对人类的健康和发展造成重大影响。

5）事件性质：政治性

气候变化已经超出了一般意义上的气候问题和环境问题。2007 年 4 月 17 日，英国外交大臣贝克特利利用担任安理会该月轮值主席的机会，把环境问题作为讨论内容，就能源、安全和气候变化之间的关系进行公开辩论。这是“气候外交”牌首次被打到安理会桌面上，证明气候变化已经从一个科学课题演化为长期性的重大国际政治、外交和经济话题。目前，全球气候变化已经成为一个带有政治性的问题，气候外交正成为各国外交内容的重要部分，得到各国政府的日益重视。

实际上，全球气候变化问题并非一开始就是一个国际政治性问题，国际政治也并非一开始就涉及气候变化问题，气候变化问题政治化有一个过程。在长达一个世纪的时间里，气候变化问题逐渐从一个局部问题发展成为一个全球性问题、从一个气象问题发展成为一个国际政治性问题。到了 21 世纪，全球气候变化问题更是成为联合国和世界各国政府关注的焦点。随着气候变化问题逐渐成为国际会议的一个重要议题，全球气候变化问题的政治化进程正在大大加快，并且引发的安全问题具有长期性、多层次和不可逆等特征。

全球气候变化从一个气象问题发展成为一个国际政治性问题，除了反映了世界各国对全球变暖导致的极端气候以及环境恶化的严重关切，还有对能源安全的担忧以及发展创新型、环保型经济的长远考虑，背后体现的是世界各国的国家利益问题。国家气候变化对策协调小组办公室发布的《全球气候变化——人类面临的挑战》报告指出：“全球气候变化一直是国际可持续发展领域的一个焦点问题，围绕气候变化的争论与谈判，表面上看是关于全球气候变化原因的科学问题和减少温室气体排放的环境问题，但本质上是一个涉及各国社会、政治、经济和外交的国家利益问题。”

3. 气候变化风险的类型

风险分类是对气候变化风险进行系统风险评估和管理的前提和基础，国际风险管理理事会（International Risk Governance Council，IRGC）根据风险问题的特征提出了风险的三个特定维度，即复杂性、不确定性和模糊性，并根据其特征给出了风险管理的相应建议（表 1.1）。

表 1.1　风险特征及其对风险管理的启示

序号	信息描述	管理策略	适用工具	利益相关者参与
1	简单风险问题	常规型手段（容忍度/接受度判断和风险降低）	➢ 应用“传统”决策方法 ◆ 风险–收益分析 ◆ 风险–风险权衡 ◆ 反复试验 ◆ 技术标准 ◆ 经济激励 ◆ 教育、标识、信息 ◆ 自愿协议	工具性讨论
2	复杂风险问题	风险指引型手段（风险诱因和因果关系）	➢ 现有征兆的特征描述 ◆ 达成专家共识的工具 ▫ Delphi 法或共识会议 ▫ 元分析 ▫ 情景构建等 ◆ 结果融入日常运营环节	认知性讨论
		鲁棒性聚焦型手段（风险吸收系统）	➢ 改善风险目标的缓冲能力 ◆ 增加安全因子 ◆ 提升安全设备设计的冗余性和多样性 ◆ 提高应对能力 ◆ 建立高可靠性组织	—
3	不确定风险问题	预警型手段（风险诱因）	➢ 使用包括持续性、普遍性等在内的危险描述工具进行风险评估 ◆ 遏制政策 ◆ ALARA（合理可行尽量低）和 ALARP（最低合理可行） 原则 ◆ BACT（最佳可行控制技术）等	反思性讨论
		韧性聚焦型手段（风险吸收系统）	➢ 提高处置突发事件的能力 ◆ 获取所需利益手段的多样性 ◆ 消除脆弱性 ◆ 允许灵活应对 ◆ 为适应性变化做好准备	—
4	未知风险问题	基于讨论型手段	➢ 为达成共识从而实现风险评估结果和管理手段选择的冲突化解策略 ◆ 引入利益相关者实现最终方案 ◆ 关注沟通和社会层面的讨论	参与性讨论

复杂性是指在一系列可能的诱因因素和特定的结果之间难以构建和准确定量化的因

果链条，不确定性是指缺乏清晰与高质量的科学与技术信息，模糊性源于对特定威胁的判断、危害和内涵存在多元的甚至冲突的视角。气候变化的风险中，高度的复杂性、不确定性和模糊性并存。气候变化风险是一种嵌入到社会、金融和经济大背景下的风险，与自然事件、经济、社会和技术的发展以及政策行为相互交织，因此是一种复杂的“系统性”风险，需要政府、工商业、学术界和公民社会的多方参与和共同治理。

根据 IPCC 第四次评估报告中描述不确定性的主要特征——“信度”和“可能性”作为分类特征参数，分别构建了四类风险的模糊隶属函数，根据最大隶属度原则从定量角度对气候变化风险进行分类，同时利用 IPCC 的两个定性指标“达成一致的程度和证据量”对定量分类方法进行补充，初步建立了气候变化风险的分类方法体系。获得的气候变化风险分类的初步结果如表 1.2 所示，可以为风险管理机构选择不同类别的评估和管理方法进行风险研究提供科学依据。

表 1.2　气候变化风险的分类结果

风险类别	气候变化风险
简单风险	冰川消融；海岸低地的淹没；沿海湿地、珊瑚礁等生态系统的退化；生境的丧失和物种的灭绝；媒介传染病（血吸虫、疟疾）
复杂风险	农业灌溉需水量增加；森林草原火灾；农作物病虫害增加；供水短缺；水质恶化；洪涝与干旱；盐水入侵（河口、地下水）；生态系统结构、功能受损；土壤盐碱化和沙漠化；极端天气事件导致的疾病、伤亡；交通和运输系统风险
不确定性风险	农作物产量；森林生产力；草场与畜产量变化；渔业和水产业风险；风暴潮；海洋酸化对海洋生物的风险；城市大气污染；海洋酸化对海洋生物的风险；空气质量引起的呼吸系统疾病；大型水利工程风险；金融保险业风险；旅游业风险
未知风险	农作物市场价格波动；森林木材市场；热带气旋；媒介传染病（登革热）

1.2.2　气候变化对自然生态的影响

自然生态系统多样性指的是生态系统中的生物群落、生物类型以及生态过程的丰富程度。自然生态系统由无机非生物环境（包括光、土壤、空气、水分等）和生物环境（动物群落、植物群落和微生物群落）组成。系统内部的各个组分之间存在复杂的相互依存关系。生态系统中的生态过程主要包括物质循环、能量流动、种间关系。全球气候变化对生态系统多样性的影响很显著，主要表现为生态系统结构和功能的改变。全球气候变化对自然生态系统的影响是多尺度、全方位、多层次的，气候变化对自然生态系统的影响主要有以下 4 个方面。

1. 气候变化对极地生态系统的影响

极地生态系统中生活着在世界上最极端条件下生存的一系列动植物。南极周围的海域中有丰富的浮游生物，它们支持着丰富的海洋食物链，而北极支持着许多哺乳动物的生存，并在候鸟的年度周期中起着重要的作用。北极生物多样性是生活在北极的人们谋生的基础。极地地区目前正经历地球上最迅速和严重的气候变化。极地地区极易受气候变化的影响，在 20 世纪期间，北极气温上升了约 5℃。这比观察到的全球平均地表温度增长速度快了 10 倍。预计在未来，北极还将继续变暖。这些变化已严重威胁到极地物种的生存，对极地生态系统造成了严重的破坏。例如，在 1980 年，加拿大西部哈德逊湾中雌性北极熊的平均体重为 650 磅（1 磅≈0.4536 kg）。2004 年，这一数字下降为 507 磅。据悉，这是北极海冰融化时间逐年提前造成的北极熊平均体重下降。此外，随着冰面退化，南极磷虾和其他小型生物的种群数量也在衰减。由于磷虾在食物链中的高度重要性，整个海洋食物网将遭受不利影响。

2. 气候变化对农业生态系统的影响

目前，全球陆地面积的三分之一用于粮食生产，在世界各地几乎都有农业生态系统。而气候变化对农业生物多样性的影响是广泛和多方面的。人口迅速增长造成农业系统从传统生产方式向精耕细作方式转变。但气候变化将加剧病虫害的传播，从而可能影响植物的生长和产量。在多达三分之一的热带和亚热带地区，农作物已经接近可容忍的最高温度，进一步高温炎热和土壤干化可能会造成减产。

3. 气候变化对森林生态系统的影响

森林覆盖了地球表面的三分之一，并且森林生态系统包含所有已知陆地物种的三分之二。在过去 80 年中，地球上原始森林中约 45%已经被改造。而森林生态系统极易受到气候变化的影响，因为即使温度和降水的微小变化也可能对森林生长造成严重威胁。随着 CO_2 浓度的上升，起初某些森林可能生长速度加快。但是，气候变化可能迫使某些物种迁移或改变其生活范围，变化的速度可能超出了它们所能承受的范围。某些物种可能因此而消亡。例如，在加拿大，白杉树迁移的速度可能无法跟上气候变化的速度。此外，森林可能会更多地受到害虫和火灾的威胁，使它们更容易受到侵入物种的破坏。例如，近年英格兰出现了从未见过的植物害虫，因为冬天霜冻，这些害虫原本无法在英格兰存活。

4. 气候变化对海洋生态系统的影响

海洋占地球表面的 70%，构成地球上最大的栖息地，而沿海地区蕴含着世界上最多样化和最繁茂的生态系统，包括红树林、珊瑚礁和海草。海洋生态系统极易受到气候变化的影响，气候变化和海平面上升对海洋生态系统可能造成的影响包括：沿海水土流失加剧，沿海洪灾面积扩大，暴风雨造成的洪灾水位增高，海洋表面温度增高，海冰面积减少，气候变暖还会导致海洋白化，对依赖珊瑚生存的整个珊瑚礁生态系统造成很大的威胁。

1.2.3 气候变化对人类社会的影响

短时间的气候变化，特别是极端的异常气候现象，如干旱、洪涝、冻害、冰雹、沙暴等等，往往造成严重的自然灾害，足以给人类社会造成毁灭性的打击。这种打击往往是短暂的、局部的，虽然不至于影响生态系统，但是对人类造成的灾害却十分大。而长期的气候变化，即使变化比较缓慢，也会使生态系统发生本质性的改变，使人类社会生产布局和生产方式完全改变，从而影响人类社会的经济生活。气候变化对人类社会的影响主要有以下五个方面。

1. 气候变化对农业与粮食安全的影响

气候变化将阻碍农业发展，影响粮食安全。农业部门是对气候变化反应最敏感的部门之一。农作物种类、CO_2 浓度和土壤特性等因素的交互作用，导致农作物对气候变化的响应差异明显。一般而言，CO_2 浓度增加可以刺激农作物生长和提高产量，但这一有利影响并不总能弥补高温和干旱的不利影响。对发展中国家来说，气候变化对农业与粮食安全影响更为显著。随着发展中国家人口增加，粮食需求将不断增加。但是受限于耕地、资金和技术以及贫弱的财政支持，发展中国家的农业工业化水平较低，农业生产效率不高。而气候变化和欧美主要粮食生产国削减粮食产量，世界粮食储备水平下降，粮价上扬。这些将会导致发展中国家农业脆弱性加大，粮食安全问题日趋严重。

中国作为农业大国，气候变化也对中国农业发展带来重大挑战。气候变化将使中国未来农业生产面临以下三个突出问题。①农业生产的不稳定性增加，产量波动大。据估算，到 2030 年，因全球变暖，中国农作物产量总体上可能会减少 5%～10%。②农业生产布局和结构将出现变动。气候变暖将使我国农作物种植发生较大变化。气候变暖将使农作物种植的分布大大改变，农田大面积减少并集中。比如，华北目前推广的冬小麦品种（强冬性），将不得不被其他类型的冬小麦品种（如半冬性）所取代。③农业生产条件改变，农业成本和投资大幅度增加。气候变暖后，土壤中微生物活动加剧，造成地力下降、施肥量增加，农药的施用量将增大，资金投入增加。

2. 气候变化对社会水资源供需的影响

气候变化将使周期性和长期性的水资源短缺问题加重。这种影响在干旱和半干旱地区更加明显。在温带和湿润地区，除了旱灾以外，还有可能加重洪涝灾害。发展中国家因缺乏资金和技术，气候变化对水资源的影响显得更为显著。中国的洪旱灾害发生十分频繁，灾害的损失惊人。比如，仅 1998 年的洪涝灾害就给中国造成直接经济损失 2551 亿元。气候变化将可能进一步加大全球洪涝、干旱灾害的损失，给水资源可持续开发、利用乃至社会经济的可持续发展带来严重影响。

未来气候变化可能会使中国的水资源矛盾更加突出，可能出现的主要问题有以下三个：①洪旱灾害问题频发。受降水和气温变化的综合影响，中国一些地区洪涝和干旱灾害发生的频次加快，灾害的程度进一步加重，对国民经济的可持续发展和社会稳定将带来不利的影响。②水域生态环境恶化。由于气温不断上升，而某些流域的降水量减少，可导致天然径流的减少，使湖泊萎缩，江河断流，将可能使生态环境进一步恶化。③水资源管理棘手。随着人口增加、径流减少、蒸发加大，水资源的不稳定性和供需矛盾不断加剧，南水北调、三峡工程等重大水利工程也不可避免地受到气候变化的影响。这可能导致洪旱灾害、生态环境水质污染等问题进一步加深。

小故事速递 1.2：全球水资源短缺

3. 气候变化对人体健康的影响

气候变化将导致传染性疾病传播范围增加，危害人体健康。一些靠病菌、食物和水传播的传染性疾病对气候状况的变化十分敏感。目前世界上有 40%～50%的人口受到疟疾和登革热的侵扰。在气候变化下，疟疾和登革热传播的地理范围还会增加。同时，气候变化还导致热浪发生的次数增加，进一步造成与热浪有关的死亡率增加和流行病发生。气候变化导致洪涝频发，将会增加人们溺死、腹泻和感染呼吸疾病的风险。在发展中国家，还会增加饥饿和营养不良的风险。如果区域性的气旋数量增加则会造成灾害性的影响，尤其是对于那些人口稠密、资源短缺的人居地区。气候变化将使部分地区尤其是热带区域作物产量和粮食生产下降，使原本粮食短缺的人群营养缺乏，导致儿童发育不良，成人活动减少。

而对中国而言，气候变化可能会使中国西部变暖变湿，草原可能向西北扩张，使鼠疫疫源地范围相应扩大；也有可能使川、滇、青、藏的低硒区发生位移和扩大，影响克山病、大骨节病的分布和传播。另外，气候变湿和不适当开发有可能加重环境碘、硒的流失，扩大缺乏症的范围。

4. 气候变化对人居和经济的影响

气候变化将为人类居住和经济发展带来多重影响。气候变化对人类居住地区最普遍和直接的影响是洪水和泥石流，降水强度增加和海平面上升是造成这些问题的主要原因。而沿河和沿海的居住地区尤其会受影响，如果城市排水和排污设施建设不完善，城市洪涝问题将会更加突出。海平面升高对沿海地区基础设施的潜在影响也很大，对某些国家如埃及、波兰、越南等国家来说，预计损失达数百亿美元。在一些人口密度大、居住条件差、很少或无法获得资源的地区，气候变化将导致其清洁用水和公共健康服务十分脆弱。目前，人类正在经历一些重大环境问题，如水资源、能源资源、废弃物处理等问题，在高温和降水量异常增加的情况下这些问题将会更加突出和恶化。不论是在发达国家，还是在发展中国家，低洼沿海地区迅速发展的城市化，大量增加的人口密度和财产价值，都更有可能受到热带气旋等气候极端事件的影响。

此外，在气候变化背景下，相比于经济结构多样的地区，经济结构单一、经济收入主要来源于气候变化脆弱型行业（农业、林业、渔业）的地区更为脆弱。对北极地区来说，永久冻结带地区有大量的冰，其融化将对建筑和交通设施带来严重影响。在全球气候变暖的情况下，制冷所需要的能源增多，制热所消耗的能源需求减少，各种影响依各种情景和各地情况而定，这种波动可能对能源生产和分配系统造成不利影响。

5. 气候变化对保险和其他金融服务业的影响

适应气候变化使金融部门面临诸多复杂挑战的同时，也为其带来了许多机遇。气候变化导致极端天气事件频发，对人类社会造成巨大经济损失。尽管已经付出巨大的努力建筑防御设施和提高防灾的能力，但应对天气事件的费用迅速增加。气候变化以及预测与气候变化有关的天气事件的变化，可能会增加风险评估中保险精算的不确定性，这种发展可能会对保险业造成更大压力，导致保险范围重新分类。气候变化将导致金融服务业成本增加，放慢金融服务向发展中国家扩展的速度，减弱保险业对各种突发事件的保障作用，增加自然灾害发生之后社会对政府赔偿资金的需求。如果发生这些变化，公众和私人实体在提供保险和风险管理的相对作用方面有望得到改变。虽然低可能性、高影响事件或多重空间关联事件可能会严重影响金融部门的部分业务，那些财产灾难保险和再保险部门以及小型专门的或非多样化的公司已经表现出很强的敏感性，但是金融部门作为一个整体还是能够适应气候变化的影响。

气候变化对发展中国家的影响最大，尤其是在那些以初级生产力为主要经济收入来源的国家，这些国家经济已经受到自然灾害的影响。如果与天气相关的风险变得难以保险，保价攀升、投保困难，则公平和发展的矛盾将会突出。相反，保险业、融资体制和发展银行更多地参与进来，将会增强发展中国家适应气候变化的能力。

1.3 气候变化中的博弈问题

1.3.1 气候变化中的政治博弈

应对全球气候变化最根本的举措在于减少温室气体排放，促使全球经济社会活动走向低碳化，这一过程就是所谓的“碳政治”或“气候政治”。“碳政治”不是一种孤立存在的新政治形式，其很容易被强大得多的传统政治思维与运作所裹挟。

1. 全球气候治理的国际政治博弈

1）碳排放空间的争夺取决于国家权力的大小

在当下国家经济社会仍然以化石燃料为主要能源的状况下，减少化石燃料的使用必然会减缓经济增长，对一国经济社会发展造成消极影响，弱化该国的经济竞争力。因而，迫使其他国家率先接受碳减排义务或者自己拒绝接受这一义务，能够继续维持高碳经济，这成为国家在国际气候谈判中追求的重要利益。这实际上就是对剩余有限碳空间的争夺，获得高碳排放的空间份额越大和时间越长，也就意味着经济增长的空间越大和时间越长。在国际竞争中很大程度上仍然取决于国家的经济、科技和军事实力，经济增长也就意味着权力的增长。因此，传统的权力政治事实上依然凌驾于全球气候治理之上，某些国家（主要是大国）凭借强大的权力资源或者迫使其他国家接受减排义务或者自身拒绝接受这一义务［如美国在2001年退出《京都议定书》，在2017年退出《巴黎协定》（2021年又重返《巴黎协定》）］。

2）南北斗争严重制约着全球气候治理

在全球低碳转型进程中，发达国家占得先机而具有优势。发达国家试图凭借其优势地位主导这种低碳化转型，以此来继续维持其在现存国际政治经济秩序中的主导地位。而发展中国家尤其是新兴经济体显然并不愿意受制于此，无论是争夺碳空间还是在低碳技术开发利用等方面，新兴经济体都试图以此提升实力，打破现存等级结构，改变不平等的国际政治经济秩序。当前已经初见端倪的经济低碳化在某种程度上仍然是发达国家主导下进行的。正是这种贯穿始终的南北斗争致使全球气候治理僵局频现。目前联合国主持下的国际气候谈判是国际政治外交史上前所未有的，但这个进程一样反映着传统的国际政治原则和规律。说到底，在事关一国国际权力地位的经济竞争力和技术面前，发达国家并不心甘情愿去援助发展中国家，发展中国家也并不甘愿永远受制于人。

3）对全球气候治理法律规则和技术标准制定权的争夺

全球气候治理和低碳化转型是基于特定法律规则和技术标准的一个进程，无论是对碳空间的容量界定（如温升不超过工业革命前水平 2℃的目标）与分配，还是对碳排放权交易法律与机制的构建，还是资金援助及技术开发与转让，都是对不同国家权利、义务的清晰界定和国际再分配，在这一过程中，谁掌握法律规则和技术标准制定权，谁就会在全球气候治理制度建设中占据主导地位，并借此维护自身的利益。比如，欧盟及其成员国极力推动“碳政治”，实质上是为了维护欧盟在新能源技术和碳交易与碳金融领域的优势地位和经济利益，而美国更多是为了维护其在低碳信息技术、市场规则和法律制度方面的主导地位。这种既影响现实全球气候治理又影响未来国际政治经济格局的权力斗争贯穿整个全球气候治理进程，是全球气候治理镶嵌于国际政治结构下的真实写照。

2.“共区”原则形成及其演变背后的政治博弈

“共区”原则是以《公约》及《京都议定书》为代表的整个全球气候治理体制的核心原则和法律支柱，也是整个全球气候治理体制大厦的标志性柱石。从京都时代到后京都时代，直到 2015 年《巴黎协定》的正式达成，“共区”原则一直在发生着相应的变化。

1）京都时代“共区”原则的形成及其背后的政治博弈

根据全球气候变化的科学论述，既然温室气体过度排放是导致全球变暖的直接原因，那么减少世界各国经济社会活动中的温室气体排放或寻求其他低碳或无碳替代能源来支撑经济社会活动就势在必行。而在当前现有经济技术条件下，碳排放的空间就意味着发展的空间，因此，广大发展中国家和发达国家就“排放权”和“发展权”展开了激烈斗争。在这种明显对立斗争的形势下，国际社会试图以“共区”原则的理念及实践来调和二者的矛盾。《公约》正式从国际法意义上确立了这种原则，把世界各国依据不同的发展程度划分为承担减排义务的附件一国家（发达国家和经济转型国家）和不承担减排义务的非附件一国家（发展中国家）。1997 年的《京都议定书》进一步明确规定了附件一国家的量化减排责任，使“共区”原则正式固化为发达国家与发展中国家承担不同责任的“二分法”。

“共区”原则本质上是为了调和发展中国家与发达国家的利益冲突，但全球气候治理的背后还存在着欧美之间的权力博弈。欧盟积极推动全球气候治理并发挥领导作用，也是为了通过设定全球气候治理法律规则来彻底扭转其在新能源技术领域的不利态势，并且试图通过全球“碳交易”奠定欧元的国际货币地位，挑战美元霸权。而美国也试图通过抵制量化减排的义务而维持其发展空间，因此，2001 年美国退出了《京都议定书》，而欧盟为推动议定书生效积极开展外交活动，最终使议定书到 2005 年生效。

2）后京都时代及《巴黎协定》谈判进程中“共区”原则的演变及其背后的政治博弈

2006—2009 年后京都气候谈判时期，两件相互作用的大事对“共区”原则的重构产生了深远影响：一是中国、印度等新兴经济体的快速发展和温室气体排放量的迅速上升；二是 2008 年开始爆发并蔓延的世界金融危机。这两件大事虽然互不相关，但反映了国际体系中东升西降的客观现实。这样产生了两个严重后果：第一，欧美国家越来越不愿意再继续接受京都时代的“共区”原则，试图重新建构一套治理原则，至少要重新解释和实施“共区”原则，迫使中国等新兴经济体接受欧美主导的“单轨制”减排框架，以此来制约新兴经济体的快速发展（实质上是通过强制减排义务强力限制这些国家继续利用传统化石能源来支撑其经济的高速增长）；第二，中国、印度等新兴经济体正处于快速发展的态势中，不愿意接受欧美强加于它们的量化减排方案，继续维持京都时代的“双轨制”，竭力坚持原先的“共区”原则。围绕“共区”原则存废或解释问题的激烈斗争，最终导致2009年哥本哈根大会走向失败。而与此同时，随着部分新兴经济体与其他发展中国家差距的拉大，发展中国家内部也开始发生分化。2011年南非德班气候会议上，欧盟联合小岛国联盟和欠发达国家使美国和新兴经济体接受了一个折中方案，那就是要在2015年完成一项2020年后适用于所有缔约方的全新气候协议。

从后京都时代国际气候谈判开始欧盟就极力想把美国和中国、印度等新兴经济体纳入“共同的”减排框架，美国尽管游离于《京都议定书》之外，但在迫使中国等新兴经济体接受量化减排义务方面与欧盟有着相同的利益。最终，南北双方只能达成一个折中的妥协方案，那就是以“国家自主决定贡献”为核心的《巴黎协定》。《巴黎协定》既坚持了“共区”原则，又有所突破。《巴黎协定》是欧盟、美国和发展中国家（特别是新兴经济体）三方妥协的结果。无论是在哥本哈根还是最后在巴黎，也无论是欧盟，还是美国抑或是新兴经济体，其参与全球气候治理的动机和利益都没有发生质的改变，而巴黎气候大会成功的根本原因就在于用“国家自主贡献”之名在名义上对“共区”原则做出了重大调整（每个缔约方不分发达国家还是发展中国家都有义务为全球气候治理做出贡献，承担共同的责任不再进行区分），但实质上并没有太大改变（各国做多少贡献、如何做贡献本质而言是由自己决定的）。巴黎时代与京都时代相比，一个最大的区别可能就在于中国、印度、巴西等新兴经济体接受了形式各异的减排义务；同时，把美国也纳入了统一的减排框架下。

3. 低碳技术与低碳经济规则政治博弈

《巴黎协定》并没有从根本上消解“碳政治”中南北矛盾，在可预见的将来，全球气候治理仍然充满了西方发达国家与广大发展中国家之间的权力斗争，尤其是欧美与新兴经济体之间的政治博弈。但是，这种政治博弈的内容正在发生重大变化。

1）全球气候变化约束日益趋紧促使走向低碳经济已经成为全球性潮流

全球气候治理的权力政治逻辑仍然是传统国际政治权力斗争。但是，全球气候治理也有着不同于其他国际议题的两个重要特点：第一，当今时代人类社会面对的气候变化问题绝非只是一种某些势力可以利用的“政治化”科学话语，抑或达到某种目的的政治工具。尽管中国对于IPCC评估报告的政治色彩保持高度警惕，但面对大多数科学结论，中国还是要承认全球气候变化的事实，积极应对这一人类社会面临的最严峻挑战；第二，低碳经济也并非完全是欧美发达国家强加于发展中国家的无奈选择，发展中国家自身发展进程中遭遇的严峻资源环境问题也开始日益显现，成为它们自身可持续发展的最大挑战，这也是它们走向低碳经济的内在根源与动力。因此，面对全球气候变化，中国“不应当以科学上没有完全的确定性为理由推迟采取这类措施”，更何况中国自身发展中的不可持续性问题已经日益暴露。如果中国承认这一点，那么调整能源结构和产业结构，就不仅仅是应对全球气候变化的要求，从现实主义视角来看，它也关系到中国在未来国际分工中的地位和国家力量。在现代世界，国际分工成为国家财富、安全和威望的重要决定因素。经济权力的分配和调整国际经济体制的规则，已成为国际政治变革进程的关键方面。就此而言，如果中国承认走向低碳经济已经成为世界各国解决当前发展难题的必由之路，那么，国家的低碳化转型事实上已经成为新时期国家之间权力博弈的关键和核心领域。正如欧美发达国家试图通过推动全球气候治理保持其在整个"碳政治"中的结构性优势或领导权，新兴经济体正在加强新能源开发与推进经济结构的战略性调整，实际上也是在凭借其后发优势在低碳转型的道路上奋起直追，借以提升自己的经济权力，进而争夺未来低碳经济的"领导权"。当然，由于发达国家在全球气候治理规则制定及经济技术和教育科学等方面的优势地位，在低碳转型过程中它们将受益更多，而发展中国家将面临更多挑战。正因如此，发展中国家更要通过全球气候治理实现经济技术和产业结构的更快调整和突破，在走向低碳经济的道路上实现跨越式发展，在低碳经济规则制定和技术标准方面争取更大的权利

2）低碳技术与低碳经济规则日益成为国际权力竞争的核心要素

事实上，在新能源开发和利用、碳金融以及更广泛意义上的低碳技术及其市场化等方面，发达国家与发展中国家已经展开激烈竞争。2014 年，欧盟提出到 2030 年在 1990 年的基础上减排 40%，可再生能源达到 27%，能源效率提高 27%。近期欧盟又大力推动"绿色协议"，提高欧盟的碳排放目标，加快欧盟及其成员国的绿色转型。美国也大力促进可再生能源的发展。到 2016 年底，美国来自可再生能源（包括风能、太阳能、生物质能和地热等）的能源装机容量达到了创纪录的 141 GW，自 2008 年起增加了 3 倍，其中风能和太阳能两种能源的组合装机增加了近 5 倍。包括水电在内的可再生能源于 2016 年达到了美国电力需求的 15%，而在 10 年前，这一比例仅为 8%。虽然自 2017 年以来特朗普政府采取了一系列"去气候化"行动，削减对可再生能源的支持力度等，但 2017 年美国的水电和可再生能源在一次性能源消费中仍然持续增长，分别比 2016 年增长了 12.7%和 14.3%。2017 年可再生能源发电增长了 17%，高于 10 年平均值，也是有记录以来的最大年增长。在 2019 年的能源消费中，可再生能源（包括生物燃料）的消费量实现创纪录增长，这也是 2019 年所有能源资源中的最大增量。

有学者指出:《巴黎协定》的达成从总体上将促进全球应对气候变化的进程，紧迫的全球长期减排目标将极大推动全球经济低碳转型。由于能源消费导致的 CO_2 排放占全部温室气体排放约三分之二，21 世纪下半叶净零排放也意味着要结束化石能源时代，建立并形成以新能源和可再生能源为主体的低碳甚至零碳能源体系，这将加速世界范围内能源体系的革命性变革。先进能源技术创新和产业化将成为世界科技和经济竞争的前沿和热点，这也将成为新兴高科技产业和新的经济增长点，成为打造国家核心竞争力的重点领域，将会重塑世界经济技术的竞争格局。德国环境部发布的一份报告显示，2016 年，环境技术和资源效率领域的全球市场份额超过 3 万亿欧元（约 3.36 万亿美元）、六大先导市场各自份额多少排序为：能源效率（8370 亿欧元）、可持续水经济（6670 亿欧元），环境友好型能源生产、存储及分配（6670 亿欧元）、资源和原材料利用效率（5210 亿欧元）、可持续交通（4210 亿欧元）、循环经济（1100 亿欧元）。预计到 2025 年，绿色技术

领域的市场份额将达到 5.9 万亿欧元。其中可持续交通的年平均增长速度可达 10.2%，之后依次是资源和原材料利用效率（8.1%）及循环经济（7.4%）。

全球气候治理将进一步催生低碳经济的发展，不久的将来决定国家竞争力的核心要素将与国家经济的低碳密不可分。低碳转型越成功的国家，在未来的低碳经济时代也越具有竞争力，从而在新的国际经济和政治格局中占据主导地位。因此，低碳技术及低碳经济规则已经成为决定国家在未来低碳经济时代国际格局中权力地位的关键因素，也就成为全球低碳化转型时代国家（主要是大国）间权力斗争的核心领域。

1.3.2 气候变化中的经济博弈

1. 环境与经济发展的关系

全球环境问题从 18 世纪末到 19 世纪末逐渐产生，这一时段正是对人类社会产生深远影响的工业革命发生和深入的阶段，工业革命使人类进入了一个新的发展模式和发展阶段，正如马克思在《共产党宣言》中指出的："资产阶级在它不到一百年的阶级统治中所创造的生产力，比过去一切世代创造的全部生产力还要多、还要大。"但是，工业快速发展的同时也造成了环境污染的加重，伦敦烟雾事件、洛杉矶烟雾事件等环境污染事件的频繁发生让我们反思：经济发展和环境到底是一个什么样的关系？经济发展是否必然意味着以环境的污染为代价？

著名的环境库兹涅茨曲线揭示了 GDP 增长与环境污染的关系（图 1.1），也就是说，在经济发展过程中，环境状况先是恶化，而后随着人均 GDP 的逐渐增长而得到改善，收入增长与环境污染的关系呈现出倒"U"形曲线。

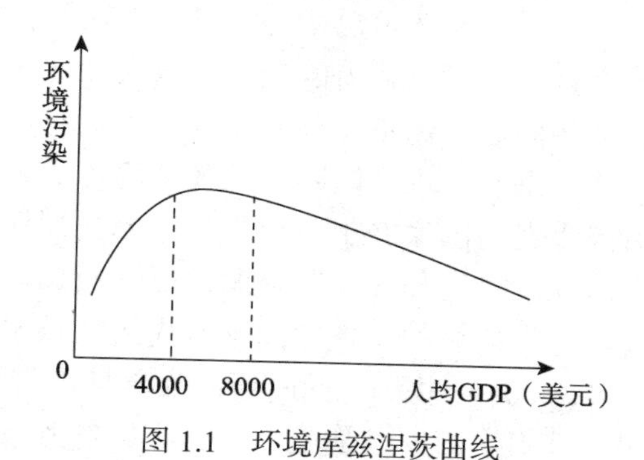

图 1.1 环境库兹涅茨曲线

说明：人均 GDP 4000 美元为中等收入国家，人均 GDP 8000 美元为中上等收入国家。

一种解释是，伴随着工业化的加快，越来越多的资源被开发利用，资源消耗速率开始超过资源的可再生速率，产生的废弃物数量大幅增加，从而使环境的质量水平下降。而当经济发展到更高的水平，产业结构进一步升级，从能源密集型为主的重工业向服务业和技术密集型产业转移时，技术进步使得原先那些污染严重的技术被较清洁技术所替代，环境污染减少，从而提高了环境的质量。

接受库兹涅茨的假说有着重要的政策含义。首先，倒"U"形曲线暗示当人均收入达到一定水平时，环境自然会好转，因此刺激经济发展的政策将有利于环境的改善。其次，国家不应只顾经济的发展，还应积极制定政策来干预环境问题。一方面，经济发展达到曲线下降区间是一个长期过程，等待的时间越长，所需的政府干预越多，而污染排放及其带来的环境恶化会随着时间推移出现积累效应，由此带来高昂的污染治理成本。另一方面，污染对环境的破坏很大程度上是不可逆的，如果环境污染超过自然承受程度，那么在达到曲线峰值之前，环境恶化已经不可逆转，而开拓污染下降的道路也将变得不可能。

然而迄今为止，环境与经济的作用机制还是一个黑匣子，经济发展和环境质量之间的关系中还有着太多的不确定因素使其无法量化。但是无论如何，它们之间存在着相互影响、相互作用的辩证关系，因而政府合理的经济政策与环境政策的制定还是会在降低经济增长过程中的环境代价和确保经济的可持续发展中起着不可替代的作用。除此之外，各国政府还应该广泛开展合作与谈判，通过国际的共同努力，把我们的地球建设成为一个美丽的家园，实现经济与环境的“双赢”。

2. 国际环境正义的主要内容

环境与伦理是当今国际社会关注的重大问题，恰当的环境伦理思想是指导解决环境与发展之间矛盾的理论武器。在当代西方环境伦理思潮中，夹杂着一些环境利己主义的观念。亨利·苏提出维护国际环境的三大原则：①如果一方在过去的岁月里未经对方同意就把某些成本强加给对方，从而不公平地获得了某些好处，那么被单方面置于不利地位的一方为了恢复平等，在未来的岁月里，就有资格要求占了便宜的一方应承担某些不对等的，至少与其以往获得的好处相当的责任；②在一个由不同集团组成的社会中，如果大家都有义务为一个共同的目标而出力，那么拥有资源最多的一方通常应出力最多；③假如某些人缺乏足够过一种享有尊严生活所需的资源，而其他人拥有的资源又远远多于享有尊严的生活所需，而且人们可以获得的资源总量又如此之多，以至于每一个人都可以获得足够的资源，那么我们如果仍不能确保每一个人拥有最低限度的资源，那就是不公平的。从亨利·苏的观点来看，现在国际上的环境不正义是普遍存在的。首先，环境资源分配是不公平的，因为发达国家在工业化进程中率先发展，占据了世界上绝大部分的资源，而现在发展中国家的发展却面临着资源枯竭的瓶颈。其次，各个国家在实施减排方面所承担的经济成本是不均衡的，发达国家有先进的技术和充足的资金，而发展中国家控制减排则需要更多的人力、物力，同时还面临着环境与发展之间的矛盾。最后，现阶段的国际政治经济体系是不均衡的，都是由发达国家按照自己的利益制定的，发展中国家在这方面很少有发言权，自然就不能在其中体现出自己的利益，因而在制定国际公约时要考虑到其正义性。

围绕这三个方面，各国政府在谈判桌上进行了旷日持久的博弈。发达国家指责发展中国家日益增长的污染，要求发展中国家一并承担减排义务；而发展中国家认为发达国家的要求是不公平的，因为发达国家有着优先发展和率先排放的事实，在经济发展中排放了大量污染物，占用了大量的资源，现在却要发展中国家来买单，而发展中国家又面临着环境与发展的双重负担。事实上，环境问题上的不正义现象十分突出：西方发达国家控制、消耗着全球资源的主要部分，它们仅占世界人口的四分之一，却消耗着全球资源的四分之三。这些国家一方面保护本国的自然环境，另一方面却对发展中国家的自然资源继续掠夺，并通过全球化趋势与世界经济分工输出更多污染。它们是全球资源的最大消耗者和全球污染的最大制造者。我们可以用“生态足迹”，即单位区域内人口的生产和消费所占自然资源，折算成地球面积，表征人类经济活动对自然生态的影响程度。全人类“生态足迹”已超过地球生态可供承载面积的35%；美、日、德等发达国家普遍都存在巨大的“生态赤字”，因此它们需要大量发展中国家的资源。北美人均生态足迹（资源消耗水平）是欧洲人的2倍，是亚洲或非洲人的7倍。由此可见，西方人正在以难以持续的极端水平消耗自然资源，如果全球居民都达到美国居民的资源消费水平，人类将需5个地球。而相比之下，中国的生态足迹（1.5）低于全球平均（2.2），但我国的生态承载力人均仅为0.8，生态赤字（0.7）高于全球平均（0.4）。可以说，以这样的趋势，中国国内资源是不足以支撑现在趋势发展的。所以，《公约》中所规定的“共区”责任是十分有价值的，在《京都协定书》实施中表现为：一方面，它清楚地在发达国家和发展中国家之间做出区分，并且为前者规定了具有约束力的减排义务和时间表，而没有要求发展中国家承担具有约束力的减排义务；另一方面，协定书也强调了在发达国家之间进行公平的负担分摊，为各发达国家规定了不同的消减目标。

3. 气候变化问题的实质

气候变化问题已经超出一般的环境或气候领域，气候变化的国际谈判涉及能源生产和利用、工农业经济发展模式问题，谈判全球气候变化的责任如何分担、如何确定各国温室气体的排放权，其实质是各个利益集团在争夺未来能源发展和经济竞争中优势地位的博弈。从长远看，各国都希望保护气候，从而使自己免受气候变化带来的灾难；而从近期看，又不愿意因自行减少温室气体的排放而限制或影响本国的经济和社会发展，希望其他国家采取更多行动而使本国受益，这就是公共品提供过程中的免费搭便车问题，只不过这里的公共品是全球公共品。正是因为事关各国的经济利益和发展权益，因而在解决气候变化问题上，各个利益集团之间存在着分歧，集中体现在公平和实质性减排两大问题上。公平问题体现在发展中国家和各大国家到底各应承担多少义务上。

气候变化问题是人类面临的共同问题，在气候变化问题上加强合作是人类自然的选择，但各国政府对于气候变化问题的立场存在严重分歧。根据各国对气候变化的态度不同，大致可以分为欧盟（极力要求采取较为激进的温室气体减排措施）、伞形集团（美国、日本、澳大利亚等，多为能源需求大国，反对立即采取量化减排措施）、“77国集团＋中国”（发展中国家主张发达国家应率先减排，不希望减排措施妨碍其自身的发展）、小岛国联盟（因气候变暖引起的海平面升高，使其面临灭顶之灾，迫切需要减排温室气体）、石油输出国组织（石油输出在其国民经济中占有主导地位，减缓气候变化会导致石油需求下降，在应对气候变化问题上大多采取低调和反对态度）等阵营。各阵营的分歧既包括不同国家利益之间的矛盾，也包括各个利益集团内部的矛盾，但矛盾的主线是发展中国家和发达国家在保护气候与经济发展关系、国家发展权与国际义务关系等方面的矛盾。但是，无论各国的利益有多大冲突，都应该本着环境正义的原则，充分谈判和协商，制定出一份更加有效、更有操作性的协约。只有全世界都参与到气候保护的行列中来，保护地球的目标才能实现。

思考题

1. 简述全球气候变化机理与形势。
2. 人类对气候变化的认识是如何变化的？请简要说明。
3. 中国在应对气候变化的过程中起到了什么作用？请简要说明。
4. 简述气候变化风险的内涵、特征及类型。
5. 简述气候变化对自然生态和人类社会的影响。
6. 在应对气候过程中，存在哪些方面的博弈，请简要介绍。
7. 试分析中国在未来应对气候变化进程中应该怎么做。

即测即练

第 2 章

气候变化应对

2.1 气候变化的全球治理概述

如第 1 章所述，气候变化对生态系统和人类系统都有十分不利的影响，这种影响是全球性的。因此，气候变化问题不是一两个大国的事情，超越了世界范围内现有国家主权决策主体的常规决策视野。它要求从人类命运共同体的角度出发，需要全人类的通力合作。

2.1.1 全球气候治理的主要历程

20 世纪 70 年代，气候变化问题得到了广泛研究，全球气候治理也逐渐受到关注。经过 50 年的发展，全球气候治理已成为全球治理的重要有机组成部分，涉及全球政治、经济和安全等多个方面。目前，全球气候治理的框架已基本建立，主要包括气候变化研究与国际气候合作两条主线，如图 2.1 所示。

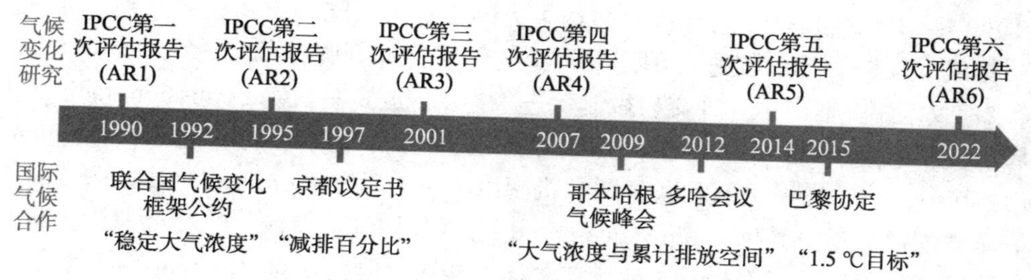

图 2.1　全球气候治理的主要历程

1. 联合国气候变化框架公约

1990 年，IPCC 发布第一次评估报告，确认了对有关气候变化问题的科学基础。这一报告有力地促进了《联合国气候变化框架公约》(下文简称《公约》) 的制定。

知识卡片 2.1：IPCC 简介

1992 年，联合国环境与发展大会通过《公约》，实现可持续发展战略成为全球共识。《公约》的目标是“将大气中温室气体的浓度稳定在防止气候系统受到危险的人为干扰的水平上”。为实现上述目标，《公约》将世界各国分为附件一国家（发达国家和经济转型国家）和非附件一国家（发展中国家），并确立了五项基本原则，如图 2.2 所示。其中，公平原则最为核心，明确了共同但有区别的责任。“共同”原则是指应对气候变化是世界各国共同的责任。“区别”强调各个国家的实际情况不同、所需承担的减排责任也不同，附件一国家应率先采取措施应对气候变化。然而，《公约》并没有硬性规定附件一国家减排的具体目标。因此，各国承担的减排责任在实际中并无法落实。

图 2.2 《公约》五项原则

2. 京都议定书

1997 年，《京都议定书》在日本京都召开的《公约》第 3 次缔约方大会上通过。《京都议定书》的承诺期是 2008—2012 年。《京都议定书》延续了《公约》的公平原则，将责任以减排百分比的方式进行描述。具体而言，《京都议定书》采用“自上而下”的减排机制，规定发达国家从 2005 年开始承担减少碳排放量的义务，而发展中国家则从 2012 年开始承担减排义务。发达国家在 2008—2012 年承诺期内，需承担其全部温室气体排放量与 1990 年相比减少 5.2%的具有法律约束力的义务（不同国家间有所差别）。但是，考虑到减排成本问题，如何促进各国完成温室气体减排计划呢？

《京都议定书》推出了三种交易机制促进减排：排放贸易机制（emission trading，ET）、联合履行机制（joint implementation，JI）、清洁发展机制（clean development mechanism，CDM）。其中，清洁发展机制和联合履行机制以项目为基础（projected-based），而排放贸易机制则以配额交易为基础（allowance-based）。这三种机制存在关联且互为补充的关系，为发达国家和发展中国家都提供了减排的全球性法律机制，有利于促进世界各国的可持续发展（见图 2.3）。

《京都议定书》是迄今为止国际社会承诺减排的唯一一项具有法律约束的协议，开创了气候变化问题上采取全球共同行动的先例，在国际气候合作上具有里程碑意义。即便如此，《京都议定书》的生效过程依旧十分艰难，谈判过程形成三足鼎立的态势，如图 2.4 所示。然而，《京都议定书》要求占 1990 年全球温室气体排放量 55%以上的至少 55 个国家核准，且在核准完成的 90 天后才能生效。由于排放量较大的美国一直拒绝加入议定书，《京都议定书》最终因俄罗斯（排放份额占 17.4%）的加入使得所有缔约国合计排放量达到了 1990 年全球总排放量的 61.6%从而于 2005 年 2 月 16 日正式生效。

① 排放贸易机制（emission trading）

发达国家之间通过相互交易转让排放额度，使超额排放国家购买节余排放国家的多余排放额度，完成减排义务。交易对象：分配数量单位（AAUs）或清除单位（RMUs）。

② 联合履行机制（joint ilmplementation）

发达国家之间通过项目产生的减少排放单位（ERUs）的交易和转让，使超额排放国家完成履约义务。特点是项目合作主要发生在经济转型国家和发达国家之间。

③ 清洁发展机制（clean development mechanism）

发达国家通过提供资金和技术的方式，与发展中国家开展项目级的合作，获得一部分减排额度，这个减排额度经核实认证，成为核证减排量（certified emission reduction，CERs），可用于发达国家完成其履约。

图 2.3 《京都议定书》的交易机制

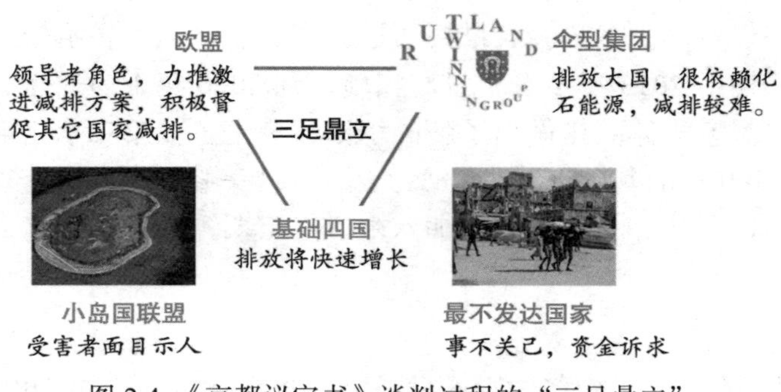

图 2.4 《京都议定书》谈判过程的“三足鼎立”

3.“后京都时代”的全球气候治理

《京都议定书》生效后，“后京都时代”的国际气候合作成为全球关注的热点问题之一。2006 年，中国超越美国成为全球最大的碳排放国。国际气候合作也随之发生了微妙的变化。气候谈判的任何进展与倒退都将对世界各国的发展与世界人民的生活产生深远的影响。

小故事速递 2.1：邯钢 CDM 实例

1）巴厘路线图

2007 年 12 月，《公约》第 13 次缔约方大会通过了“巴厘岛路线图”。该路线图由 13 项内容和 1 个附录文件组成，重申了发达国家和发展中国家之间共同但有区别的责任，启动了双轨谈判机制，并为 2009 年年底前气候谈判的关键议题确立了明确议程。然而，该路线图并没有量化减排目标，只是确认必须“大幅度减少”温室气体排放。

知识卡片 2.2：双轨谈判机制

2）哥本哈根会议

2009 年 12 月，《公约》第 15 次缔约方大会在丹麦哥本哈根举行。192 个国家和地区的代表齐聚一堂，共同商讨“后京都时代”应对气候变化方案以及新的国际气候合作协议。这是继《京都议定书》后又一具有划时代意义的全球气候协议书，由此哥本哈根会议也被称为“拯救人类的最后一次机会”。

小故事速递 2.2：减排话语下的陷阱

在哥本哈根会议中，减排目标进一步细化至了大气浓度。以1990 年为基准，发达国家提出全球温升不超过 2℃，大气中温室气体浓度限制在 450 $ppmCO_2e$，到 2050 年全球温室气体减排50%，发达国家减排 80%的全球长期减排目标。小岛国联盟提出全球温升不超过 1.5℃，大气中温室气体浓度限制在 350 $ppmCO_2e$ 的目标。最终，各方经过妥协签署了《哥本哈根协议》。然而，《哥本哈根协议》并不具有法律约束力，发达国家的中期减排义务也没有进一步明确，对于到 2050 年的长期减排义务只是做出了一个 2 ℃的上限认同。

3）德班会议与多哈会议

2011—2012 年，德班气候大会和多哈会议相继召开，累计碳排放空间这个新概念重塑了气候目标和气候行动。多哈会议最终通过《京都议定书》多哈修正案，确定《京都议定书》第二承诺期由 2013 年 1 月 1 日起实施，到 2020 年 12 月 31 日截止。同时，修正案对发达国家的温室气体减排做出了新的承诺，规定了在第二承诺期这些国家的温室气体排放量要在 1990 年的基础上减少 18%。然而，这一修正案并没有得到发达国家的落实。例如，日本、俄罗斯、新西兰拒绝加入第二承诺期，美国、加拿大游离于《京都议定书》之外。

4. 巴黎协定

2015 年 12 月，全球 195 个缔约国通过了历史上首个关于气候变化的全球性协定——《巴黎协定》。

《巴黎协定》的目标是各方加强对气候变化威胁的重视，将全球平均气温较工业化前水平的升高程度控制在 2℃之内，并控制在 1.5 ℃之内而努力。同时，全球应尽快实现温室气体排放达峰，21 世纪下半叶实现温室气体净零排放。

不同于《京都议定书》,《巴黎协定》采取了“自下而上”的自愿减排机制。具体而言，主要包括：①自主贡献（intended nationally determined contribution，INDC）。缔约国自主制定 INDC，并按照缔约方大会确定的方法自行统计结果并公布。②修订评审。缔约国不断提高自我减排目标，缔约方会议对各国自主贡献进行盘点总结，期间成立专家委员会监督各国 INDC 的执行情况，但并未约定评审后的处理结果。这一机制强调了参与的广泛性、贡献的自主性和方案的可调整性，但也因没有惩罚机制导致了不确定性。在资金和技术支持方面,《巴黎协定》要求发达国家提高资金支持水平，制定切实的路线图，同时强调加强技术开发和转让机制，以帮助发展中国家实现减排。具体而言，发达国家在 2015—2020 年每年动员 1000 亿美元，并在 2025 年前设定每年不低于 1000 亿美元的集体量化出资目标。

总之,《巴黎协定》努力做到了各方面的精妙平衡：在环境保护方面,《巴黎协定》明确了全球共同追求的温控目标；在经济发展方面，一定程度上促进发达国家继续带头减排并加强对发展中国家提供技术与资金支持；在政治博弈方面,《巴黎协定》摒弃了“零和博弈”的狭隘思维，利用“自下而上”的机制将全球各国都纳入了人类命运共同体当中。《巴黎协定》反映了国际气候制度的发展和变迁，标志着应对气候变化国际合作进入新阶段。

2.1.2 全球气候治理的根源与核心

1. 全球气候治理的根源

全球气候治理是环境保护问题、经济发展问题、政治博弈问题，如图 2.5 所示。全球气候治理不仅成为人类拯救人类的关键要素，也成为撬动国际秩序转型的重要杠杆。

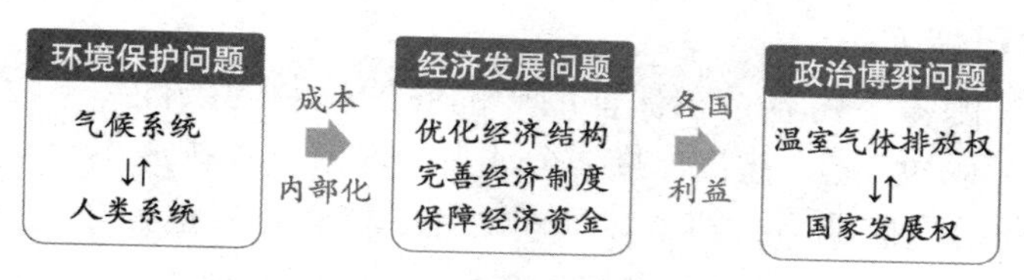

图 2.5 全球气候治理的根源

全球气候治理的起源是环境保护问题。地球系统是由气候系统与人类系统组成的整体行星系统。其中，气候系统是由大气圈、水圈、冰冻圈、岩石圈、生物圈共同构成的，能够决定气候形成、分布与变化的物理系统。地球系统的构成决定了气候变化主要受自然因素和人为因素的影响，其中人为因素的影响日益增强。IPCC 在《第六次评估报告》中指出，毋庸置疑，人类的影响使大气、海洋和陆地变暖。气候变化已经影响到全球每一个有人居住的地区，人类的影响导致了许多观测到的极端天气和气候变化。至少最近两千年，人类的影响使气候变暖的速度是前所未有的。因此，全球气候治理问题是一个典型的全球尺度的环境问题。

全球气候治理的基础是经济发展问题。发展是人类社会的永恒主题。不可持续的发展必然导致经济危机与环境问题。气候变化是温室气体排放成本外部化的表现，即温室气体排放者没有考虑排放产生的温升效应的危害而增加的成本。然而，气候变化的影响并不是均等的。相比于历史排放高的发达国家，排放少的不发达国家反而更容易受到气候变化的影响。因此，全球气候治理一方面必须采取必要的经济手段使温室气体排放成本内部化，另一方面也要遵循公平原则。从全球合作的角度看，发达国家要保障经济资金，以透明、可预见、基于公共资金的方式，向发展中国家提供充足、持续、及时的支持。从各国发展的角度看，世界各国特别是温室气体排放大国应优化经济结构，完善经济制度，保证全球的可持续发展。

全球气候治理的本质是政治博弈问题。为了应对气候变化，必须限制全球温室气体的排放。由此，以温室气体减排为主要内容的全球气候治理关乎未来各国的经济利益与发展空间，关乎各国在全球的竞争地位。纵观整个全球气候治理历程，气候谈判的焦点始终表现在“共区”原则上，即发达国家和发展中国家如何分配并承担减排义务上。究其原因，主要在于两个方面：第一，全球气候治理影响国际权力结构。目前，可持续发展已成为全球共识，全球气候治理的最终目标是实现全球低碳转型。随着全球低碳转型的推进，低碳技术及其经济产业将成为国家最为关键的核心竞争力。实行高碳路线发展的国家在短期内可能在国际竞争中占优，但长期内受到全球碳规则的影响必然处于劣势。第二，全球气候治理与国家气候话语权紧密相关。在全球低碳转型中，由于各国在经济基础、资源禀赋、发展战略等方面的差异，有些国家（或国家集团），如欧盟，必然在这一进程中率先取得突破而占据优势地位。由于对全球气候治理的贡献较大，这些国家具有更大的国际气候话语权。这种话语权不仅可以通过国际规则制定影响其他国家经济发展，也可以改变其他国家的文化价值观念。总之，温室气体排放权就是发展权，全球气候治理中的政治博弈反映了各国的发展权之争。

2. 全球气候治理的核心

全球气候治理的核心内容是在保证明确的履约机制的条件下，利用资金与技术加强能力建设，减缓全球人为温室气体排放以及提高气候变化的适应能力，即全球气候治理的核心要素是：减缓、适应、技术、资金、能力建设和履约机制，如图 2.6 所示。全球气候治理的一系列制度和政策通常围绕着全球气候治理的核心要素展开。

知识卡片 2.3：专家语录

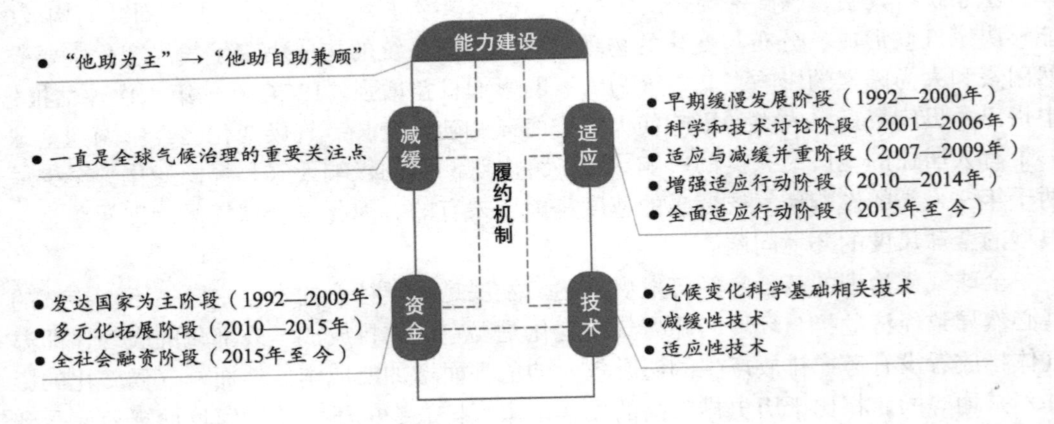

图 2.6　全球气候治理的核心要素

1）减缓

减缓是指为减少温室气体的排放源或温室气体的排放量而进行的人为干预。减缓是长期的艰巨任务，一直是全球气候治理的重要关注点。减缓和适应是应对气候变化的互补性战略，二者相辅相成，有效的减缓行动可以节约大量的适应成本。《巴黎协定》第 7 条指出“当前的适应需要很大，提高减缓水平能减少对额外适应努力的需要，增大适应需要可能会增加适应成本”。当前，世界各国在减缓的温控目标方面已经达成了 2℃和 1.5℃的共识。在全球气候治理中，各国应结合自身国情、历史责任、能力和发展需求给出实质性的减排承诺和行动。具体而言，各国应落实 INDC 目标，逐步提高 INDC 力度。其中，发达国家应继续率先承担其经济范围内的绝对减缓，而发展中国家应确立适当的减缓目标并采取一定的减缓努力。

2）适应

适应是指针对实际的或预计的气候及其影响进行调整的过程。在人类系统中，适应是力图缓解或避免危害，或利用各种有利机会。在某些自然系统中，人类的干预也许有助于适应预计的气候及其影响。《公约》下的适应谈判进程可以划分为早期缓慢发展（1992—2000年）、科学和技术讨论（2001—2006年）、适应与减缓并重（2007—2009年）、增强适应行动（2010—2014年）和全面适应行动（2015年至今）5个阶段。2007年“巴厘路线图”制定后，适应逐步获得了与减缓相同的重要地位。《巴黎协定》搭建了“各国增强行动—适应信息通报—适应集体行动的全球盘点”的基本框架，全面系统地推动全球不同层面的适应进程。目前，全球气候治理的具体适应行动主要包括与适应相关的信息交流、技术资助与指导、加强气候科学研究、协助发展中国家的行动等。

3）技术

技术是用来应对气候变化的技术统称。技术的开发和转让是全球气候治理的重要工作内容。根据技术领域的不同，技术可以分为气候变化科学基础相关技术、减缓性技术和适应性技术。其中，减缓性技术即低碳技术，发展相对成熟，主要包括减碳、零碳和去碳技术，如能效技术、清洁能源技术、碳捕集、利用与封存技术（carbon capture，utilize and storage，CCUS）等。适应性技术发展比较分散，暂未形成系统性的技术体系。目前，《公约》设立了技术执行委员会和气候技术中心与网络，加速和加强气候技术的开发和转让，部分技术已经可以通过商业途径从发达国家转让至发展中国家。然而，面对具有盈利能力的技术，发展中国家仍然面临着技术垄断等重重障碍。

4）资金

资金是全球气候治理的重要保障，气候融资自然也成为全球气候治理工作的重点。气候融资旨在支持减缓和适应行动的地区、国家或者跨国的融资活动，主要来源是公共和私营部门，主要的问题是如何提供资金以支持发展中国家的减缓和适应行动。气候融资经历了发达国家为主（1992—2009年）、多元化拓展（2010—2015年）以及全社会融资（2015年至今）3个阶段。当前，《公约》下的资金主要来源于4个基金：全球环境基金、绿色气候基金、最不发达国家基金、适应基金。总体上，全球气候融资呈上升趋势，在应对气候变化中发挥了积极的作用，但仍然存在一些争议性的问题，主要包括：①资金不足，距离实现巴黎协定目标仍有较大差距；②适应资金占比较低，当前的主要资金用于了减缓行动；③运作机制不完善，距离公约气候资金以赠款和优惠资金为主的要求还有较大差距。

5）能力建设

能力建设意味着提升一个国家在应对气候变化领域的人员、科学、技术、组织、机构和资源等各方面的能力。能力建设的主要对象是发展中国家和经济转型国家。能力建设包括个体、制度和系统3个层面。在个体层面，能力建设主要体现在改变个体的认知和价值观念；在制度层面，能力建设主要体现在提高组织应对气候变化的能力和效率；在系统层面，能力建设主要体现在解决制度和个体运作和互动的总体框架问题。从《公约》到《巴黎协定》，能力建设主要经历了由“他助为主”到“他助与自助兼顾”的过程。

“他助”是指发达国家通过与发展中国家或经济转型国家开展合作并给予援助，实现提高后者各方面能力的建设。“自助”是指发展中国家或经济转型国家通过完善本国政策制度提高自身能力的建设。

6）履约机制

在履约机制不明确时，国际条约的履行完全靠缔约方的自觉，最终效果往往模糊不清。因此，履约机制是全球气候治理实施的保障。当前，全球气候治理在《巴黎协定》的履约机制下运行。具体而言，这种机制主要包括三个方面：①全球盘点机制：全球盘点机制是指定期对《巴黎协定》的履约情况进行全球范围的盘点，缔约方会议应在2023年开展第一次全球盘点，此后每5年进行一次。2017年，全球盘点机制在斐济气候大会上得到了进一步完善，形成了“塔拉诺阿对话机制”，强调广泛参与度、强化透明度和充分包容度。②遵约机制：遵约机制是保证国家遵守国际条约设立的规范和组织制度。在《巴黎协定》“自下而上”的机制下，遵约机制仅是对话性和建议性较强的组织安排，不具有惩罚性。③透明度机制：从《巴厘路线图》提出“可测量、可报告、可核实”（monitoring, reporting and verification，MRV）的标准后，透明度机制逐渐完善与发展。自主贡献与修订评审正是透明度机制的重要体现。

2.1.3 全球气候治理的趋势与挑战

1. 全球气候治理的趋势

1）全球气候治理认可度上升，中长期内全球绿色发展趋势不可逆转

随着全球气候变暖，海平面上升等典型现象日益明显，全球对气候变化的认知更加深刻。从气候变化科学研究的角度看，全球约有97%的科学家认同气候变化的科学事实，美国政府不确定的态度对科学界的共识影响甚微。从应对气候变化的行动看，很多国家制定了碳中和（或者称净零排放）的目标，低碳技术特别是可再生能源技术快速发展。根据国际能源署（International Energy Agency，IEA）发布的《2019年世界能源展望》（*World Energy Outlook 2019*）报告，可再生能源技术的应用取得了强劲的增长，太阳能光伏发电和风力发电的成本大幅降低。2018年，可再生能源发电量继续增长，与前一年相比，发电量增加了7%。其中，太阳能光伏、风能和水能发电量的增长占增长的90%。减缓与适应气候变化已经不单单是各国的一纸承诺，而是产业结构升级、能源效率提高、经济增长与转型的驱动力，更是改善生态环境、降低气候变化危害和保障人类生存的重要手段。

2）全球气候治理的参与主体更加多元，进程走向去中心化和信息化

长期以来，主权国家和政府一直是全球气候治理的参与主体。从哥本哈根气候会议开始，非政府组织、跨国公司、学术机构、地方政府等非国家行为体逐渐参与到全球气候治理中。这些非国家行为体利用各种双边、多边平台，通过发布报告、公众传播、交流经验、维护权利等方式，全力推动全球气候治理的发展与转型。《巴黎协定》明确将地方政府和企业纳入进来，更加保障了非国家行为体的行动。因此，即便美国联邦政府宣布退出《巴黎协定》后，其国内的气候行动势头并未受到遏制，美国地方政府、企业以

及非政府组织仍然组成代表团参与后续的气候会议。总之，全球气候治理已不再是西方中心化或者国家中心化，非国家行为体日益成为参与、促进全球气候治理的基石。此外，随着数字化和网络化的兴起，传统的国际合作与交流方式正在发生改变，一个去中心化的全球气候治理互联互通网络正在形成。

3）全球气候治理基本格局正在转变，中国逐渐从治理边缘走向核心

随着全球排放布局的变化，全球气候治理的政治博弈不断变化，基本格局也在发生转变。随着新兴大国的快速发展，中国和印度已成为全球第一和第四大排放国。全球气候治理格局已从《公约》时期的南北阵营（即发展中国家和发达国家阵营），演化为当前的南北交织、南中泛北、北内分化、南北连绵波谱化的局面。作为气候变化领导者的欧盟力不从心，基础四国实质性共识缩小，全球气候治理领导力出现“真空”状况。在这样的背景下，各方对中国的期待逐渐增强。近年来，中国一方面制定并落实长期减排目标（如碳达峰、碳中和等目标），不断提高 INDC 贡献力度，提升自身应对气候变化的能力，为应对气候变化提供中国方案；另一方面在气候谈判中，平衡各方观点，提出搭桥方案，有效推动国际气候合作。总之，中国在全球气候治理中的战略进程大致可以分为灾害防范、科学参与、权益维护、发展协同和贡献引领五个阶段（见图 2.7），中国正在从全球气候治理的参与者转变为气候变化的贡献者、领导者。

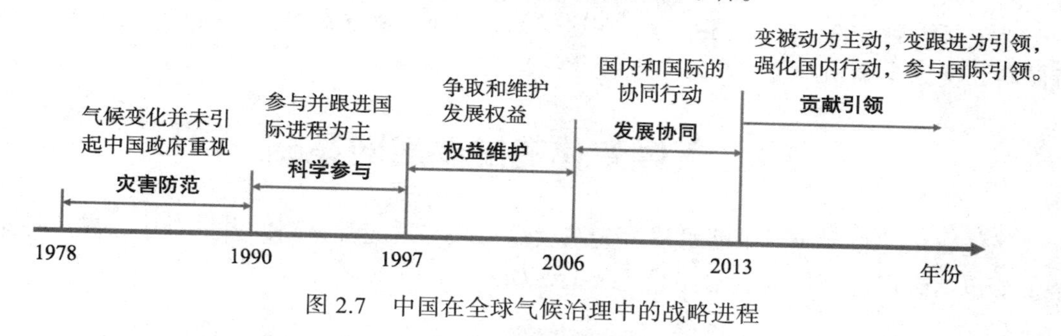

图 2.7　中国在全球气候治理中的战略进程

2. 全球气候治理的挑战

1）公平原则问题

全球排放布局的变化使发展中国家与发达国家责任义务“二分法”的界限逐渐模糊，“共区”原则这一至关重要的公平原则的权威性受到冲击。《巴黎协定》指出：“根据《公约》目标，并遵循其原则，包括以公平为基础并体现共同但有区别责任和各自能力的原则，同时要根据不同的国情……”尽管这一表述仍然继承了“共区”原则，但“根据不同的国情”这一附缀却引发争议。究其原因，主要包括：①这一附缀自身表述的模糊性导致了解读的不确定性。②部分发达国家并未转变对历史责任的回避态度，试图以此淡化“区别”强调“共同责任”，要求所有国家承担强制的减排与义务。③发展中国家由于发展阶段的不同，在统一立场上面临了困难。因此，如何继续维护公平原则仍将是未来全球气候治理必须面对的挑战之一。

2）技术与资金问题

就技术而言，尽管近年来低碳技术得到了快速发展，但部分技术（如生物质能碳捕

集与封存技术）仍不具备大规模应用的条件。这可能会导致实际排放路径与模型的预测排放路径出现偏离，影响 1.5 ℃与 2 ℃目标的实现。此外，如前所述，目前技术开发与转让方面仍存在较大障碍，发达国家与发展中国家在应对气候变化相关的技术合作仍然未有明显突破。就资金而言，一方面，发达国家承诺的资金数额杯水车薪，远不能满足需求。2030 年发展中国家资金总需求量高达 4740 亿美元，全球应对气候变化面临巨大资金缺口；另一方面，发达国家提供资金支持时缺乏足够的透明度。例如，部分发达国家将对发展中国家提供的其他类别援助项目资金充当气候资金。

3）重要性问题

国际社会局势变化会对全球气候治理产生冲击。2017 年，英国脱欧和欧洲难民潮使欧盟发展受挫，欧洲一体化前途未卜，欧盟在气候治理中的领导能力受到影响。特朗普当选美国总统，高调发布反对气候变化的言论，使美国应对气候变化的态度再次转入消极，对《巴黎协定》后续谈判造成了十分不利的影响。2018 年，贸易战成为国际社会关注焦点，单边主义对多边主义发起挑战，合作共赢的氛围进一步弱化。2020 年，新型冠状病毒疫情蔓延全球，对经济、社会、政治、能源等各个方面都造成了很大影响。2020 年，全球经济预计萎缩 4.9%，全球能源需求预计下降 5%，与能源相关的 CO_2 排放量预计下降 7%，能源投资预计下降 18%。原定于 2020 年 11 月举行的第 26 届联合国气候大会也被迫推迟到 2021 年 11 月举行。在这样的背景下，各国的精力向抗击疫情、恢复经济倾斜，使原本面临窘境的全球气候变化治理雪上加霜。

2.2　气候变化的主要应对策略

气候变化的主要应对策略可以分为减缓性策略和适应性策略两种。其中，减缓性策略主要包括碳定价、低碳技术和经济转型，如图 2.8 所示。

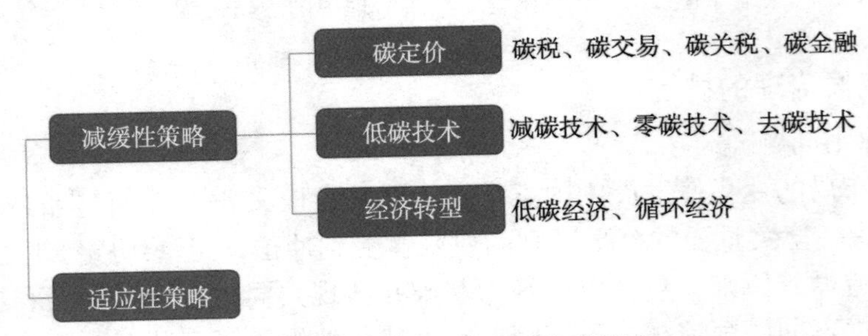

图 2.8　气候变化的主要应对策略

2.2.1　气候变化的经济学基础

1. 公共物品和公共资源理论

在现实经济中，物品可以根据排他性和竞争性分为四种：私人物品、俱乐部物品、公共资源和公共物品，如表 2.1 所示。“排他性”是指只有对商品支付价格的人才能够使用该商品。“竞争性”是指如果某人已经使用了某个商品，则其他人就不能再同时使用该商品。公共物品是指既不具有排他性也不具有竞争性的物品。公共资源是指不具有排他性但具有竞争性的物品。

表 2.1 物品的性质与分类

类 别	竞 争 的	非 竞 争 的
排他的	私人物品（座位、食品、汽车等）	俱乐部物品（有线电视、图书馆等）
非排他的	公共资源（水资源、石油资源等）	公共物品（空气、国防等）

公共物品和公共资源可以被认为是外部影响造成市场失灵的两个特殊例子。对于私人物品而言，市场需求曲线是个人需求曲线的水平加总。假设市场只存在 A 和 B 两个消费者，他们的个人需求曲线分别是 D_A 和 D_B，市场供给曲线是 S，如图 2.9（a）所示。那么，市场需求曲线 D 就是 D_A 和 D_B 的水平相加。市场需求曲线 D 和供给曲线 S 的交点是均衡数量 Q 和均衡价格 P，此时的均衡数量 Q 就是该私人物品的最优数量。对于公共物品而言，公共物品具有非竞争性，每个消费者消费的都是同一个商品总量，即每个消费者的消费量等于总消费量。对总消费量支付的价格是所有消费者支付的价格总和。因此，公共物品的市场需求曲线则是个人需求曲线的垂直加总，如图 2.9（b）所示。由于消费者通常不清楚自己对于公共物品的需求价格以及“搭便车”的思想，公共物品的最优数量很难通过供求分析确定。同时，任何一个消费者消费一单位公共物品的机会为零，消费者会尽量少支付以换取消费公共物品的权利，因而市场提供的公共物品数量往往也低于最优数量。通过上述分析可知，对于非排他性的物品，每个消费者都会为了使自身利益最大化而尽可能多地去利用他。该物品如果又具备竞争性，即共享资源，可能很快就会被过度使用，落入低效或者无效的资源配置，即所谓的“公地的悲剧”。

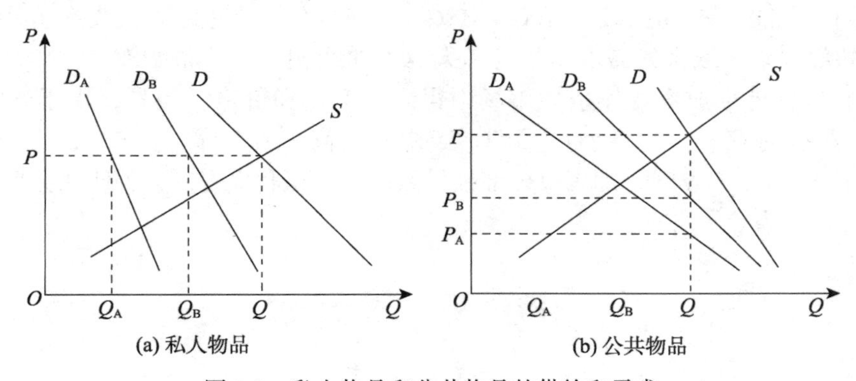

图 2.9 私人物品和公共物品的供给和需求

温室气体具备公共物品和公共资源的双重属性。在人类发展早期，温室气体并不具有竞争性，因为大气环境具有一定的容纳温室气体的能力。但是，工业革命以来，能源消耗大幅上升，导致大气中的温室气体总量急剧增加，温室气体的排放空间不断缩小，各国对温室气体的排放空间的争夺日益激烈，这种竞争性使温室气体日渐体现为一种公共资源。

从经济学的角度，假定温室气体排放量为 E，产生的社会收益为 R、社会成本为 C，那么社会福利 W 可以表示为

$$W(E)=R(E)-C(E) \tag{2.1}$$

对两边同时取导，我们得到了社会福利最大化的条件：边际社会收益（marginal social revenue，MSR）等于边际社会成本（marginal social cost，MSC）。

$$\frac{\partial W}{\partial E}=\frac{\partial R}{\partial E}-\frac{\partial C}{\partial E}=0 \Rightarrow \frac{\partial R}{\partial E}=\frac{\partial C}{\partial E} \tag{2.2}$$

2. 外部性理论

在一个市场经济中，当企业决定生产什么以及生产多少时，通常只考虑所生产产品的价格和为了生产必须支付的费用，包括劳动力、原材料、机器和能源等，我们将之称为企业的私人成本（private cost，PC）。它们会列支在企业年末的利润表上。以利润最大化为目标的任何企业都会尽可能地将生产成本降至最低。然而，在许多生产活动中，还存在另一种是社会真正承担的，却不显示在企业的损益表里，被称为外部成本（external cost，EC）。之所以称为"外部"，是因为这类成本虽然对于其他社会成员来说是真实成本，但企业在决定产量时却通常不予考虑。换个说法，这些成本对企业来说是外部的，而对整个社会来说却是内部成本。当核算社会成本（social cost，SC）时，则有

$$\mathrm{SC}=\mathrm{PC}+\mathrm{EC} \tag{2.3}$$

当一项经济活动的私人成本大于社会成本时，这项经济活动是"外部经济"的。当一项经济活动的私人成本小于社会成本时，这项经济活动是"外部不经济"的。气候变化就是典型的外部不经济的表现，即温室气体排放者为了追求自身利益的最大化，在生产和消费过程中并未考虑全社会因温室气体排放所带来的危害而增加的成本。

以造纸为例，图 2.10 对此进行了简单的说明。$D=\mathrm{MR}$ 是纸张需求曲线和边际收益（marginal revenue，MR）曲线，MPC、MSC 和 MEC 分别是边际私人成本、边际社会成本和边际外部成本。纸张的需求曲线与私人成本曲线相交于价格 P^*和产量 Q^*，这是在造纸企业不考虑外部成本的竞争性市场中得到的产量和价格。但是，由于温室气体导致的外部成本的存在，实际的边际社会成本更高。阴影部分 DWL 是无谓损失（deadweight loss，DWL），即因负外部性导致的社会福利损失，为了使社会福利达到最大，纸张产量应为 Q^{**}。

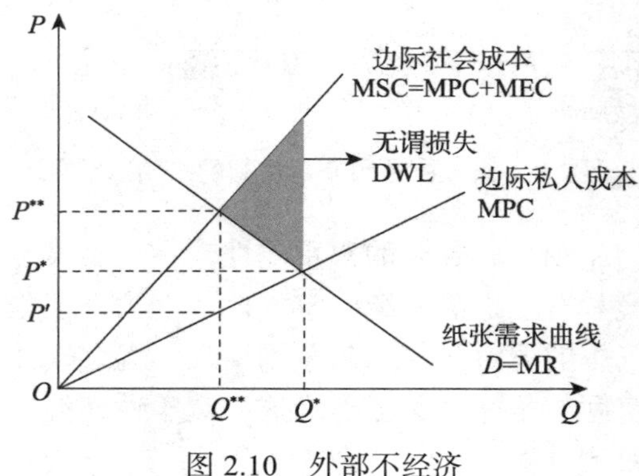

图 2.10　外部不经济

从经济学的角度，我们假设有两个造纸企业，他们既是温室气体的排放者也是温室气体的受害者。假定 CO_2 排放量为 E，生产收益为 R，受到的来自温室气体的损害为 S，此时，社会福利为

$$W = R_1(E_1) + R_2(E_2) - S_1(E_1) - S_1(E_2) - S_2(E_1) - S_2(E_2) \tag{2.4}$$

要使社会整体福利达到最优，必须满足：

$$\frac{\partial R_i}{\partial E_i} = \frac{\partial S_1}{\partial E_i} + \frac{\partial S_2}{\partial E_i} \tag{2.5}$$

然而，每个参与者只能控制自己的温室气体排放，即

$$\frac{\partial R_i}{\partial E_i} = \frac{\partial S_i}{\partial E_i} \tag{2.6}$$

因此，在没有政府干预或者双方协商的条件下，无法消除外部效应的影响。

2.2.2 碳定价

1. 碳税

1）庇古税理论

针对外部性问题，英国经济学家庇古在 1920 年提出通过向污染者征税的方法控制污染排放水平，使外部成本内部化，而所征收税收的额度应当能够弥补私人成本与社会成本之间的差额。庇古的这一理论被称为庇古税。具体而言，庇古税的原理如图 2.11 所示，由于污染者有了额外的付费行为，他们私人成本将有所上升。如果庇古税税率 t_X 设置合理，那么污染者可以调整到使社会福利达到最大的产量 Q^{**}。

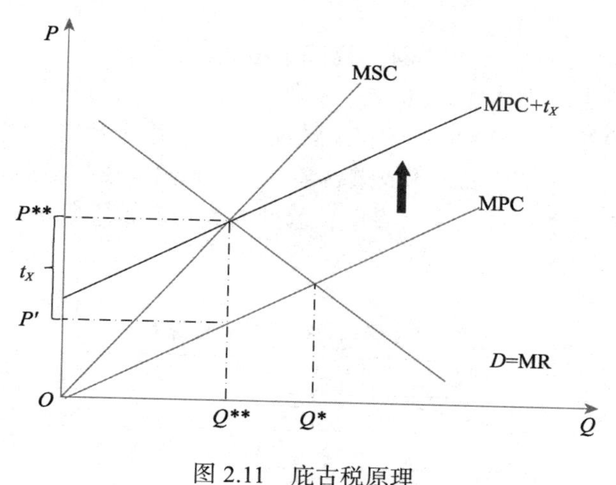

图 2.11 庇古税原理

从经济学的角度，我们假定对每个生产者而言，CO_2 排放量为 E，生产收益为 R，那么生产利润 G 可表示为

$$G(E) = R(E) - t_X E \tag{2.7}$$

企业为了使利润最大化，即

$$\frac{\partial G}{\partial E}=0 \Rightarrow \frac{\partial R}{\partial E}=t_X \tag{2.8}$$

所产生的 CO_2 排放量为 E 正好使得每单位污染边际效益等于环境税率 t_X。

庇古税虽然在一定程度上迫使污染者为自己的排放行为付出一定成本，但是要获得理想效果是十分困难的，这是庇古税自身存在的制度缺陷所致。首先，庇古税的税率难以确定，过低则无法抑制企业的排污行为，过高则可能造成有效生产的不足，从而造成整个社会的福利损失。其次，在庇古税的作用下，企业的社会成本有可能会转化成抬高的价格，最终转移到消费者或其他下游企业中去。最后，某一区域庇古税的征收可能导致其他地区的排放增加（如高排放企业向其他地区转移），即造成“碳泄漏”。

知识卡片 2.4：庇古税的“双重福利”

2）国际碳税实践

碳税是以庇古税理论为基础，根据化石燃料的碳含量、热值或碳排放量，对化石燃料的生产及使用单位征收税款的一种调节税。碳税政策一方面可以通过提高化石燃料的价格，直接抑制化石燃料的使用，另一方面可以通过促进化石燃料替代资源的开发，间接减少二氧化碳的排放量。根据独立性，碳税政策可以分为独立碳税和拟碳税两大类。独立碳税为独立税种，使用该税的国家包括芬兰、瑞典、挪威、丹麦、荷兰、加拿大等。拟碳税是将碳排放因素引入已有税收计税基础形成的潜在碳税，使用该税的国家有英国的气候变化税和日本的全球气候变化对策附加税等。

①独立碳税的比较

芬兰、荷兰、瑞典、挪威和丹麦是碳税制度的先行者，积累了丰富的碳税经验，具体包括：

A. 征税对象：主要针对化石燃料，税基不尽相同

各国基本税收要素如表 2.2 所示。从表中可以看出，碳税主要以化石燃料作为征税对象，电力最初也只是对用于发电的化石燃料征税，后逐步转向最终产品。征税范围涵盖分散、集中排放源的所有温室气体或燃料消耗。不同国家根据实际情况税基有所差异。例如，挪威的电力供应主要依靠水力发电，因此对离岸石油业征收了碳税，并未对电力征收碳税。

表 2.2　碳税的征税对象与税率

国　家	芬　兰	荷　兰	瑞　典	挪　威	丹　麦
名义税率（美元/tCO_2e）（2020 年）	62～73	35	137	4～69	24～28
主要依据	含碳量	含碳量和热值	含碳量	碳排放量	碳排放量
征收对象：					
煤	√	√	√		√
石油				√	
汽油	√		√	√	√
柴油	√	√	√	√	√
轻燃料油	√	√	√	√	√

续表

国家	芬兰	荷兰	瑞典	挪威	丹麦
重燃料油	√			√	√
天然气	√	√	√		√
液化石油气		√	√		√
电力	√	√	√		√
税率趋势	缓慢上升	缓慢上升	缓慢上升	缓慢上升	平稳后上升
企业与居民同税率	否	否	是	是	是
不同产业间同税率	是	是	是	否	否
削减税收：					
个人所得税	√	√	√	√	√
社会保障税	√	√			√

B. 税率水平：差异化、渐进式提高税率

由于各国除了征收碳税外，一般均辅有其他税及其他相关减排政策，且各国具体减排目标各异，因此在同一时期税率设定上存在一定差异。但从长期来看，税率水平初期较低后期逐步提高，这样可以避免加重企业和居民家庭的负担，降低碳税实施阻力。例如，芬兰碳税在 1990 年仅为 1.2 欧元/tCO_2e，之后缓慢提高。与此相反，荷兰在碳税开征初期就把税率制定在一个较高的水平，这也使得荷兰在推行碳税时遇到很大的政治阻力，落后于芬兰。此外，各国结合国情在企业与居民、不同产业间实施差异化税率，一方面可以合理分配税负，有助于纳税人接受征税，也有利于提高纳税人减排意识和改善行为模式；另一方面，可以抑制高碳产业发展，实现能源转型，同时尽量削弱对产业国际竞争力的影响。

C. 税收减免：减免方式多种多样，逐步缩小减免范围

各国的优惠政策广泛且复杂，税收减免的优惠政策既是保护国内能源密集型产业的竞争力和减少碳税的累退性影响的手段，也是确保公平原则的措施。各国的优惠政策往往体现了国家对产业与地区差异的考量，如表 2.3 所示。自《巴黎协定》以来，各国为了实现 INDC 目标，正在逐步减小减免范围，促进能源转型，降低碳排放。

表 2.3 碳税的税收减免

国家	原有减免措施	近 5 年的调整
芬兰	天然气减半；部分工业部门减税；电力、航空、国际运输用油等部门税收豁免；生物质燃料油全额豁免	电力行业部分能源豁免
荷兰	单位电力享有固定的减免额度、对天然气和电力消费实施差别征收	即将对工业征收碳税
瑞典	工业部门减半；电力、航空、造纸等部分企业的碳减排达到一定标准化缴纳税款全额退还	大幅降低用于采矿柴油和用于联合热电厂产热燃料的免征额
挪威	对航空、海上运输部门和电力部门给予豁免	废除大多数减免措施
丹麦	参加自愿减排协议的企业慈宁宫成功实施可退税；重工业和轻工业使用的燃料实行税收减免	—

D. 税收使用：税收中性原则

为了实现“双重红利”，各国在推行碳税政策时大都遵循税收中性原则，即政府不以增加财政收入为目的，将碳税收入返还或用于环境保护方面的投资。碳税收入主要用于：一是专款专用。将碳税收入用于节能环保项目投资，如用于环境基金、环保工程、新能源和碳减排技术的研发与创新等。丹麦将居民缴纳的碳税收入专门用于供热系统补贴和新能源改造；将企业缴纳的碳税收入集中成立投资基金。二是减少劳动税负，运用碳税收入补偿受影响程度较大的个人或企业，如低收入群体或能源密集型企业，从而避免碳税给社会经济特别是居民生活带来的负面影响。芬兰、荷兰、瑞典、挪威和丹麦 5 个国家推出碳税的同时均降低个人所得税。

②拟碳税的分析

拟碳税与独立碳税最大的不同在于征税方式与计税依据。以日本为例，全球气候变化对策附加税是对石油、天然气、煤炭等所有化石燃料征收的一种附加税。具体而言，根据每种化石燃料的碳排放强度，设定每单位量（KL 或 t）的税率，如图 2.12 所示。

除此之外，拟碳税与独立碳税在税率水平、减免措施等方面十分相似。从图 2.12 中可以看出，为了避免家庭和企业的负担突然增加，日本全球气候变化对策附加税经历了四个阶段，不同能源税率不同，税率水平逐步提高。同时，税收保持中性原则，所得税收将被用于各种遏制能源相关碳排放的节能措施。此外，日本政府采取了其他减免措施实现碳税税负的公平化。

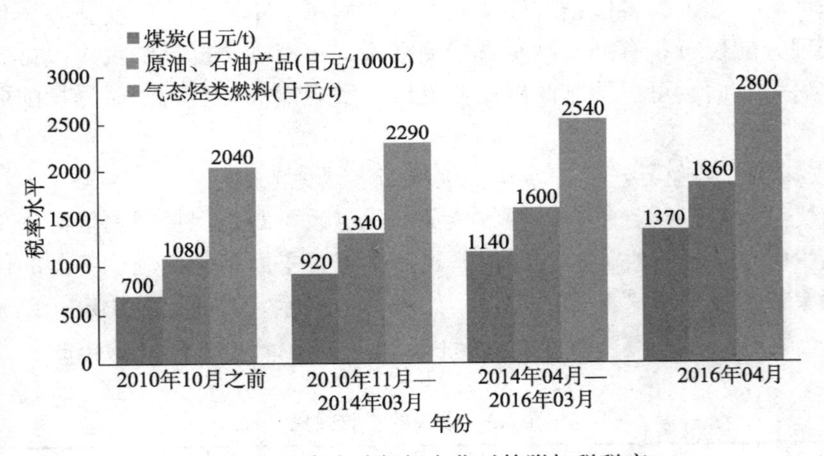

图 2.12　日本全球气候变化对策附加税税率

3）碳关税

在前述的庇古税分析中，我们并没有考虑国际贸易的影响。假定存在一个小型开放经济，国产商品与进口产品是完全替代关系，如图 2.13 所示。征税前消费者需求量为 Q_2，包括 Q_0 的国产商品和 Q_2-Q_0 的进口商品。征税后，由于国内企业的生产经营成本上涨，其边际私人成本 MPC 上移至 MPC′。由于是小型开放经济，不存在商品价格提高到 P^{**} 的情况。此时，庇古税全部由国内企业承担，国内企业只能缩减自身生产规模，将产出降低至 Q_1，而进口量则将扩大至 Q_2-Q_1。因此，当考虑到国际贸易时，碳税的征收可能会导致国内产业竞争力下降等问题。碳关税应运而生。

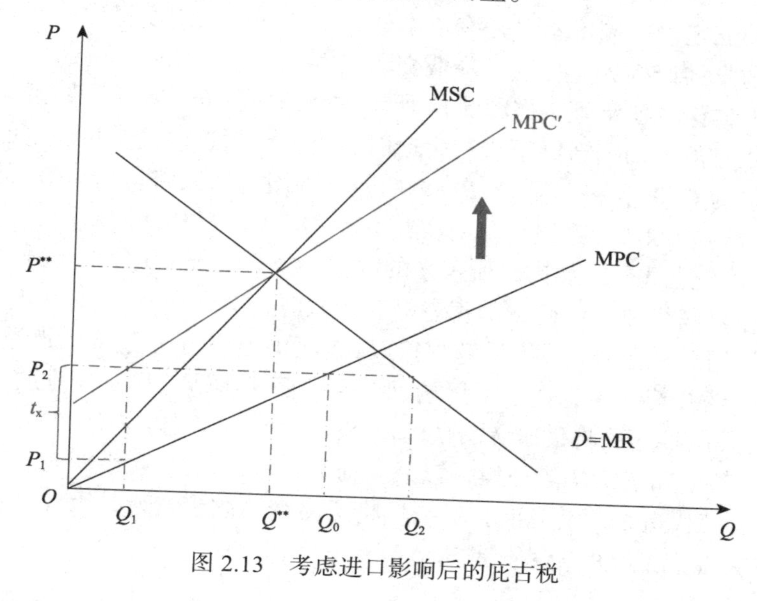

图 2.13 考虑进口影响后的庇古税

碳关税是指主权国家或地区对未采取相应减排措施国家的能源密集型和碳密集型进口产品征收的 CO_2 排放税。碳关税实质上是碳税的边境调节税，目前主要由发达国家或地区推行。从设计意图看，碳关税可以防止“碳泄漏”，矫正市场扭曲，保护本国产业的竞争力。从实际操作看，碳关税违反世界贸易组织（World Trade Organization，WTO）相关规则，合法性有待商榷。同时，碳关税在操作中的税率尺度难以把控，很容易造成贸易保护，形成贸易壁垒。从国际博弈看，小型开放经济假设并不适用于这些积极推行碳关税的发达国家，这些国家显然能够影响国际市场价格。此外，发达国家的产业结构经过多年调整，已经具有了较为成熟的低碳技术和低排放的经济结构，减排成本也较低。发达国家积极推行碳关税政策，是其利用市场优势抢占低碳发展制高点、谋求调整全球气候治理框架结构、逃避减排责任的一种表现，是对发展中国家国情的无视，更是对发展中国家发展权益的明显侵害。

知识卡片 2.5：小型开放经济

小故事速递 2.3：欧美碳关税

2. 碳交易

1）科斯定理

1960 年，罗纳德·哈里·科斯在《社会成本问题》中提出了产权理论，认为产权不明晰是产生外部性的来源之一。科斯定理作为产权理论的核心，是对产权安排和资源配置思想的集中描述，具体包括，①科斯第一定理：在市场交易费用为零的假设下，只要产权明晰，市场机制即可实现资源配置效率最优，与初始产权分配无关；②科斯第二定理：在市场交易费用大于零的情况下，不同的产权初始分配会带来不同的资源配置效率；③科斯第三定理：制度本身是有成本的，不同的产权制度将导致不同的资源配置效率，合理、清晰的产权界定有助于降低交易成本。

以造纸为例讨论科斯定理，如图 2.14 所示，考虑两种安排：①当附近居民拥有产权时，造纸厂无权排放。而当造纸厂进行生产时，需要向附近居民支付一定的赔偿费。例如，造纸厂产量为 Q_1 时，将获得 *OABD* 的收益，而附近居民将付出 *OCD* 的成本。由于成本 *OCD* 小于收益 *OABD*，造纸厂乐意支付介于 *OCD* 和 *OABD* 的赔偿费，以保证产量。当产量达到 Q^* 时，造纸厂继续排放所带来的收益不及自己要支付给附近居民的赔偿费，自然而然地不会继续排放。因此，受害者拥有产权时，会存在从 *O* 点到 *J* 点的帕累托改进。②当造纸厂拥有产权时，造纸厂有权排放。附近居民为了不造成太严重的健康损失，可以向造纸厂给予补偿，来替代造纸厂的利润，从而说服造纸厂减少排放。例如，造纸厂产量为 Q_2 时，附近居民将付出 *EGHI* 的成本，造纸厂将获得 *FGH* 的收益。附近居民可以给予介于 *FGH* 和 *EGHI* 的补偿，以减少损失。当产量减少到 Q^* 时，附近居民继续给予补偿将不能替代造纸厂的利润，造纸厂将不会继续减少产量。因此，排放者拥有产权时，会存在从 *H* 点到 *J* 的帕累托改进。

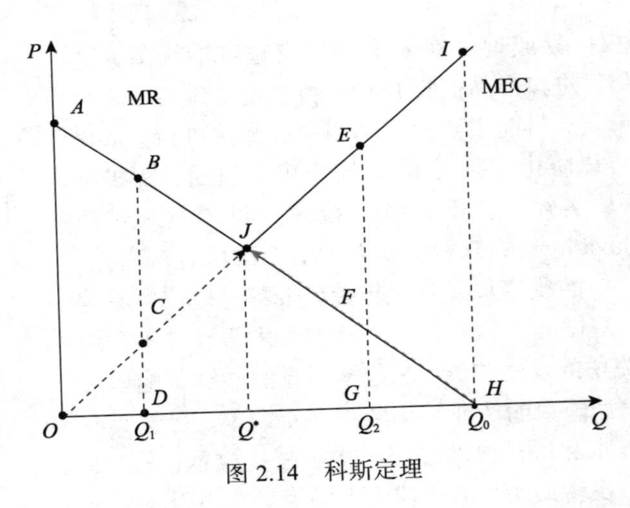

图 2.14　科斯定理

总之，如果政府明确界定并有效保护了产权，那么无论是在哪种初始产权配置模式下，均可实现资源配置效率最优。科斯定理为产权交易奠定了基础。

2）排放权交易的效用机理

排放权交易是对科斯定理的实际应用，其效用机理是在总量控制的目标下，政府对排放权进行初始配额分配，并且允许交易，从而实现社会总减排成本的最小化。

由于企业的边际减排成本不同，只要交易带来的净收益高于交易的费用，企业就愿意进行交易，直至两个企业的边际减排成本相同，这时社会总减排成本就达到最低。假设不考虑交易费用，企业 A 与企业 B 需要分别完成的 Q_A 和 Q_B 的减排量。企业 A 和企业 B 完成减排的边际成本分别为 P_A 和 P_B，总成本分别为 a 和 $b+c+d+e$，社会总减排成本为 $a+b+c+d+e$。

当企业A与企业B进行交易后，两者在O处达到相同的边际减排成本P^{**}，也就是两者的交易价格，这时企业A的减排量为Q'_A，企业B的减排量为Q'_B。企业A的直接减排成本为$a+b$，但通过交易，企业A获益$b+d$，因此企业A的总减排成本为$a-d$，企业B的减排成本包括直接减排成本和购买成本，直接减排成本为c，购买成本为$b+d$，企业B的总减排成本为$b+c+d$，社会总减排成本为$a+b+c$。与交易前相比，企业A的减排成本减少了d，企业B的减排成本减少了e，社会总减排成本减少了$d+e$，由此可见，交易使两个企业达到了双赢的结果，并且实现了社会总减排成本的最小化（图2.15）。

排放权交易既实现了总量控制目标和配额资源的有效配置，也降低了社会总减排成本和高减排成本企业的减排压力，还有利于激励企业积极主动对减排技术进行投资升级改造。当然排放权交易也存在局限性，如初始排放权分配存在争议等。

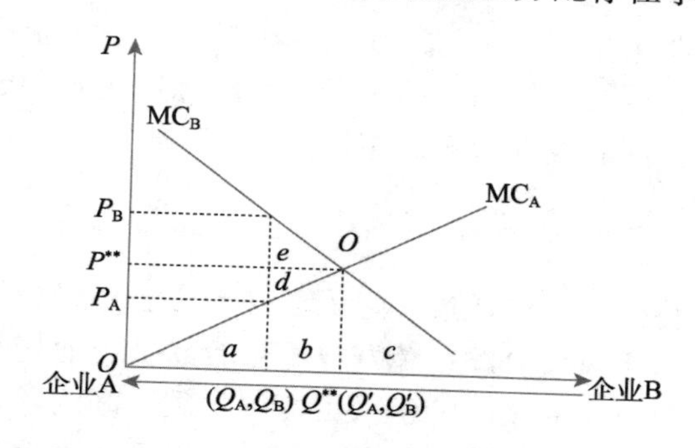

图2.15　排放权交易的效用机理

3）排放权交易的配额初始分配

排放权交易的配额确定方法包括标杆法和历史法，配额分配方法包括免费、有偿和混合，如图2.16所示。

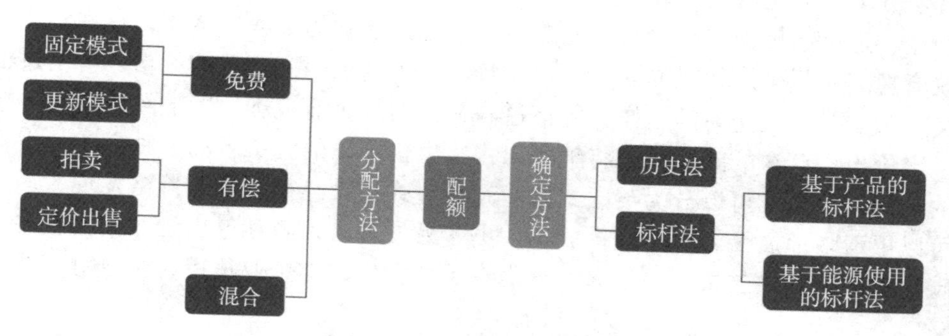

图2.16　配额分配与确定方法

①配额确定方法

历史法以企业过去的排放数据为依据进行分配，一般选取过去3～5年的均值来减少产值波动带来的影响。这种方法可以满足企业以往生产的需求，一般不会给企业经营带来特别大的影响，也避免了在碳市场建立初期对经济发展产生过大的负面影响。但是，这种方法的公平和效率存疑，可能会“鞭打快牛”，不利于企业对低碳技术的研发与改进。

标杆法基于“最佳实践”的原则，将不同的企业（设施）同种产品的单位产品排放由小到大进行排序，选择其中前10%作为标杆值（也可以选前30%，这个比例并不固定），每个企业（设施）获得的配额=产量×标杆值。因而减排绩效越好的企业通过配额分配获得的收益越大。具体计算上，标杆法又可以分为基于产品的标杆法（见式2.9）和基于能源使用的标杆法（见式2.10）。

$$A_t = \sum^{n} Q_{i,t} \times B_i \times \mathrm{AF}_{J,t} \times C_t \tag{2.9}$$

$$A_t = E \times B_E \times \mathrm{AF}_{J,t} \times C_t \tag{2.10}$$

式中，A_t表示企业（设施）t期配额；$\mathrm{AF}_{J,t}$表示J行业t期的调整系数；C_t表示配额下降系数；B_i、$Q_{i,t}$分别表示第i种产品的标杆值；t期第i种产品产量；B_E、E分别表示能源燃烧的标杆值和能源用量。基于能源使用的标杆法考虑了企业在生产相同产品时燃料方面的差异，但是对数据要求较高。而基于产品的标杆法监管成本低、数据要求低，不过方法的可行性取决于产品或者工艺的相似性，对于种类较为复杂、工序多样的产品，适用性受到很大挑战。

②配额分配方法

免费分配是指政府将排放总量通过一定配额确定方法免费分配给企业，这种方法的优点在于：一方面，相对于有偿分配，免费分配更容易被企业接受，适用于配额市场建立初期；另一方面，排放权交易市场的引入可能引发碳泄漏问题，而免费分配可以很好地解决这一问题。结合配额确定方法，免费分配又可以分为固定分配（基于历史法）和更新分配（基于标杆法）两种。固定分配的缺点在于未考虑企业近期发展状况、缺乏新进企业数据，容易造成“鞭打快牛”的结果。更新分配的缺点在于由于信息的不对称，企业可能通过出售配额获得“意外之财”。

有偿分配分为定价出售和拍卖两种。定价出售是指将每单位配额以固定价格出售给需求企业。定价出售需要政府对企业的生产状况有准确的了解。然而，在现实中企业存在对政府隐瞒实际生产状况的冲动，因此政府很难确定一个合理的价格。价格过低会失去意义，影响排放权交易的运作，价格过高又会增加企业成本，影响经济发展。拍卖则解决了定价出售存在的问题，是将配额出售给出价最高的购买者的一种方式。根据拍卖方式的不同，拍卖又可以分为英国式拍卖和荷兰式拍卖。拍卖具有价格发现、透明的优点，可以更清晰地展示企业的减排成本，更容易处理进入者和退出者，拍卖收益也可以为低碳技术研发提供支持，但最大的顾虑在于拍卖会增加企业负担，企业对市场产生抵触情绪。

混合分配则综合了免费分配和有偿分配的优点，即绝大部分配额进行免费分配，市场运行一段时间后，逐渐提高拍卖比例，最后向拍卖过渡。

4）国际碳交易实践

①碳交易的市场类型

根据是否具有强制性，碳交易市场可以分为强制性碳交易市场和自愿性碳交易市场。强制性碳交易市场是企业被强制加入和减排，是目前国际上运用最为普遍的碳交易市场。

典型的强制性碳交易市场包括欧盟排放交易体系（European Union emissions trading system，EU ETS）、美国区域温室气体减排行动（regional greenhouse gas initiative，RGGI）、西部气候倡议（western climate initiative，WCI）、新西兰排放交易体系（New Zealand emissions trading system，NZ ETS）等。自愿性碳交易市场则是企业或者个人出于履行社会责任的目的，自愿地采取碳排放交易行为实现减排。典型的碳交易市场包括芝加哥气候交易所（Chicago Climate Exchange，CCX）等（图 2.17）。

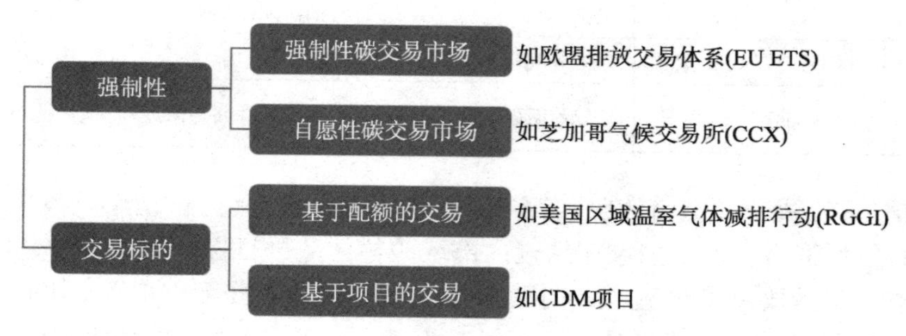

图 2.17 碳交易的市场类型

根据交易标的，碳交易市场又可以分为基于配额的交易（allowance-based transactions）和基于项目的交易（project-based transaction）。基于配额的交易遵循“总量控制与交易”（cap and trade）原则，交易标的是基于碳排放总量事前分配的碳排放权，即碳配额。基于项目的交易则采用“基准与信用”（baseline and credit）机制，交易标的是某些项目产生的温室气体减排信用，如 CDM 项目。目前，全球碳交易市场主要是基于配额的交易，基于项目的交易则是前者的补充机制。

②欧盟排放交易体系（EU ETS）

EU ETS 是欧盟应对气候变化政策的重要手段。EU ETS 发展至今经历了四个阶段，其覆盖范围、配额分配方式、交易规则等相关制度也发生了较大的变化，如表 2.4 所示。

表 2.4 EU ETS 的四个阶段

	第一阶段（2005—2007 年）	第二阶段（2008—2012 年）	第三阶段（2013—2020 年）	第四阶段（2021 年至今）
覆盖国家	欧盟 25 国	欧盟 27 国，冰岛，列支敦士登和挪威	欧盟 28 国，冰岛，列支敦士登和挪威	欧盟 27 国，冰岛，列支敦士登和挪威
覆盖行业	电力及供热为主的能源生产行业以及能源密集型行业	新增交通	新增航空业、化工业、金属电解等	—
减排目标	《京都议定书》中承诺减排额度的 45%	在 2005 年的基础上减排 6.5%	2020 年较 1990 年排放量至少降低 20%	2020 年较 1990 年排放量至少降低 30%
国家间配额分配方式	国家分配方案(NAP)		国家履行措施(NIM)	
整体配额数量	历史排放数据申报	小幅缩减	每年以 1.74%的速度下降	每年以 2.2%的速度下降

续表

	第一阶段（2005—2007年）	第二阶段（2008—2012年）	第三阶段（2013—2020年）	第四阶段（2021年至今）
配额分配方式	免费配额95% 拍卖配额5% 免费分配采用历史法，电力行业采取基准线法	免费配额90% 拍卖配额10% 免费分配使用历史法，电力行业、航空业使用基准线法	免费配额50% 拍卖配额50% 免费配额采用基准线法，电力行业需完全通过拍卖配额购买	免费配额43% 拍卖配额57% 免费配额采用基准线法，电力行业需完全通过拍卖配额购买
惩罚机制	超额每吨罚款40欧元	超额每吨罚款100欧元		
跨期使用规则	不可跨期存储与借贷	可以跨期存储不可借贷	可以跨期存储与借贷	

从配额上看，配额总量持续收紧，逐步提高拍卖分配比例。前两个阶段采用的是“自下而上”的分配策略。各个国家在欧盟内部统一整体减排目标的框架下，以国家为单位自行设定本国碳排放总量限额，并向欧盟委员会提交国家分配方案（national allocation plans，NAP），欧盟委员会审核通过后，以其为基准向各国分配碳排放配额。这种分配方式存在设计复杂不透明，公布信息及时间不统一以及减排单位（VER）不同等问题。于是，从第三阶段起，EU ETS的配额分配方式变成了“自上而下”的国家履行措施（national implementation measure，NIM），即欧盟统一制定排放配额，并向各国分配，要求各成员国遵照执行。

从监测、报告和核查（monitor，report and verification，MRV）机制看，在前两个阶段，各国使用自建的注册平台记录国内碳排放的相关情况。欧盟通过欧盟独立交易登记系统对各成员国注册内容以及各国账户之间的交易往来情况进行核查。第三阶段后，《指令2009/29/EC》改进了MRV制度，明确指出从第三阶段开始直接由欧盟授权欧盟委员会制定统一的监测与报告条例，欧盟委员会规定核查者及核查事项。

从风险控制看，EU ETS对碳泄漏风险做出了相应控制。在第三阶段中，欧盟根据碳排放强度和贸易强度的综合指标进行评估各个行业，被认为有碳泄漏风险的行业按预定基准的100%免费分配。

从实际看，EU ETS逐渐成熟，减排效果逐渐呈现。第一阶段中，配额的供给严重大于需求，致使该阶段碳排放配额价格持续走低。第二阶段中，各成员国往往高估经济增长与产能扩张速度，提出过高的碳排放配额需求，配额依旧十分富余。同时，受2008年全球金融危机影响，配额价格不断下跌，直至接近于零。第三阶段中，由于EU ETS各项机制的完善，欧盟碳排放配额（European Union allowance，EUA）市场价格稳步上升，逐步逼近碳排放的真实环境成本，充分倒逼相关企业进行减排升级。

③北美碳市场

芝加哥气候交易所是全球第一个自愿性参与温室气体减排的平台，交易模式主要分为限额交易和补偿交易。其中，限额交易经历了两个阶段：第一阶段（2003—2006年）要求实现所有会员在基准线排放水平（1998—2001年平均排放量）上每年减排1%的目标，到2006年比基准线降低4%。第二阶段（2007—2010年）内对加入时间不同的注册会员有了阶梯式的差额规定，要求所有会员排放量比基准线排放水平（新会员为2000年的排放量）降低6%以上。其中，第一阶段加入的注册会员每年减排0.25%，但第二个阶段加入的新注册会员每年减排1.5%。补偿交易主要性质为政府福利性补贴，通过补偿交易的方式推进以上部门参与温室气体减排。

区域温室气体行动主要针对电力行业进行减排，设计目标是在不显著影响能源价格的前提下，以最低的成本减少 CO_2 排放。RGGI的每个履约期为3年，前两个履约期为稳定期，也就是在这一时期各成员州的配额总量保持不变，从2015年开始，碳配额总量每年下降2.5%，至2018年累计下降10%。配额确定方法上，RGGI采用了历史法，同时根据隔周用电量、人口和新增排放源等因素调整确定配额总量。配额分配方法上，RGGI是全球第一个用拍卖方式分配几乎全部配额的碳交易制度，配额存储不受限制，但不允许借贷。抵消机制上，RGGI也允许控排企业使用碳抵消项目履行碳减排义务，但在每个履约期不超过限额的3.3%，抵消项目仅限于9个州的5类项目。此外，RGGI还设置了包括清除储备配额（banked allowances）、成本储备金（cost containment reserve，CCR）、过度履约控制期（interim control period）、碳排放控制底价（emissions containment reserve，ECR）等若干配套机制确保碳交易市场的平稳运行。

西部气候倡议是一个包括多个行业的综合性碳市场。WCI与RGGI互补，扩大了排放交易体系的行业覆盖范围。WCI初期的实施对象包括发电行业和大工业企业，2015年开始纳入居民、商业和其他工业、交通燃料行业等。加州总量控制与交易计划（California's cap-and-trade program，CCTP）是美国加州使用WCI开发框架独立建立的总量控制与交易体系，是WCI的重要组成部分。CCTP基于2006年加州州长签署通过的《全球气候变暖解决方案法案》（即AB32法案）建立，此后不断完善。配额分配上，CCTP根据碳泄漏风险程度，将企业划分为高泄漏类、中等泄漏类和低泄漏类，对于不同类别的企业给予不同的免费配额比例。MRV机制上，CCTP以2500tCO_2e为分界线，提出了不同的MRV要求。同时，CCTP对不同企业设定不同的核查频率。2021年，CCTP做出进一步调整：一是对碳价设立了价格上限；二是抵消机制中对核证碳信用配额的使用有进一步限制，比如使用非加州项目的碳减排量进行抵消的比例受到限制，不得超过抵消总额的50%，同时使用抵消配额最高比例上限在2021—2025年内从原8%下降为4%；三是配额递减速率进一步增加（表2.5）。

5）碳金融

从狭义上讲，碳金融就是碳交易市场，即以碳排放配额和碳减排信用为媒介或标的的资金融通相关活动。从广义上讲，碳金融又不局限于碳交易市场，泛指低碳经济发展环境下衍生出来的金融活动，包括碳交易市场以及其他低碳投融资等金融服务。

碳金融产品可以分为碳金融原生产品、碳金融衍生品以及碳现货创新衍生品三种。碳金融原生产品包括碳排放配额和核证自愿减排量，即碳现货。碳现货通过交易平台或者场外交易等方式达成交易。根据交易标的可以分为配额型交易和项目型交易。碳金融衍生品则包括碳远期、碳期货、碳期权和碳掉期。碳现货创新衍生产品主要包括碳基金、碳债券、碳质押、碳抵押、碳信托和绿色信贷。

表 2.5　北美碳市场

	芝加哥气候交易所（CCX）	区域温室气体行动（RGGI）	西部气候倡议（WCI）	加州总量控制与交易体系（CCTP）
覆盖地区	北美	美国东北部9个州	加拿大4个省和美国加州	美国加州
覆盖行业	航空、汽车、电力、环境、交通等数10个不同行业	电力	初期包括发电行业和大工业企业，后期涵盖了几乎所有经济部门	发电、工业行业、运输业等
交易方式	限额交易与补偿交易	限额交易	限额交易	限额交易
交易形式	自愿	强制	强制	强制
减排目标	第一阶段：比基准线降低4%。第二阶段：比基准线排放水平降低6%以上	2018年温室气体排放量比2009年减少10%	2020年比2005年排放降低15%	2020年温室气体排放水平恢复到1990年水平；2050年排放比1990年排放减少80%
配额分配方式	拍卖配额	拍卖配额	先以免费配额为主，后期再过渡到拍卖	免费配额为主，拍卖为辅

碳金融衍生产品以及碳现货创新衍生产品具有难以替代的功能和作用，主要包括：①价格发现，衍生品合约价格可以反映出买卖双方对于未来价格的预期。②风险管理，衍生品通常被用来降低或者规避持有现货的风险。③资产配置，为现货资产对冲风险、良好的保值工具、实现更好的风险-收益组合。④新型融资工具，为碳交易体系管控单位提供新型融资工具、可盘活市场碳资产。

小故事速递 2.4：碳金融实践

2.2.3　经济转型

1. 低碳经济

1）概念与内涵

低碳经济是指兼顾经济稳定增长的同时实现温室气体排放低增长或者负增长的经济模式。低碳经济的核心是以技术创新和制度创新为手段，实现产业转型升级和价值观念转变，最终实现可持续发展。

低碳经济的内涵可以从三个方面理解，①目标：低碳经济的目标是可持续发展，相对于碳密集能源生产消费方式的高碳经济，低碳经济旨在降低单位能源消费量的碳排放；②生产：低碳经济要求生产方式的转变，相对于基于化石能源的生产方式，低碳经济要求通过能源替代，发展新能源等手段，转变产业生产方式，促进经济增长与能源消费引发的碳排放“脱钩”；③消费：低碳经济强调改变人们的高碳消费倾向和碳偏好，减少碳足迹，实现低碳生存。

2）分析方法

①环境库兹涅茨曲线

1993年，潘纳约托（Panayotou）借用库兹涅茨曲线首次将这种环境压力与经济增长间的关系称为环境库兹涅茨曲线形（environmental Kuznets curve，EKC）。EKC 假说认为，环境压力与经济增长之间呈倒“U”形关系，大致可以划分为 3 个阶段。第一阶段是起步阶段，一般处于经济发展早期，经济的高速增长伴随着环境压力的提高；第二阶段是转折阶段，环境破坏减速，环境压力也随之逐渐达到峰值并开始下降；第三阶段是稳定阶段，经济发展实现低污染与稳定增长，即实现了低碳经济。技术进步会对环境库兹涅茨曲线产生隧道效应，即技术进步可保证经济持续增长的同时减缓环境破坏速度，在短时间内达峰后直接进入第三阶段，实现可持续发展，如图 2.18 所示。

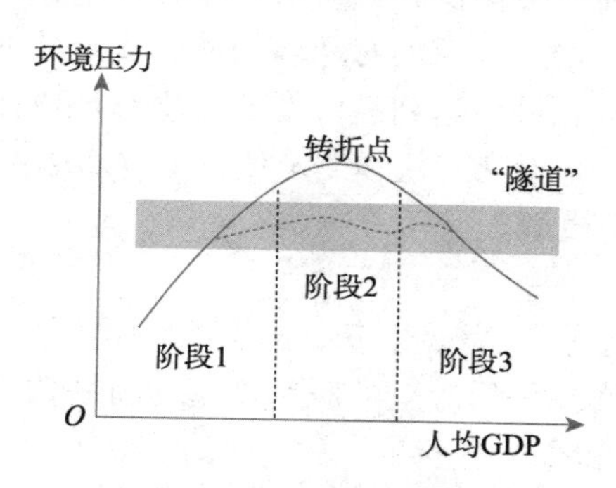

图 2.18　EKC 曲线与隧道效应

环境库兹涅茨曲线的理论基础可以从减物质化和减污染化分析。定义 t 年份与环境相关的经济规模 S_t 为人口 P_t 和人均环境需求 U_t 的乘积：

$$S_t = P_t \times U_t \tag{2.11}$$

式中，S_t 指以自然资源形式经过人类经济活动又回归自然的物质和能量流，由两部分组成：经济系统中的物质投入 M 和经济系统的产出 W（包括向环境排放的废弃物）。如果将 S_t 视为总环境压力的表征，那么 M 和 W 代表了两种不同的环境压力：枯竭和污染。U_t 又可以分解为人均收入 y_t 和单位收入带来的环境压力 E_t 的乘积。则式（2.11）可表述为

$$S_t(M,W) = P_t \times y_t \times E_t(M,W) = Y_t \times E_t(M,W) \tag{2.12}$$

式中，Y_t 表示总收入。

分别定义 $m_t = M_t / Y_t$ 和 $w_t = W_t / Y_t$ 为物质强度和污染强度，即单位收入所需投入的资源和所造成的污染。减物质化表示物质强度随时间减少，减污染化表示污染强度随时间减少。如果 S_t 仅为物质投入 M 函数，则

$$S_t = Y_t \times m_t \tag{2.13}$$

求导得，

$$\frac{\mathrm{d}S_t / \mathrm{d}t}{S_t} = \frac{\mathrm{d}Y_t / \mathrm{d}t}{Y_t} + \frac{\mathrm{d}m / \mathrm{d}t}{m_t} \tag{2.14}$$

由此可知，经济增长过程中会出现弱减物质化和强减物质化两种形式。当 $\mathrm{d}m / \mathrm{d}t < 0, \mathrm{d}S_t / \mathrm{d}t > 0$ 时，物质强度下降，但总物质消费没有减少，经济增长呈现弱减物

质化。当$-\frac{\mathrm{d}m/\mathrm{d}t}{m_t} > \frac{\mathrm{d}Y_t/\mathrm{d}t}{Y_t}$时，总物质消费随时间而减少，经济增长呈现强减物质化。

类似地，将S_t视为产出W的函数也有相似结论。总之，环境压力与经济增长分离的概念包括了减物质化和减污染化。EKC 假说就是建立在这一理论基础上的。

②脱钩理论

脱钩原指火车车厢的挂钩脱落，进一步引申为事物的联系中断。1966 年，该理论被正式引入社会经济领域，随后又被世界银行引入资源环境领域。脱钩理论与减物质化和减污染化理论的本质相近，指经济活动对环境的冲击逐步减少的过程。其目的都是破解经济发展与环境危害的难题，最终达到经济增长与生态环境保护之间的双赢。脱钩分析的基本模型主要包括两种：基于期初值和期末值的 OECD 脱钩指数模型和基于增长弹性变化的 Tapio 脱钩状态分析模型。

A. OECD 脱钩指数

2002 年，OECD 在出版的《衡量经济增长与环境压力脱钩的指标》中，提出了基于“驱动力—压力—状态—影响—反应”的脱钩模型。将脱钩情况分成了未脱钩、相对脱钩和绝对脱钩 3 种情况，如图 2.19 所示。

$$d = 1 - \frac{(CO_2/\mathrm{GDP})_t}{(CO_2/\mathrm{GDP})_0} \tag{2.15}$$

式中，t表示报告期；0 表示基期；d为脱钩因子，取值范围为$(-\infty, 1)$。当$d \in (-\infty, 0]$时，则处于为未脱钩状态；当$d \in (0,1]$时，则处于脱钩状态。d接近于 1，处于绝对脱钩状态，接近于 0 处于相对脱钩状态。

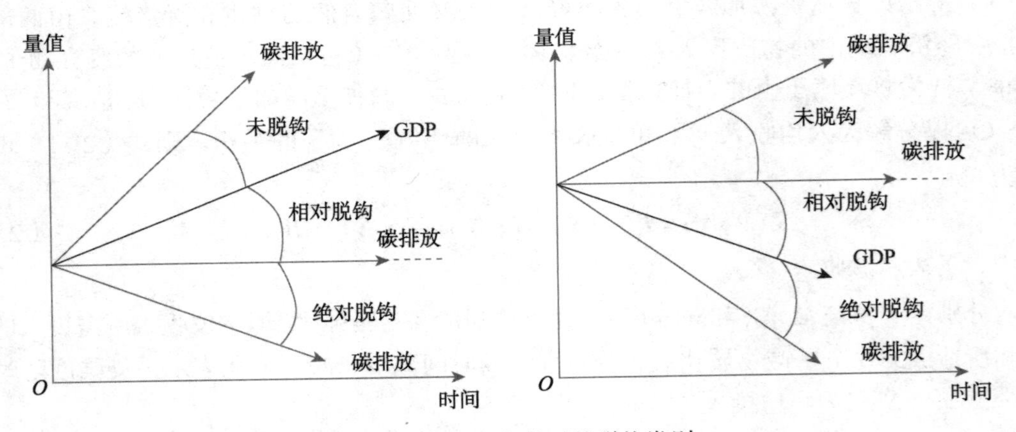

图 2.19　OECD 指数下的脱钩类别

B. Tapio 脱钩弹性

Tapio（2005）在研究欧洲的经济和交通业发展关系时，引入脱钩弹性指标概念，并进一步发展用来研究交通运输业和碳排放关系。公式如下：

$$e = \frac{\Delta CO_2/CO_2}{\Delta \mathrm{GDP}/\mathrm{GDP}} \tag{2.16}$$

式中，e 为 Tapio 脱钩弹性。相对于 OECD 脱钩指数，Tapio 脱钩弹性不依赖于基期选择，也不受量纲影响。根据 e 值范围的不同，脱钩状态可以分为负脱钩、脱钩和连接三种状态，具体包括八种类型，如表 2.6 所示。

表 2.6 Tapio 脱钩弹性 e 指标状态

脱钩状态		ΔCO_2	ΔGDP	弹性 e
负脱钩	扩张负脱钩	> 0	> 0	> 1.2
	强负脱钩	> 0	< 0	< 0
	弱负脱钩	< 0	< 0	$0 < e < 0.8$
脱钩	弱脱钩	> 0	> 0	$0 < e < 0.8$
	强脱钩	< 0	> 0	< 0
	衰退脱钩	< 0	< 0	> 1.2
连接	增长连接	> 0	> 0	$0.8 < e < 1.2$
	衰退连接	< 0	< 0	$0.8 < e < 1.2$

③因素分析法

A. Kaya 恒等式

Kaya 恒等式是由日本学者茅阳一于 1989 年在 IPCC 举办的研讨会上提出的，是讨论 CO_2 排放与经济增长相互关系的最简单的一种方法。公式如下：

$$CO_2 = \frac{CO_2}{E} \times \frac{E}{GDP} \times \frac{GDP}{P} \times P \tag{2.17}$$

式中，E 和 P 分别表示能源消耗和人口数量。

B. 指数分解分析与结构分解分析

因素分解方法主要有两类，指数分解分析（index decomposition analysis，IDA）和结构因素分解方法（structural decomposition analysis，SDA）。IDA 是一种分析不同影响因素对时间序列数据影响的较好方法，对于数据的时间范围、尺度和聚合程度有很高的适用度。IDA 具体包括拉式分解（Laspeyres decomposition，LD）、解决余项的拉式分解（restricting Laspeyres decomposition，RLD）、加权迪氏算法（adaptive weighting Divisia，AWD）、平均迪氏指数（arithmetic mean Divisia method，AMDI）、对数平均迪氏指数（log mean Divisia method，LMDI）、平均变化率指数（mean rate of change index，MRCI）、广义费雪指数（generalized Fisher index，GFI）等。其中，LMDI 具有路径独立、聚合一致性、具有处理零值的能力、没有余项等优点，应用最为广泛。SDA 需要依靠投入产出表，是通过投入产出表中关键参数的静态变化分析经济变化的分解方法。SDA 的分解因素相互间需要相互独立，如果因素间不独立，则难以分清每一种因素变动对一个经济指标的贡献情况。

小故事速递 2.5：英国低碳经济政策

2. 循环经济

1）概念与内涵

1966 年，美国经济学家鲍尔丁在其“宇宙飞船理论”中首次提出了“循环经济”概念。循环经济是以资源节约和循环利用为特征、与环境和谐相处的经济发展模式，是实现低碳经济的重要途径。

循环经济的基本原则是 3R 原则，①减量化（reduce）：生产投入环节尽可能地减少资源投入。②再循环（recycle）：产出环节最大限度地减少排放。③再利用（reuse）：尽可能延长使用周期，最大限度提高资源的使用时间和使用途径（见图 2.20）。

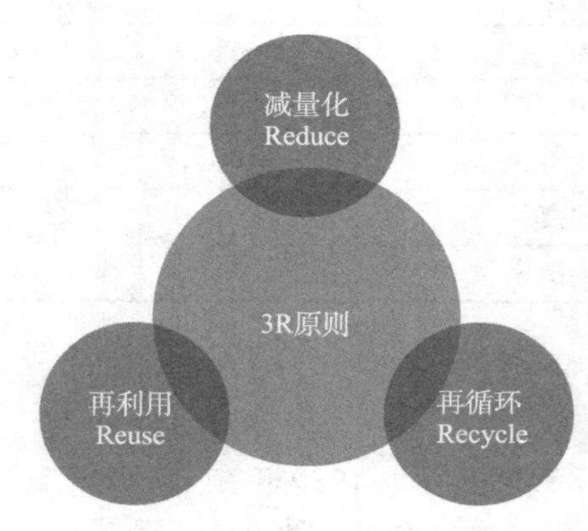

图 2.20　循环经济的 3R 原则

2）分析方法

①IPAT 恒等式与 STIRPAT 模型

埃利希和霍尔德伦（Ehrlich and Holdren）于 1971 年首次提出了环境压力控制模型，即 IPAT 模型，公式如下：

$$I=PAT \tag{2.18}$$

式中，I 为环境影响，P 为人口规模，A 为富裕程度，T 为技术水平。IPAT 模型的假设是在其他因素不变时，环境影响与各驱动力的弹性恒为 1，即任何一个驱动力变化 1%会使环境影响变动 1%，这不符合一般经济运行规律。York 等（2003）通过引入差异弹性系数和随机误差将 IPAT 模型改进为 STIRPAT 模型：

$$I = aP^b A^c T^d e \tag{2.19}$$

式中，a 为模型系数，b、c、d 为响应变量的驱动力指数，e 为误差项。

②生态足迹与碳足迹

1992 年加拿大著名生态经济学者里斯（Rees）在对区域资源供求和可持续发展状况进行定量分析时首次提出生态足迹理论，并将生态足迹形象化地描述为“人类生产生活所消耗的各类资源在地球上所留下的脚印”。生态足迹是指维持一个人、地区、国家或者全球的生存所需要的以及能够吸纳人类所排放的废物、具有生态生产力的地域面积，是对一定区域内人类活动的自然生态影响的一种测度。

生态足迹包括六大部分：耕地足迹、草地足迹、林业足迹、渔业用地足迹、建设用地足迹和碳足迹。其中，碳足迹一般用于表征产品或服务在其生命周期内直接和间接的温室气体排放。但是在碳足迹核算的系统边界及温室气体种类方面，不同学者提出了不同的观点与方法，具体如图 2.21 所示。

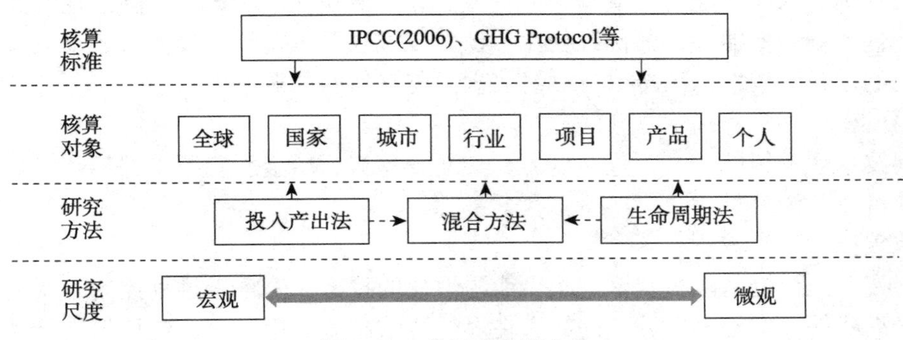

图 2.21 碳足迹核算方法

③ 其他方法

生态效率：生态效率可以通过相关商品和服务产生的经济价值与生产过程对环境压力或影响的比率进行评估。具体方法包括比值法、随机前沿分析和数据包络分析。

能量流分析（energy flow analysis，EFA）：以热力学三大定律为基本依据，统一的能值标准为量纲，把系统中不同种类、不可比较的能量转化为同一标准的能值来衡量和分析，从而评价其在系统中的作用与地位。具体方法包括热力分析和能值分析。

物质流分析（material flow analysis，MFA）：在一定时空范围内关于特定系统的物质流动和贮存的系统性分析，基于物质平衡原理建立物质投入和产出的账户，以便进行以物质流为基础的优化管理。具体方法包括元素流分析和物料流分析。

3）发展模式

从微观到宏观，循环经济主要体现在 3 个层次：①企业内循环：企业内循环是指在企业大力推行清洁生产，从生产源头和全过程充分利用资源，使每个生产企业在生产过程中废物最小化、资源化、无害化。主要特征是通过建立企业内部的物质循环体系，使区域内企业资源利用尽可能做到闭路循环。②企业间循环：企业间循环又称生态园区模式，即根据循环经济理论和工业生态学原理来建立的一种与生态环境和谐共存的新兴工业园区。主要特征是单元间相互利用废物，作为生产原料，最终实现园区内资源利用最大化和环境污染最小化。③循环型社会：用生态链条把工业与农业、生产与消费、城区与郊区、行业与行业有机结合起来，大力发展资源循环利用产业，逐步建成循环型社会。

小故事速递 2.6：泉林纸业循环经济

2.2.4 低碳技术

1. 低碳技术

1）概念与内涵

低碳技术是指所有能够降低人类生产活动中产生的温室气体排放的技术。相对于传统技术，低碳技术的内涵主要体现在如下方面：①科学基础。传统技术主要覆盖了力学、电学、化学等经典理论，而低碳技术在此基础上增加了环境、生物化学、信息科学等理论。②评价标准。传统技术侧重经济价值，以经济指标和经济效益作为衡量技术的标准，而低碳技术则要求兼顾经济价值和环境价值。③价值观念。相比于“高消耗、高排放、高污染、低效率、低循环”的传统技术，低碳技术强调可持续发展，力图以较少的消耗实现较高的增长和较低的碳排放，最终实现人与自然的协调发展。

2）分类

低碳技术涉及领域较广，包括电力、交通、建筑、冶金、能源等部门。一般而言，低碳技术可以分为三类。

①减碳技术

减碳技术是指提高能源效率、减少能源消耗的技术，侧重于过程控制。减碳技术主要应用于高能耗、高排放领域。例如，在煤的清洁高效利用方面，包括超临界燃煤发电技术、煤的气化技术、煤的液化技术、整体煤气化联合循环技术等；在油气资源清洁利用方面，包括燃料电池、天然气脱碳技术等；在炼钢工艺方面，包括高炉炉顶煤气循环技术、干熄炼焦技术等；在电力方面，包括智能电网技术等。

目前，随着信息技术的不断发展，数字化技术、智能化技术逐渐成为减碳技术关注的焦点。从能源系统角度看，为了实现深度脱碳，能源系统不断转型，逐渐趋向于一个一体化、电气化、和电信网络相互依赖的系统。在转型过程中，数字化技术是不同部门和系统的连接纽带，智能化技术则是加速器。

小故事速递 2.7: MineHub 公司：实时透明、绿色低碳的供应链

②零碳技术

零碳技术即清洁能源技术，侧重于源头控制。所谓清洁能源是指在能源生产消费过程中少产生甚至不产生碳排放的能源。清洁能源技术有广义和狭义之分。广义的清洁能源技术包括新能源技术、煤的清洁高效利用技术等。狭义的清洁能源技术仅包括新能源技术。本节的零碳技术指后者，具体包括太阳能技术、风能技术、水能技术、核能技术、地热能技术、海洋能技术、生物质能技术、氢能技术等。

近年来，氢能以其清洁、灵活高效和应用场景丰富等优势受到各国政府关注。根据制氢过程 CO_2 排放的高低，氢能又可进一步分为三种类型：第一，灰氢：煤气化、天然气裂解和甲醇生产技术制氢。灰氢生产过程相对简单，但会产生大量 CO_2 排放。第二，蓝氢：在灰氢的基础上增加 CCUS 设备处理 CO_2 排放，蓝氢可以作为灰氢向绿氢过渡过程的垫脚石。第三，绿氢：可再生能源发电电解水制氢。绿氢是生产氢的理想长期零碳方式。截至 2021 年初，已有 30 个国家发布了氢能路线图，全球各国政府承诺提供超过 700 亿美元的公共资金。其中，已宣布的产能中有 70%是绿氢，剩余 30%是蓝氢。

小事故速递 2.8：吉电股份：2025 年初步建成氢能全产业链

③去碳技术

去碳技术是指能源生产消费的各环节结束后开展的旨在降低空气中 CO_2 浓度的各类

技术，侧重于结果控制。去碳技术主要包括 CCUS、碳转化技术和碳汇固碳技术等。其中，CCUS 技术是指将 CO_2 从工业过程、能源利用或大气中分离出来，直接加以利用或注入地层以实现 CO_2 永久减排所涉及的技术总称。碳转化技术是指 CO_2 通过化学、物理、生物等方法重新转化为碳水化合物的技术。碳汇固碳技术是指通过植树造林等增加生态系统碳汇措施吸收 CO_2 的技术。

2. 低碳技术创新

1）概念与分类

低碳技术创新是以可持续发展为目标，由低碳技术的新构想，经过研究开发或者技术组合，到获得实际应用并产生经济、环境和社会效益的商业化全过程的活动。参考苏塞克斯大学的科学政策研究所（science policy research unit，SPRU）根据创新的重要性划分，低碳技术创新也可以分为渐进性创新、根本性创新、技术系统的变革和技术–经济范式的变革。渐进性创新是指对现有技术进行局部性改进所产生的技术创新。根本性创新是指在技术上有重大突破的技术创新。技术系统的变革演化是指系统层面一系列渐进性创新与突破性创新交互作用、伴以组织与管理变革，最终导致了长远结果，影响和重塑了若干个产业。技术-经济范式的转变是指深远的技术变化涉及深刻的结构性调整及由此带来的制度框架和社会常识的变化。

小故事速递 2.9：中国石油吉林油田 CO_2-EOR 项目

2）碳锁定

碳锁定是在技术锁定的概念上提出来的。所谓技术锁定，是指技术及其所形成的技术系统沿着一定的路径持续发展，在更长的时间里趋于维持稳定，进而抑制更优越的后发技术系统发展的状态。QWERTY 键盘是典型的技术锁定案例：尽管 DVORAK 键盘可以节约20%～30%的时间，但由于技术锁定的存在，DVORAK 键盘无法替代 QWERTY 键盘。

安鲁（Unruh）提出了碳锁定的概念，即由于路径依赖的存在，产业经济在技术和制度规模报酬递增的驱动下，已经被锁定在以化石燃料为基础的技术系统中。碳锁定通过技术、组织、产业、社会和制度的共同演变而产生，最终形成了“技术–制度综合体”，进而阻碍低碳技术应用与推广。不过，碳锁定不是一个永久性的而是一种持续的状态，碳锁定只能延迟一个不可阻挡的技术转变。低碳技术创新和相应的政策支持有助于突破碳锁定。

3）波特假说

传统的新古典经济学理论认为，环境保护与经济增长是彼此制约的，环境规制会增加企业成本，不利于经济增长。这一假说成立的前提条件是静态模型。在静态模型下，企业已经做出了成本最小化的资源配置，生产技术水平、产品特性和市场需求量均处于静态不变状态，环境规制的引入在短期内难以避免地会提高企业的成本，导致生产率和竞争力下降。

自 20 世纪 90 年代以来，以哈佛商学院迈克尔·波特（Michael Porter）教授为首的一些学者提出了相反的观点——波特假说。波特假说从动态模型出发，主要内容如下：适当的环境规制可以促进企业进行更多的创新活动，而这些创新将提高企业的生产力，从而抵消由环境保护带来的成本并且提升企业在市场上的盈利能力。

贾菲和帕尔默（Jaffe and Palmer）进一步将波特假说分为弱波特假说、强波特假说和狭义波特假说 3 种，如图 2.22 所示。弱波特假说主要针对波特假说的第一阶段，即适当的环境政策可以促进企业创新，但不确定企业的创新收益是否能与环境规制的遵循成本完全抵消并使其受益。强波特假说涵盖了整个过程，即适当的环境政策可以刺激技术创新，不仅能降低污染，还能提高资源配置效率和生产率，进而补偿遵循成本并提升企业竞争力。狭义波特假说则强调不同的环境规制工具对绿色创新的作用效果存在显著差异，灵活的环境政策更有利于促进企业创新。

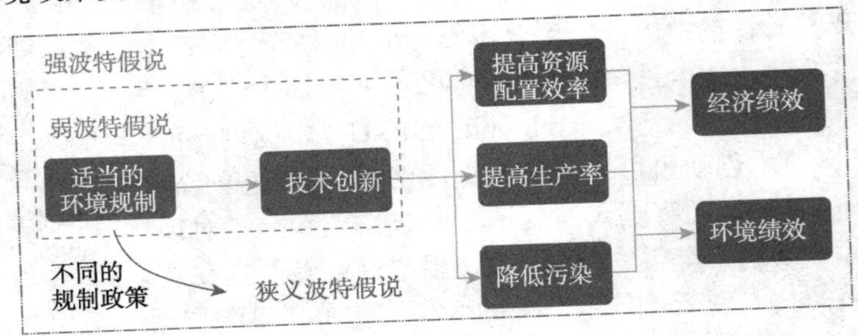

图 2.22　波特假说的分类

2.2.5　适应性策略

适应性策略是指人类针对气候变化所表现出来的趋势特征以及其对不同领域、不同部门所产生的具体影响，所采取的有针对性的趋利避害的各种技术措施。适应性策略重点应用于农业、森林和其他陆地生态系统、水资源、海岸带和沿海生态系统、人类健康、城市建设等领域，如表 2.7 所示。

表 2.7　适应性策略的应用领域

应 用 领 域	技 术 措 施
农业	旱作节水农业、高标准农田建设等
森林和其他陆地生态系统	森林和湿地的保护和恢复等
水资源	水利基础设施建设等
人类健康	疾病传播监测与控制、疫苗接种等
城市建设	气候适应型城市建设、装配式建筑、城市园林绿化等
海岸带和沿海生态系统	建造防潮堤和高地缓冲带、改进排水，预警和撤离系统等

2.3　气候变化的中国应对方案

2.3.1　中国应对气候变化的当前目标

1. 中国应对气候变化目标

应对气候变化是中国经济社会发展的重大战略。长期以来，中国高度重视气候变化问题并制定应对变化的目标。根据新增目标，中国的应对气候变化的目标大概经历了能耗双控、碳强度、碳达峰、“双碳”目标四个阶段，如图 2.23 所示。

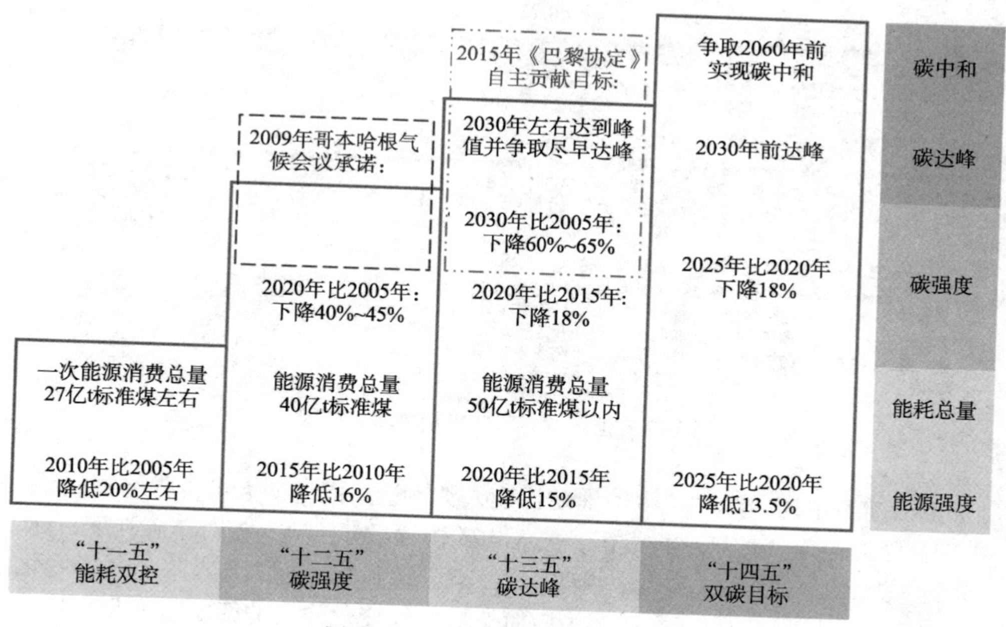

图 2.23 中国应对气候变化目标

综合来看，我国应对气候变化目标不断提高，从能源控制目标（能耗总量和能源强度），经过碳排放相对目标（碳强度），最终达到碳排放绝对目标（碳达峰和碳中和）。截至 2019 年底，中国碳强度较 2005 年降低约 48.1%，非化石能源占一次能源消费比重达 15.3%，提前实现了中国对外承诺的 2020 年减排目标。

2. “双碳”目标的经济解释

碳达峰是指某个地区或行业年度 CO_2 排放量达到历史最高值，然后经历平台期进入持续下降的过程，是 CO_2 排放量由增转降的历史拐点，标志着碳排放与经济发展实现相对脱钩。

碳中和在国际上与气候中性和净零排放的定义相一致，狭义上是指在一年内与某一主体相关的人为 CO_2 排放量与人为 CO_2 清除量相平衡的状态，标志着碳排放与经济发展实现绝对脱钩。广义上则包含了全经济领域温室气体的排放。值得注意的是，中国的碳中和目标是广义上的碳中和目标。

3. “双碳”目标的战略意义

习近平主席在第七十五届联合国大会一般性辩论上宣布中国将提高“国家自主贡献”力度，提出“双碳”目标。随后，在第三届巴黎和平论坛、2020 年中央经济工作会议、第七十六届联合国大会等许多重要会议上习近平主席进一步明确强调了“双碳”目标相关工作，如图 2.24 所示。“双碳”目标是中国政府经过深思熟虑作出的重大战略决策，具有重大战略意义。

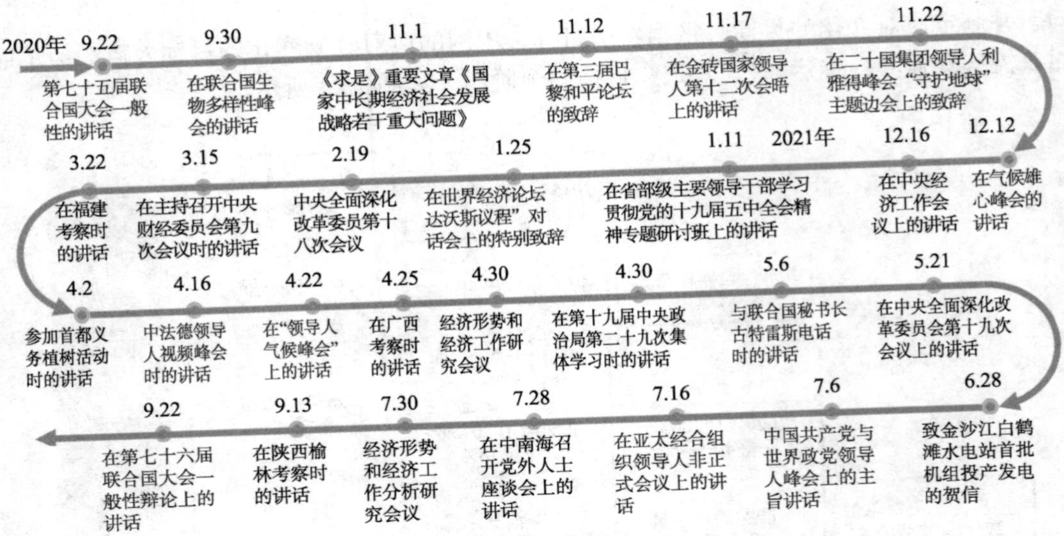

2020年 9.22 第七十五届联合国大会一般性的讲话
9.30 在联合国生物多样性峰会的讲话
11.1 《求是》重要文章《国家中长期经济社会发展战略若干重大问题》
11.12 在第三届巴黎和平论坛的致辞
11.17 在金砖国家领导人第十二次会晤上的讲话
11.22 在二十国集团领导人利雅得峰会“守护地球”主题边会上的致辞
12.12 在气候雄心峰会的讲话
12.16 在中央经济工作会议上的讲话
2021年 1.11 在省部级主要领导干部学习贯彻党的十九届五中全会精神专题研讨班上的讲话
1.25 在世界经济论坛达沃斯议程”对话会上的特别致辞
2.19 中央全面深化改革委员第十八次会议
3.15 在主持召开中央财经委员会第九次会议时的讲话
3.22 在福建考察时的讲话
4.2 参加首都义务植树活动时的讲话
4.16 中法德领导人视频峰会时的讲话
4.22 在“领导人气候峰会”上的讲话
4.25 在广西考察时的讲话
4.30 经济形势和经济工作研究会议
4.30 在第十九届中央政治局第二十九次集体学习时的讲话
5.6 与联合国秘书长古特雷斯电话时的讲话
5.21 在中央全面深化改革委员会第十九次会议上的讲话
6.28 致金沙江白鹤滩水电站首批机组投产发电的贺信
7.6 中国共产党与世界政党领导人峰会上的主旨讲话
7.16 在亚太经合组织领导人非正式会议上的讲话
7.28 在中南海召开党外人士座谈会上的讲话
7.30 经济形势和经济工作分析研究会议
9.13 在陕西榆林考察时的讲话
9.22 在第七十六届联合国大会一般性辩论上的讲话

图 2.24　强调“双碳”目标的相关会议

1）由被动到主动，凸显了中国推动构建人类命运共同体的大国责任与担当

中国虽然是温室气体第一排放国，但人均碳排放量并不高。相对于碳强度目标，“双碳”目标进取性强，难度高。中国主动宣示“双碳”目标，标志着在应对气候变化上从被动参与到主动引领的转变，展示了为应对全球气候变化作出的新的努力与贡献，彰显了大国担当和对人类命运真诚关切的天下情怀。同时，作为发展中国家，中国的减排难度远远高于发达国家，中国提出“双碳”目标也给世界各国发出了明确的信号，为全球经济绿色复苏注入了强大动力。

2）化博弈为合作，体现了中国正以积极务实的外交姿态参与全球气候治理

气候变化是当前人类面临的最大挑战和重大威胁之一，应对气候变化需要全球各国的通力合作，完成从化石能源到清洁能源的可持续转型。在这样的背景下，某些国家可能出于保护本国产业竞争力的目的，动用贸易武器影响其他国家发展，如欧盟碳关税。中国“双碳”目标的庄严承诺，既消除了出口产品被征收碳税的潜在风险，也展现了在全球气候治理中积极务实的外交姿态，有助于重振全球气候行动的信心与希望。此外，中国提出“双碳”目标有助于全球清洁能源的发展，促进全球降低对化石能源的依赖，对美国石油霸权造成冲击，推进全球多边合作的进程。

3）变挑战为机遇，揭示了中国经济社会更深层次更广范围变革的重要导向

对工业结构偏重、能源结构偏煤、能源利用效率偏低的中国，实现“双碳”目标意味着世界上最大的发展中国家，将用全球历史上最短的时间完成全球最高碳排放强度降幅。这将是一场广泛而深刻的经济社会系统性变革和发展范式变革，在技术、经济、社会、政治等各个层面都面临着重大挑战。但是，挑战中也蕴藏着机遇。首先，“双碳”目标有助于解决中国面临的能源安全问题。2020 年，中国原油对外依存度进一步升至 73.5%，天然气对外依存度为 43.2%。“双碳”目标将增加新能源在能源结构中的比重，从长期来讲，是国家安全战略上非常重要的考量。其次，得益于中国强大的制造业基础

和早年持续的财政补贴，中国的光伏、风电、储能、电动汽车等低碳技术领域已处于全球领先状态。“双碳”目标将有助于中国在全球新一轮技术革命中抢占先机，赢得未来经济中的主导权。最后，低碳技术的发展也将催生新模式、新业态，加快经济新旧动能加速转换，重塑未来四十年经济社会发展范式，为实现中华民族伟大复兴奠定基础。

2.3.2 中国应对气候变化的总体框架

中国应对气候变化的总体框架可以概括为以美丽中国建设为背景，把生态文明建设放在突出地位，融入经济建设、政治建设、文化建设和社会建设，如图 2.25 所示。其中，生态文明建设可以概括为“一个目标、两种经济、三项措施”，即以“双碳”目标为核心，坚持以技术创新为驱动，以碳定价政策和国际合作为辅助，积极发展低碳经济和循环经济，具体包括“1+N”政策体系。所谓“1”是指《中共中央国务院关于做好碳达峰碳中和工作的意见》，“N”是指包括 2030 年前碳达峰行动方案以及重点领域和行业政策措施和行动。

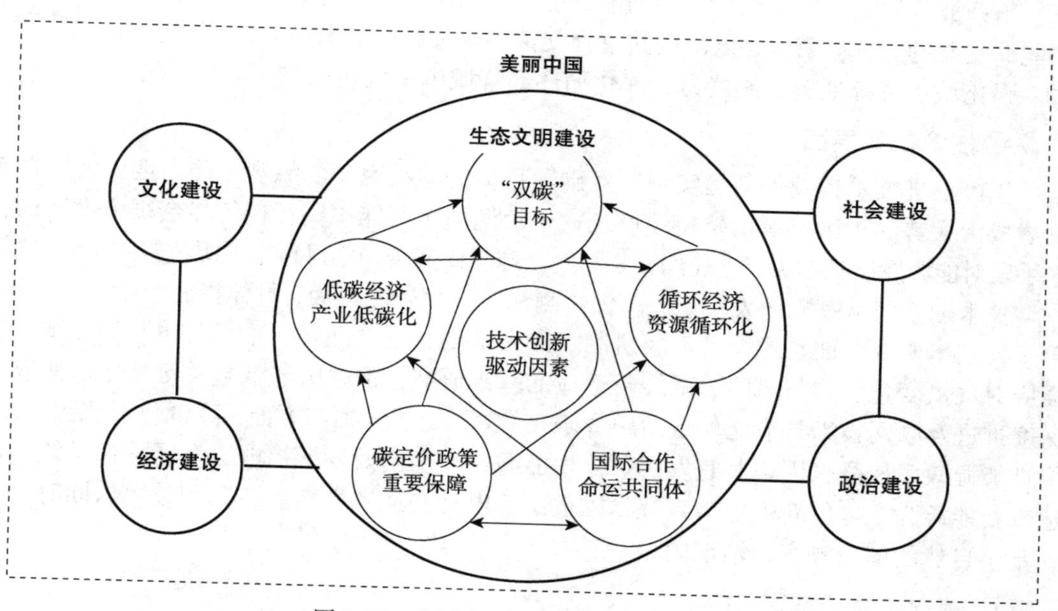

图 2.25 中国应对气候变化的总体框架

1. 低碳经济层面

产业低碳化是实现“双碳”目标的重要基础。当前，中国经济已由高速增长阶段转向高质量发展阶段。低碳经济是当今世界经济发展的主要特征和趋势。低碳经济主要以能源消费侧的产业为着力点，实现工业、交通、农业等各个行业的低碳化。将低碳经济作为高质量发展的重要动力，一方面要推进现有产业的转型升级，另一方面要加快培育战略新型产业，具体措施如表 2.8 所示。

2. 循环经济层面

资源循环化是实现“双碳”目标的重要手段。发展循环经济是转变增长方式、降低

表 2.8　低碳经济具体措施

产 业	具 体 措 施
农业	加快低碳农业技术开发与推广，强化低碳农业资金支持
工业	遏制高能耗、高排放行业盲目发展，推动传统产业优化升级
交通	加快推广节能低碳技术，优化交通运输装备结构和组织结构，推动公共交通优先发展
建筑	加快发展超低能耗、净零能耗、低碳建筑，鼓励发展装配式建筑和绿色建材
服务业	推动工作模式低碳化转型，提供数字化、智能化技术支持
新产业	发展新一代信息技术高端装备、新材料、生物、新能源、节能环保等战略性新型产业

碳排放、实现可持续发展的必然选择。推动循环经济的具体措施包括：第一，以绿色转型为方向，构建循环产业体系。推动静脉产业与动脉产业的发展，鼓励推广再制造产业。第二，以制度建设为关键，完善相关法律法规，坚持生产责任延伸制度。第三，以创新开放为驱动，激发循环发展动能，建立完善让所有参与方都能够受益的方式。第四，以协调共享为支撑，改进城市发展体系。强化城市资源处置利用能力，深化循环经济城市示范建设。

知识卡片 2.6：静脉产业与动脉产业

3. 技术创新层面

积极推进技术持续创新是实现“双碳”目标的驱动因素。纵观全球，能源清洁低碳发展成为大势。中国能源消费持续增长，中短期内化石能源消耗量依然会很庞大。而技术手段对能源发展具有决定性作用，是缓解全球气候变暖和不可再生能源危机的有效途径。

技术创新将从基础研发端、能源供给侧和人为固碳端着力，具体措施包括两个方面：第一，技术研发方面，遵循“创新机制、夯实基础、超前部署、重点跨越”的原则，加强应对气候变化影响与风险、减缓与适应的基础研究，加强节能低碳关键技术的研究，深度推进互联网技术与节能低碳的融合研究。第二，技术推广方面，降低化石能源使用，促进能源效率提高，因地制宜发展可再生能源，安全高效发展核电，发展绿色氢能，构建以新能源为主体的新型电力系统，推进工业电动交通和提高能源利用效率。同时，实施基于自然的解决方案，增汇固碳。

4. 碳定价政策层面

碳税制度和碳交易制度是实现“双碳”目标的重要保障。碳排放权交易与碳税是现阶段低成本控制和减少温室气体排放、推进产业结构调整、促进可再生能源与低碳技术发展的重要政策工具，其有效性已在全球得到广泛认可。

碳定价政策的具体措施包括：碳交易市场方面，提高碳市场价格，逐步扩大碳市场覆盖范围，丰富交易品种和交易方式。绿色金融方面，以扩大资金支持和投资建立完善的绿色金融体系，支持金融机构发行绿色债券、创新绿色金融产品和服务。碳税方面，确定碳税的基本要素与参与主体，适时实施碳税制度。

5. 国际合作层面

国际合作是我国构建全球命运共同体的具体表现。气候变化不是某个国家或地区所要面对的问题，应对气候变化需要积极参与国际合作，构建良好的国际减排环境，学习国际先进技术，利用相关国际机构优惠资金和先进技术支持国内应对气候变化工作。

2.3.3 中国应对气候变化的短期布局

1. 核心：以创新为驱动，以绿色为底色

2021 年 3 月，中国政府发布《中华人民共和国国民经济和社会发展第十四个五年规划和 2035 年远景目标纲要》（以下简称《纲要》）。“十四五”是全面建设社会主义现代化国家、向第二个百年奋斗目标进军的第一个五年，《纲要》以立足新发展阶段，贯彻新发展理念，构建新发展格局为逻辑主线，明确了“十四五”时期经济社会发展的指导思想、主要目标、重点任务、重大举措，如图 2.26 所示。

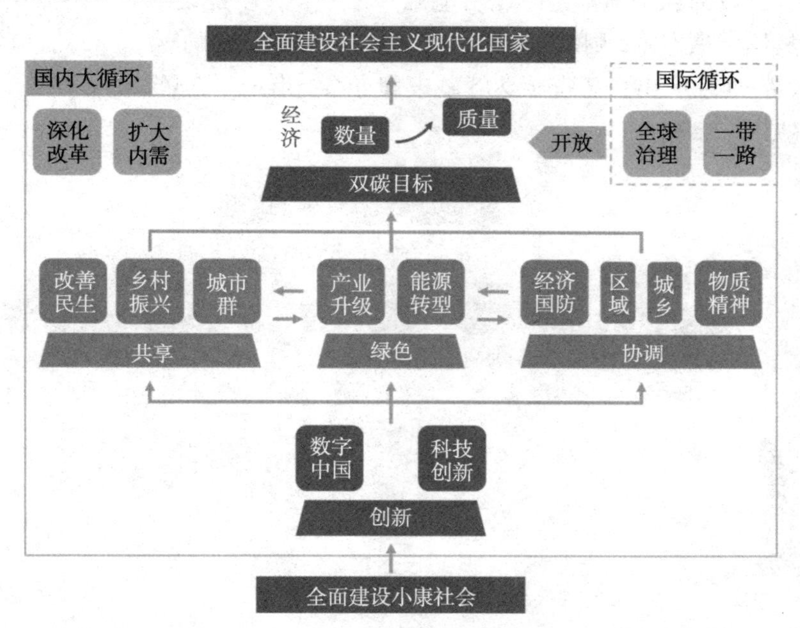

图 2.26 中国应对气候变化的“十四五”规划与 2035 远景目标

中国目前处于从全面建设小康社会转向全面建设社会主义现代化国家的历史大跨越的新发展阶段。从外部环境看，当今世界正经历百年未有之大变局，国际环境日趋复杂，不稳定性和不确定性明显增加。从内部环境看，中国要实现“双碳”目标，经济要实现高质量发展，也面临许多风险和挑战。

实现新阶段新目标需要新发展格局，构建以国内大循环为主体、国内国际双循环相互促进的新发展格局是事关全局的系统性、深层次的变革，对实现更高质量、更有效率、更加公平、更可持续、更为安全的发展，具有提纲挈领、纲举目张的作用。

此外，新阶段的发展需要新发展理念引领，即以创新为驱动，推动科技创新与数字中国建设。以绿色为底色，加速产业升级与能源转型。以协调为要求，优化区域经济布局，统筹城乡规划，平衡经济发展与国防建设，同抓物质文明建设和精神文明建设。以共享为宗旨，巩固脱贫攻坚成果，实现乡村振兴。加快城市群建设，提升城镇化发展质

量。同时增进民生福祉，进一步提升共建共治共享水平。以开放为抓手，推动共建“一带一路”高质量发展，积极参与全球治理体系改革和建设，开拓合作共赢新局面。最终实现中国经济由数量到质量的转变，促进“双碳”目标的实现。

2. 管理：矩阵式模式

2021 年 9 月，国务院印发《中共中央国务院关于完整准确全面贯彻新发展理念做好碳达峰碳中和工作的意见》，强调处理好发展和减排、整体和局部、短期和中长期的关系，把碳达峰、碳中和纳入经济社会发展全局，确保如期实现碳达峰、碳中和目标。

2021 年 10 月，国务院印发《2030 年前碳达峰行动方案》，确定了各领域碳达峰行动基本指南和十项重点任务。此后，能源局、工信部、建设部和交通部纷纷出台能源、工业、城乡建设、交通领域的具体专项方案，财政部提出了支持碳达峰碳中和的财政金融体系，省级政府出台各省碳达峰碳中和方案，形成了矩阵式管理模式(见图 2.27)。

小故事速递 2.10：重点行业减排规划

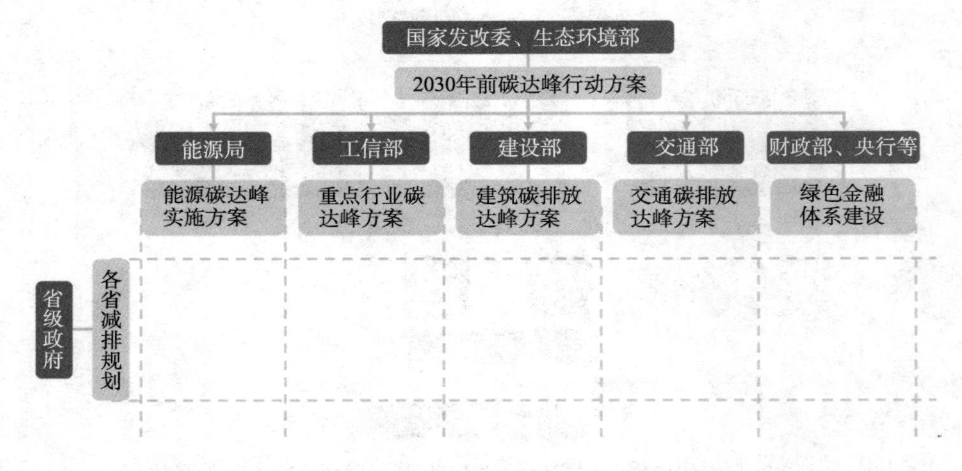

图 2.27　中国应对气候变化的矩阵式管理

2.3.4　中国应对气候变化的具体措施

1. 碳交易

1）中国碳交易的发展历程

中国碳交易经历了三个阶段，如图 2.28 所示。

① CDM 交易阶段

在 2012 年以前，中国碳交易主要在《京都议定书》框架下开展 CDM 项目交易。2004 年 5 月，国家发展改革委、中华人民共和国科学技术部（以下简称科技部）、中华人民共和国外交部和财政部联合发布《清洁发展机制项目运行管理暂行办法》，为 CDM 项目在中国的有序开展奠定了基础。随后十余年，中国 CDM 项目先后经历了发展扩大、达峰、迅速衰减、最终停滞不前等发展阶段。

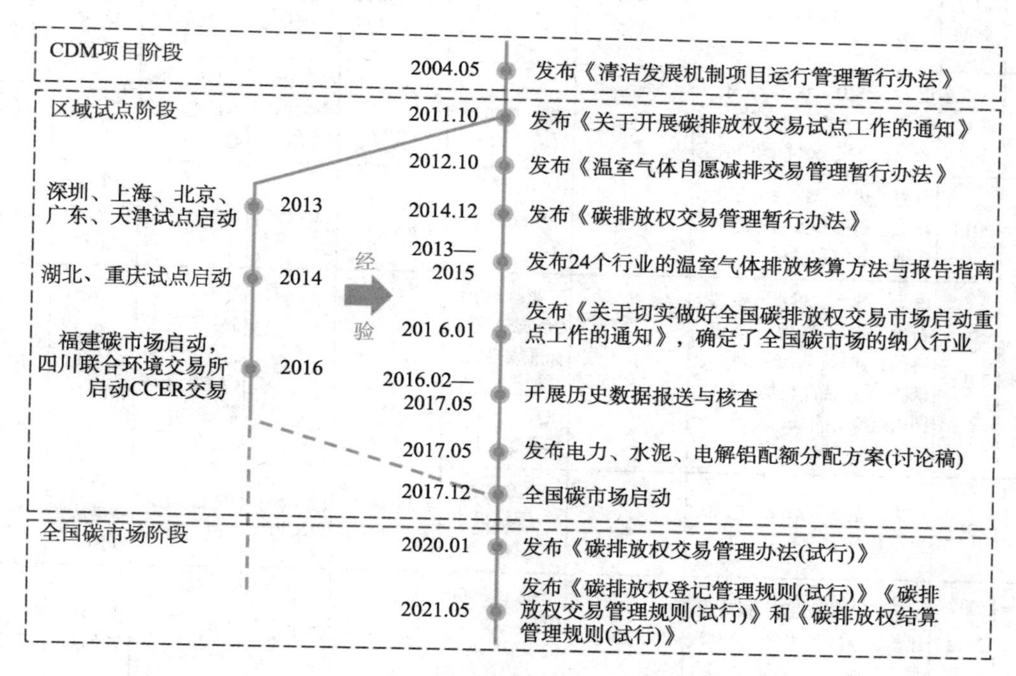

图 2.28 全国统一碳市场建立过程

②区域试点阶段

随着“后京都时代”到来，中国开启了碳交易试点市场的建设工作。2011 年 10 月，国家发展改革委批准北京、天津、上海、重庆、湖北、广东和深圳七个省市开展碳排放权交易试点，标志着中国碳交易进入区域试点阶段。2016 年，四川和福建启动了建设本省碳排放权交易试点工作。基于能源消费结构、产业结构和经济发展水平等因素，试点地区在设计上具有一定的差异性，如表 2.9 所示。

自 2013 年各试点碳市场陆续启动运行以来，相关交易业务加速发展壮大。截至 2021 年 6 月，试点省市碳市场累计配额成交量 4.8 亿 t CO_2e，成交额约 114 亿元。

③全国碳市场阶段

2017 年，发电行业率先启动了全国碳市场。2021 年 7 月 16 日，全国碳市场正式启动交易。在“十四五”期间，电力、石化、化工、建材、钢铁、有色、造纸、民航等八个高能耗行业将纳入全国碳市场。上海环境能源交易所数据显示，2022 年，全国碳市场碳排放配额总成交 5088.94 万 t，总成交额 28.14 亿元。

2）中国碳市场的特征

（1）与欧美国家和地区已建成的碳市场只控制直接碳排放不同，中国碳市场既涵盖化石燃料燃烧的直接碳排放，也涵盖电力和热力使用的间接碳排放。

表 2.9 碳交易试点信息

	启动时间	覆盖行业	覆盖气体	纳入标准	总量控制/百万 t CO_2	抵消项目	抵消比例	分配方法	2020 年平均碳价/元
北京	2013	电力、热力、水泥、石化、其他工业企业、制造业、服务业、公共交通和国内航空	CO_2	5000t CO_2	约 50（2018）	CCER 本地低碳交通	CCER：5% 本地低碳交通：20%	历史法、基准法	87.06
天津	2013	电力、热力、钢铁、石化、化工、石油和天然气勘探、造纸、航空和建材	CO_2	2 万 t CO_2	160~170（2014）	CCER	10%	历史法、基准法和拍卖	22.64
上海	2013	电力、热力、供水、钢铁、石化、化纤、化工、航运、有色、建材、造纸、铁路、橡胶、纺织品、机场、港口、国内航空、商场、宾馆、金融	CO_2	工业：2 万 t CO_2 或 1 万 t 标准煤当量 其他：1 万 t CO_2 或 5000t 标准煤当量	158	CCER	3%，其中长三角以外 CCER 上限 2%	历史法、基准法和拍卖	40.11
广东	2013	电力、钢铁、水泥、造纸、航空和石化	CO_2	2 万 tCO_2 或 1 万 t 标准煤当量	465（2020）	CCER PHCER	10%，上限 150 万吨	历史法、基准法和拍卖	28.12
深圳	2013	电力、供水、供气、制造业、建筑、港口和地铁、公共汽车、其他非交通运输行业	CO_2	企业：3000t CO_2 公共建筑：1 万平方米	31.45	CCER	10%	历史法、基准法	23.91
武汉	2014	电力、热力、钢铁、有色、石油化工、化工、纺织、水泥、建材、制浆造纸、陶瓷、汽车及装备制造、食品、饮料、医药、供水	CO_2	1 万 t 标准煤当量	270（2019）	CCER	10%	历史法、基准法和拍卖	27.21
福建	2019	电力、石化、化工、建材、钢铁、有色、造纸、航空、陶瓷	CO_2	1 万 t 标准煤当量	约 220	CCER FFCER	CCER 5% FFCER 10%	历史法、基准法和拍卖	17.24
重庆	2014	电力、电解铝、铁合金、电石、烧碱、水泥、钢铁	CO_2, CH_4, N_2O, HFCs, PFCs, SF_6	2 万 tCO_2 或 1 万 t 标准煤当量	97（2018）	CCER	8%	历史法	26.38

（2）不同于欧美国家和地区已有碳市场的总量控制与交易（cap and trade），中国碳市场是一个多行业的可交易的碳排放绩效基准（tradeable performance standards）。

（3）中国碳市场碳排放总量是由体现减排目标要求的碳排放绩效基准和实际经济产出共同决定的，是一个可预估的、有一定灵活性的总量，而不是一个固定的总量。

3）全国碳市场的相关制度

中国碳市场正在致力于构建强有力的、完善的相关制度，如图 2.29 所示。《碳排放权交易管理暂行条例》属于国务院条例，是提高全国碳市场建设、运行、监管和维护等全过程的总体制度保障。基于此，生态环境部等相关部门会制定具体细则，包括企业温室气体排放核算方案与报告指南、企业温室气体排放报告核查指南、全国碳排放权配额总量设定和分配方案、碳排放权登记交易结算管理规则体系以及其他管理规则。

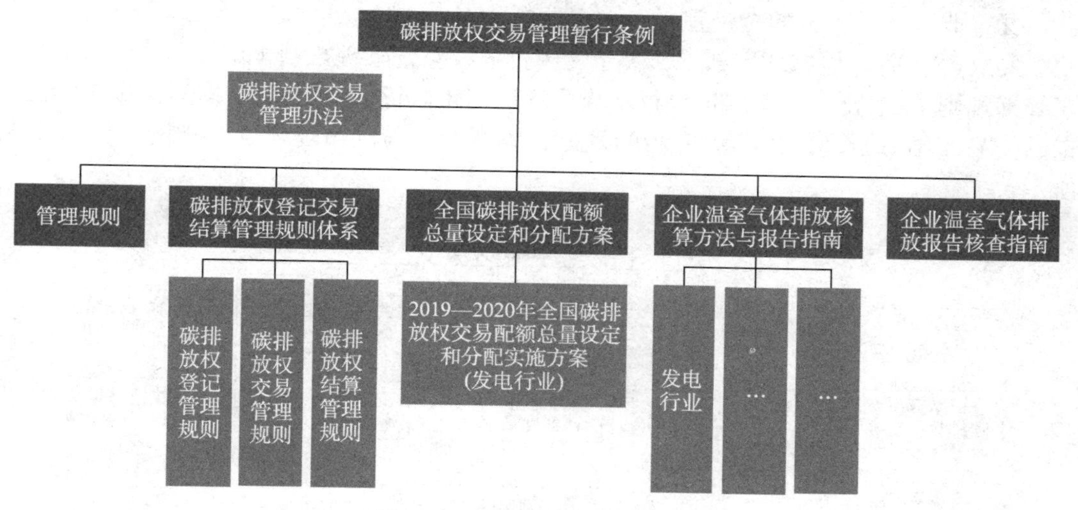

图 2.29 全国碳市场制度框架

①全国碳市场的要素框架

2020 年 12 月，生态环境部发布《碳排放权交易管理办法（试行）》，作为《碳排放权交易管理暂行条例》的过渡制度。《碳排放权交易管理办法（试行）》旨在框架性地规定全国碳市场制度体系，明确实施总量控制，构建多级管理体系并明确各级管理职责，覆盖碳交易各个阶段活动，形成管理闭环。《碳排放权交易管理办法（试行）》构建了全国碳市场的要素框架，如图 2.30 所示。

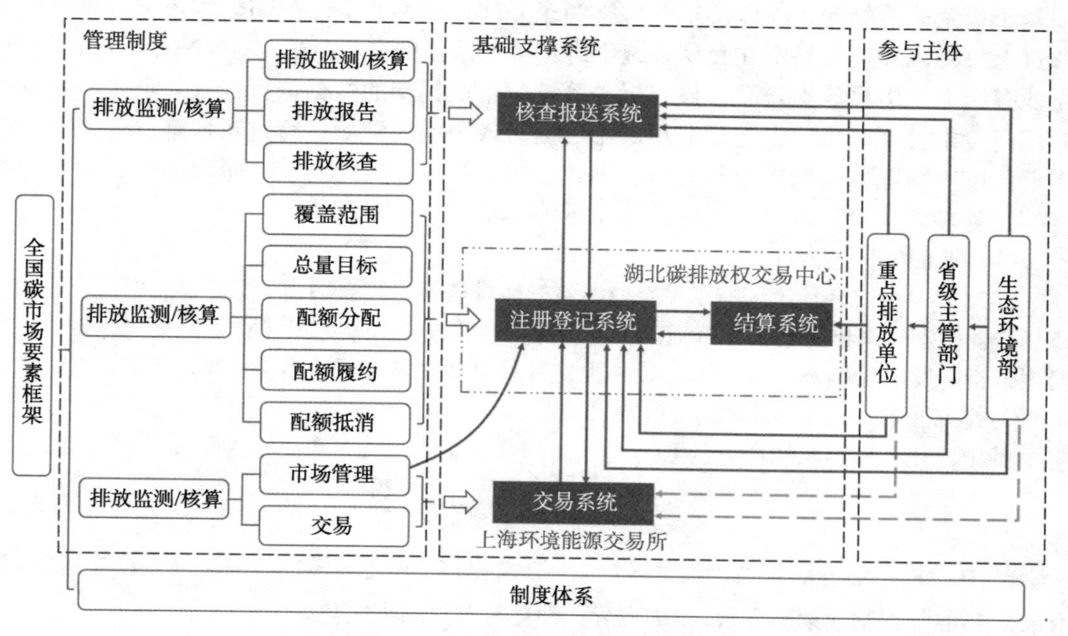

图 2.30 全国碳市场的要素框架

具体而言，全国碳市场包含管理制度、基础支撑系统、参与主体三个层面。其中，基础支撑系统具体又包括了核查报送、注册登记结算与交易三个子系统。

②企业参与碳市场的全过程

2021 年 5 月，生态环境部发布关于《碳排放权登记管理规则（试行）》《碳排放权交易管理规则（试行）》和《碳排放权结算管理规则（试行）》的公告，对全国碳市场的登记、交易、结算活动做出了进一步的规范，为企业参与碳市场提供了指南，如图 2.31 所示。

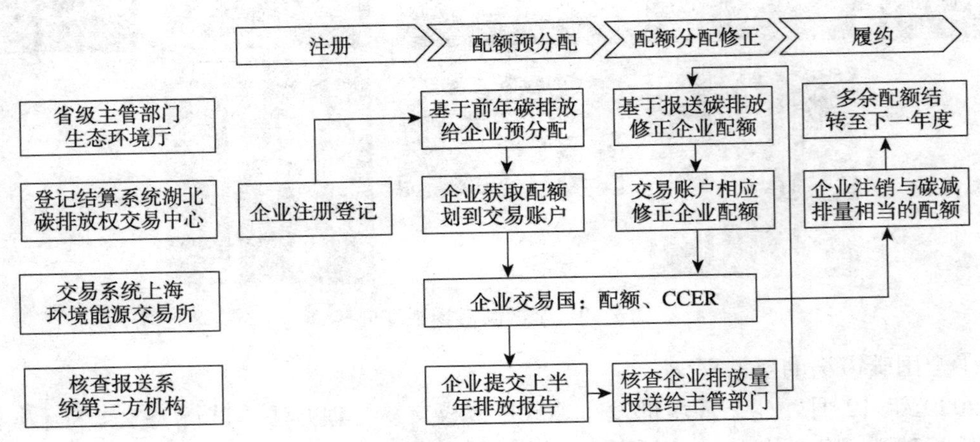

图 2.31　企业参与碳市场的全过程

具体而言，企业参与碳市场的全过程包括：第一，注册阶段。企业需通过湖北碳排放权交易中心在注册登记结算系统进行注册登记。第二，配额预分配阶段。省级主管部门基于各企业前年的实际碳排量进行配额预分配，根据初步分配的配额情况，企业可以通过上海能源环境交易所在交易系统中进行第一阶段的交易。第三，配额分配修正阶段。企业提交上年碳排放报告后，核查报送系统对企业提交的数据进行核查并报送给省级主管部门，主管部门基于报送的上年碳排数据对各企业的配额进行重新调整，企业基于修正后的配额情况重新调整交易策略。第四，履约阶段。每年年底，企业需注销与碳排量相当的配额，并可以将多余配额结转至下一年度。

③企业的碳排放核算

2021 年，生态环境部编制了《企业温室气体排放报告核查指南（试行）》，规范了全国碳市场企业温室气体排放报告核查活动。2022 年，生态环境部制定了《企业温室气体排放核算与报告指南发电设施》，确定了发电设施温室气体排放核算和报告范围，即化石燃料燃烧产生的 CO_2 排放和购入使用电力产生的 CO_2 排放。

其中，化石燃料燃烧产生的 CO_2 排放的核算逻辑为：

$$E_{燃烧}=\sum_{i=1}^{n}\left(FC_i\times C_{ar,i}\times OF_i\times\frac{44}{12}\right) \tag{2.20}$$

式中，$E_{燃烧}$ 是化石燃料燃烧的排放量，FC_i 是第 i 种化石燃料的消耗量，$C_{ar,i}$ 是第 i 种化石燃料的收到基元素碳含量，OF 是第 i 种化石燃料的碳氧化率。

购入使用电力产生的 CO_2 排放则根据购入使用电量与电网排放因子的乘积核算。

④企业的具体交易方式

2021 年 6 月，上海环境能源交易所发布了《关于全国碳排放权交易相关事项的公告》，对碳交易方式和制度又进行了更为详细的说明。具体而言，企业的交易方式包括挂牌协议交易、大宗协议交易、单向竞价交易，如图 2.32 所示。

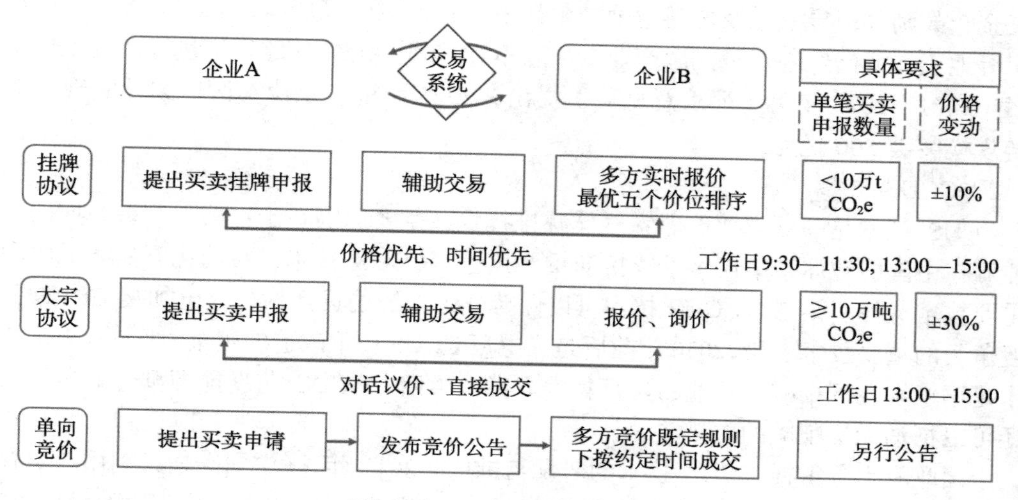

图 2.32 企业的具体交易方式

挂牌协议交易是指交易主体通过交易系统提交卖出或者买入挂牌申报，意向受让方或者出让方对挂牌申报进行协商并确认成交的交易方式。挂牌协议交易单笔买卖最大申报数量应当小于 10 万 t CO_2e。交易主体查看实时挂单行情，以价格优先的原则，在对手方实时最优 5 个价位内以对手方价格为成交价依次选择，提交申报完成交易。同一价位有多个挂牌申报的，交易主体可以选择任意对手方完成交易。成交数量为意向方申报数量。

大宗协议交易是指交易双方通过交易系统进行报价、询价并确认成交的交易方式。大宗协议交易单笔买卖最小申报数量应当不小于 10 万 t CO_2e。交易主体可发起买卖申报，或与已发起申报的交易对手方进行对话议价或直接与对手方成交。交易双方就交易价格与交易数量等要素协商一致后确认成交。

单向竞价是指交易主体向交易机构提出卖出或买入申请，交易机构发布竞价公告，多个意向受让方或者出让方按照规定报价，在约定时间内通过交易系统成交的交易方式。

2. 低碳技术

1）氢能

氢能是一种来源广泛、清洁无碳、灵活高效、应用场景丰富的二次能源，是降低化石能源依赖和促进可再生能源发展的重要媒介，是实现工业、交通运输业和建筑等领域深度脱碳的关键选择。

2019 年，中国政府首次将氢能相关产业发展写入《政府工作报告》，随后中国政府发布一系列政策，引导鼓励氢能产业发展。在国家战略层面，2020 年 4 月，氢能被写入《中华人民共和国能源法》（征求意见稿）。2021 年 3 月，《纲要》指出，在氢能与储能等前沿科技和产业变革领域中，组织实施未来产业孵化与加速计划，谋划一批未来产业。在推广补贴层面，2020 年 9 月，五部委联合发布《关于开展燃料电池汽车示范应用的通知》采取“以奖代补”方式，对入围示范的城市群，按照其目标完成情况核定并拨付奖励资金，鼓励并引导氢能及燃料电池技术研发。在区域政策层面，北京、天津、山东、四川等地正在或已经制定氢能源产业专项政策和规划。例如，《北京市氢能产业发展实施方案（2021—2025 年）》（征求意见稿）提出，2023 年前，京津冀区域累计实现氢能产业链规模突破 500 亿元。

2）CCUS 技术

CCUS 技术是一项重要的温室气体减排技术，主要原因在于：第一，短时期内，化石能源在中国能源体系中还将继续扮演重要角色，CCUS 技术是目前化石能源低碳利用的重要技术选择。第二，CCUS 技术可以保持电力系统的灵活性，火电加装 CCUS 是具有竞争力的重要技术手段，2030 年前后是火电厂 CCUS 技术改造的黄金时间。第三，CCUS 技术是钢铁水泥等难减排行业的可行技术方案。第四，CCUS 与新能源耦合的负排放技术还可以抵消无法削减的碳排放。

中国政府十分重视 CCUS 技术的研发与推广。2011 年，《中国碳捕集利用与封存技术发展路线图（2011 版）》发布，提出了 2015 年、2020 年及 2030 年分阶段的发展目标，以及 CCUS 技术环节基础研究、技术研发和示范的优先技术方向。2013 年，科技部印发《“十二五”国家碳捕集利用与封存科技发展专项规划》，为 CCUS 技术发展提供指导。2019 年，《中国碳捕集利用与封存技术发展路线图（2019 版）》发布，这一新版本首先对 2015 年 CCUS 技术实际情况做出了评估，更新了 CCUS 技术至 2025 年、2030 年、2035 年、2040 年及 2050 年的阶段性目标和总体发展愿景。

根据《中国二氧化碳捕集利用与封存年度报告（2021）》，中国已具备大规模捕集利用与封存 CO_2 的工程能力，正在积极筹备全流程 CCUS 产业集群。中国已投运或建设中的 CCUS 示范项目约为 40 个，捕集能力 300 万 t/年。

思考题

1. 简述全球气候治理的主要历程、根源与核心。
2. 简述中国在全球气候治理中战略进程的主要阶段。
3. 应对气候变化的主要策略包括哪些?
4. 简述公共物品、公共资源、外部经济与外部不经济的概念。
5. 简述庇古税的概念与局限性。
6. 简述科斯定理的主要内容。
7. 配额总量的确定方法有哪些？请结合我国碳交易政策具体分析。
8. 简述历史法和基准法的优劣。
9. 简述低碳经济和循环经济的概念与内涵。

10. 结合我国实际，分析我国碳排放与经济的脱钩关系。
11. 简述低碳技术的概念与分类，并举例说明。
12. 简述波特假说的主要内容。
13. 简述“双碳”目标的经济解释与战略意义。
14. 简述中国碳交易的发展历程以及中国碳市场的特征。

即测即练

第二篇

气候变化：企业的危与机

第3章

企业面临的气候困局

气候变化主要由人为因素所致，因此，我们应该关注人类的生活和生产，努力从根源上阻止气候变化的加剧。在这个过程中，我们必须谈到当代经济发展的主体——企业。气候变化已成为企业必须直面的现实，企业需做出战略规划以实现向低碳经济的转型，承担应对气候变化的重大社会责任。气候变化从多个层面考验企业的战略应对能力。

3.1 气候变化带来的“危”

3.1.1 气候变化给经济、社会、人类带来的“危”

人类生命健康和社会发展所需的资源都受到了气候变化的影响，气候变化已成为21世纪人类面临的最大挑战。气候变化给人类和地球带来的影响巨大而深远，带来的后果包括极端干旱、缺水、重大火灾、海平面上升、洪水、极地冰层融化、灾难性风暴，以及生物多样性减少等。气候变化给经济、社会、人类带来的“危”主要体现在以下几个方面。

农业方面。温度变化会影响农作物的生产，IPCC于2019年8月8日在日内瓦发布《气候变化与土地特别报告》，指出气候变化正在威胁粮食安全，加剧荒漠化、土地退化。[①]农作物的生长发育对温度很敏感，每种作物都有适合生长的温度区间，温度过高和过低都不利于农作物生长。例如，在升温1.5℃和2.0℃的气候变化背景下，玉米平均减产幅度分别为3.7%和11.5%。同时，降水量降低会造成长时间土壤干旱，加剧土壤肥力的下降，进一步引起地表植被退化、土壤荒漠化，农作物生长环境将会受到极大影响。在农作物病虫害方面，变暖和极端天气气候事件的增加一定程度上改变了农田病虫的生境，使其向着有利于病虫害暴发的方向发展。

水资源方面。全球气候变暖可以加速区域水文循环，进而对江河径流、区域水资源等产生影响。据中国气象局报道，2022年，全国平均气温较常年（1991—2020年）偏高0.62℃，为1951年以来历史次高，全国平均高温日数为历史最多，极端高温事件为历史最多。在降水方面，2022年，全国平均降水量606.1mm，较常年偏少5.0%，为2012年

① IPCC，《气候变化与土地特别报告》，2019.

以来最少。①在温度升高和降水减少的背景下，未来极端干旱事件可能增多、增强，区域旱灾害风险可能进一步增大。同时，未来气候变化情景下，我国黄河、海河、辽河水资源将锐减，导致水资源供需压力加大。②

海洋与海岸带方面。工业革命以来，人类向地球大气中排放了大量的二氧化碳、甲烷、一氧化氮等温室气体，占地球表面积约 71%的海洋吸收了因温室效应而额外增加的约 93%的热量，导致全球海洋的温度和海平面有明显上升。具体表现为，20 世纪 50 年代以来，全球陆地和海洋表面的升温趋势变得比以往更明显；北半球比南半球的变暖更显著；中国东部地区和邻近海域的升温速率高于全球平均。1958 至 2018 年，中国近海区域（渤海、黄海、东海和南海）持续快速升温变暖，海表面温度上升约 0.98℃±0.19℃，远高于全球海洋平均（0.54℃±0.04℃）。海温上升引起中国近海特别是东中国海气候显著变化，春季和秋季分别提前到来和延迟结束。1980—2019 年，中国沿海海平面上升速率为 3.4mm/年，高于同期全球平均水平，且区域变化特征明显。③其中，中国沿海局部海平面的上升速率又远高于同期全国平均，导致中国的超强台风和风暴潮的发生频次显著增加，沿海极端水位升高、频率增加。统计表明，2000—2019 年，登陆中国的（超）强台风个数为 40 个，超过 1980—1999 年的 2 倍（18 个）。④

陆地自然生态系统方面。气候变化及极端天气气候事件对森林、草地、湿地和荒漠等类型生态系统的地理分布、结构和功能、脆弱性均造成了可明显观测到的影响。例如，高山生态系统对气候变化比较敏感，高山植被带易受温度影响。Steinbauer 等调查了来自欧洲各地的 302 个高峰，发现其中 87%的植物由于山顶气候变得温暖而开始向上蔓延，2007—2016 年期间向山顶移动的植物物种数量是半个世纪之前（1957—1966 年）的 5 倍，随着越来越多的物种在高海拔地区扎根，更有活力的植物通常会替代缓慢生长的植物，造成这些缓慢生长的植物大规模灭绝。⑤在中国的地区分布中，气候变化有利于东部地区木本植物北移、西北地区木本植物西移；⑥长白山和小兴安岭北部的森林生物量均呈显著增加趋势。⑦1960—2012 年，714 条木本植物的春、夏季物候期序列中有 94%提前，294 条木本植物秋季物候期序列中有 77.5%推后。⑧浑善达克沙地的年均气温呈下降趋势，年均降水量呈增加趋势，导致浑善达克沙地荒漠化面积缩小。⑨气候增暖使青藏高原三江源

---

① 中国气象网, https://www.cma.gov.cn/zfxxgk/gknr/qxbg/202303/t20230324_5396394.html.

② 吴绍洪. (2023). 中国“气候变化的影响、风险与适应”研究进展——中国《第四次气候变化国家评估报告·第二部分》解读[J]. 中国人口·资源与环境, 33(1): 80-86.

③ 蔡榕硕, 刘克修, 谭红 (2020). 气候变化对中国海洋和海岸带的影响、风险与适应对策[J]. 中国人口·资源与环境, 30(9): 1-8.

④ 中国气象局热带气旋资料中心, https://www.typhoon.org.cn/.

⑤ Steinbauer, M. J., Grytnes, J. A., Jurasinski, G., Kulonen, A., Lenoir, J., Pauli, H., ... & Wipf, S. (2018). Accelerated increase in plant species richness on mountain summits is linked to warming[J]. Nature, 556(7700), 231-234.

⑥ 张晓芹. (2018). 西北旱区典型生态经济树种地理分布与气候适宜性研究[J]. 中国科学院教育部水土保持与生态环境研究中心.

⑦ Tan, K., Piao, S., Peng, C., & Fang, J. (2007). Satellite-based estimation of biomass carbon stocks for northeast China’s forests between 1982 and 1999[J]. Forest ecology and management, 240(1-3), 114-121.

⑧ Ge, Q., Wang, H., Rutishauser, T., & Dai, J. (2015). Phenological response to climate change in China: a meta-analysis[J]. Global Change Biology, 21(1), 265-274.

⑨ 李春兰, 朝鲁门, 包玉海, 等. (2015). 21 世纪初期气候波动下浑善达克沙地荒漠化动态变化分析[J]. 干旱区地理, 38(3): 556-564.

地区 40 种濒危保护草本植物中的 35 种分布面积增加，只有 5 种分布面积减少。①

人体健康方面。气候变化导致的高温气流、传染病、低劣的空气质量等，增大了对人类健康的伤害，提高了疾病和死亡的发生概率。例如，高温热浪可直接引起人体热痉挛、热衰竭和热射病的发生甚至死亡，也可间接引起心肌梗死、脑卒中、缺血性心脏病、高血压、呼吸困难等循环系统和呼吸系统的严重疾病。2015 年，全球疾病负担研究表明，中国 2200 万伤残调整生命年与大气 PM2.5 暴露有关，其中包括 110 万人的过早死亡，这意味着 PM2.5 已成为威胁中国人群健康的重要风险之一。②2015 年，世界卫生组织（World Health Organization，WHO）预计 2030—2050 年气候变化将使全球每年因疟疾、腹泻、热应力和营养不足而死亡的人数增加 25 万；而低收入国家的儿童、妇女和穷人将是最脆弱和最受影响的人群，健康差距将日益加大。2018 年，《全球 1.5℃增暖特别报告》明确表示，随着全球变暖，预计气候对健康、生计、粮食安全、供水、人类安全和经济增长的风险将增加。该报告称，如果能将全球变暖幅度控制在 1.5℃而不是 2℃，可能会减少 4.2 亿人遭受严重热浪的风险。③

环境方面。气候变化通过影响局地和区域污染物扩张的速度和方式，引起大气环境变化，因而导致低能见度、霾、沙尘天气、酸雨及光化学烟雾等问题，对人类社会造成重要影响。排放在大气中的大量污染物由于气候变化（如极端降水等天气）无法被稀释或消除，其辐射效应将干扰太阳与地球之间的热平衡，引起大气异常升温或降温。同时，如气溶胶等污染物可以作为凝结核参与云、雾、雨滴、冰晶的形成及变化过程，其存在于大气中则会影响降雨天气和全球水循环。IPCC 在 2021 年 8 月发布的第六次评估报告显示，2011—2020 年的十年间，全球地表温度比 1850—1900 年间高 1.09℃，这是自 12.5 万年前冰河时代以来从未见过的水平，2016—2020 年也是自 1850 年有记录以来最热的 5 年。同时，报告还称，气候变化正在加剧水循环。这带来了更强的降雨和洪水，也有许多地区面临更严重的干旱。

3.1.2 气候变化给企业带来的“危”

1. 气候变化给企业带来的风险

数以万亿美元的经济活动和数亿人的生活都面临气候变化的风险。人们已经感受到气候变化的破坏影响，如火灾和飓风的破坏性都超出以往。咨询巨头麦肯锡警告，当前气候变化的危机加剧，各大洲的供应链已经感受到危机对经济的大范围影响。与此同时，企业作为人力、资源、土地的需求方，受到多方面层层叠加的影响，进而让企业面对的风险增加。

气候变化对企业的影响是复杂的，气候变化对各类行业都会直接或间接地产生影响。有关气候变化对企业产生的风险问题，学者一般将其归为如下几种：规制风险、物理风险、信誉风险和诉讼风险等。

① 武晓宇，董世魁，刘世梁，等. (2018). 基于 MaxEnt 模型的三江源区草地濒危保护植物热点区识别[J]. 生物多样性, 26(2): 138-148.

② The global burden of disease study, http://ghdx.healthdata.org/.

③ IPCC. Summary for Policymakers[J]//Global Warming of 1.5℃.Geneva: World Meteorological Organization, 2018.

规制风险一般是指政府制定的与气候变化相关政策所引起的风险，如实施排放限制、推行能效标准等。气候变化规制风险会加大公司的执行成本，若公司不执行，会引起投资的风险，而且气候变化规制风险已经成为现实，中华人民共和国国民经济和社会发展第十二个五年规划纲要（简称“十二五”规划）提出的温室气体减排目标已经落实到各个行业和企业。

物理风险指极端天气和气候事件及其影响，如台风、暴雨、洪水、干旱等，及其导致电力、排水、供水等支持体系的中断、政府服务职能的暂时丧失、道路冲毁造成运输中断、货物无法运送到目的地等，将严重影响企业的正常生产，造成企业的供应链、市场需求等价值链发生与原来运营截然不同的变化，使企业不得不增加资金投入加以应对，相应调整企业的核心运营流程和资源配置。

信誉风险是指企业由于不承担引起气候变化相关的社会责任等，使企业在市场上的信用和社会上的威信下降，对企业的投资、经营等方面造成不良影响。企业承担社会责任，做出环保行为，可以提高品牌形象、进行差异化竞争等。而对于某些行业而言，品牌就是竞争力。同时，企业是否真正落实碳减排，这将影响到市场中投资者的决策参考。投资者越来越关心他们投资的企业是否采取了恰当的措施来应对气候风险，从而影响企业的财务状况。

诉讼风险主要是指企业的行为是否符合应对气候变化相关的法律法规要求，会对企业生存和发展产生不良影响。企业的诉讼风险主要来自三个方面：一是由于违反碳减排政策而引起的法律诉讼和行政罚款等；二是投资者为了保护自己对该企业的投资，可能采取诉讼企业的行动；三是大规模侵权问题。

尽管气候变化风险已明确划分为几种，但是各种气候变化的风险之间往往是错综复杂并相互影响的。例如，如果一个公司所生产的产品是碳排放敏感的资产，那么规制风险将会对公司的生产和技术风险有着直接的影响。

2. 气候变化对企业经营的直接影响

金融稳定理事会（Financial Stability Boord，FSB）所设立的针对气候相关的财务信息披露工作组（Task Force on Colimate-related Financial Disclosure，TCFD）将气候风险划分为直接风险和间接风险。直接风险是指温室效应导致的物理环境改变给企业运营带来的风险。直接风险对企业经营产生的影响具体可以分为以下几个方面。

1）对基础设施的影响

极端气候事件的频率和强度的增加对各种交通运输形式都产生了不同程度的影响。在海运方面，超级飓风、极端降水和热浪直接袭击了世界各地的许多港口。在铁路运输方面，气候变化对铁路基础设施的安全和运营构成了严重威胁，铁路运输最大的潜在气候威胁是强降水和洪水，洪水和山崩造成的桥梁倒塌和桥梁基础损坏，使得铁路公司的运输能力得不到正常发挥。气候变化使得基础设施的暴露度显著增加，从而影响基础设施的使用寿命，提高其运营成本，特别是大型且寿命周期较长的基础设施和资产。例如，降水强度的提高以及径流量增加都可能导致水质恶化，迫使水处理系统在运作或基础设施方面做出重大修改，需要投资新的处理设施，甚至需要研发更加先进的水处理单元工艺，从而显著增加了运营成本。

2）对供应链的影响

对于果蔬供应商来说，气候变化可能会抑制上游作物的生长发育，从而导致产量下降、供货不足等问题。气候变化同样也打乱了雨、雪和风暴的稳定循环，使淡水的自然供应量无法预测。因此，降水风险也成为了企业挑选上游合作伙伴必须考虑的重要因素之一，影响着企业的采购战略。[①]从全球范围来讲，由于全球平均温度的快速上升，冷供应链运作的风险也逐渐上升。气候变化导致的地理变化可能会破坏全球供应链和物流网络，进而影响上下游之间商品的流转。

小故事速递 3.1：泰国洪灾对硬盘行业的影响

3）对企业资产的影响

对自然条件依赖性强的企业对气候变化的敏感度较高，其运营安全更容易受到气候变化的影响。农业企业只有产生足够的利润来消化和准备灾后恢复的成本，才能更好地适应气候变化的影响。此外，旅游企业在经营上也是极大地依赖于自然条件，在与气候变化相关的灾害期间，旅游业和酒店业中的小企业更容易受到业务中断的影响。

知识卡片 3.1：资产搁浅

气候变化除了降低企业的既有资产价值之外，对企业持有资产的另一显著影响就是企业的搁浅资产可能会增加。在所有的资产中，煤炭、石油和天然气是最有可能成为搁浅资产的种类，因为控制温室气体的排放，就意味着至少应该有 33%的石油、49%的天然气和 82%的煤炭储量留在地下，将它们变成搁浅资源，把现有投资变成搁浅资产。[②]

4）对企业融资的影响

气候变化改变了上市公司的融资选择，增加了非上市公司的融资难度。极端天气事件会造成更低、更不稳定的收益和现金流，为了试图缓和这种影响，位于气候更恶劣地区的企业需要持有更多现金来应对气候变化的威胁。这些公司往往短期债务较少，长期债务较多，发放现金股利的可能性也相对较小。考虑到整个商业周期中气候变化风险可能导致违约概率的增大，很多银行在向企业提供贷款时已经将气候变化风险纳入授信和额度评估之中，甚至明确表示不再向煤炭等行业提供信贷资金支持，从而增加了这些行业的融资难度。[③]

3. 气候变化对企业经营的间接影响

气候变化的间接风险是指气候变化相关法律法规对企业经营和竞争环境的影响。各国政府都提出了针对性的政策来抑制自身的碳排放量，降低高碳能源消耗量，这导致企

① Schaefer T, Udenio M, Quinn S. 2019. Water risk assessment in supply chains[J]. Journal of Cleaner Production, 208: 636-648.

② Bos K, Gupta J. 2018. Climate change: the risks of stranded fossil fuel assets and resources to the developing world[J]. Third World Quarterly, 39(3): 436-453.

③ Nieto M J. 2019. Banks, climate risk and financial stability[J]. Journal of Financial Regulation and Compliance, (27): 243-262.

业需要投入更多资金来提升能源效率和适应消费者对清洁产品的偏好。[①]下面从政策影响、技术影响、需求影响和声誉影响四个方面分析气候变化对企业的间接影响。

政策变化的影响。许多国家都相继出台了气候变化适应和减缓政策，从而对企业的经营产生了一定的影响。英国为了应对气候变化的挑战，颁布了《气候变化法案》，要求在2050年前将温室气体排放量在1990年的基础上至少减少80%，这导致了企业能源价格和成本的上升。[②]德国政府提出一项气候政策，旨在逐渐削减企业对化石资产的使用，以减少温室气体的排放，这样一来能源企业将面临1200亿美元的沉没成本，上游能源基础设施的搁浅资产将高达7万亿美元，这将给能源企业乃至整个能源行业带来巨大的损失。[③]联合国支持的投资者团体"责任投资原则"发布报告称，随着各国争相履行2015年《巴黎气候协定》所规定的限制全球变暖的义务，旨在降低碳排放的规定预计将在未来几年内加速实施，化石燃料行业的损失可能最大，或损失相当于目前价值的三分之一。燃煤公司的市值可能暴跌44%，全球规模最大的石油和天然气公司则可能失去多达31%现有市场占有率。

技术进步的影响。当一个公司开始或加强对能源绿色技术相关知识的投资时，它的技术知识库就会多样化。如果没有足够的技术储备，很可能在市场竞争中处于落后地位，甚至被淘汰。由于企业的历史、专业化和制度环境等方面的差异，企业探索新技术的过程和结果会有所不同。在绿色技术探索过程中，有的企业会获得新的发展机遇，而有的企业则会面临危机，原因在于适应能力不足、气候灾害风险和沉没成本都可能阻碍新技术研发和低碳转型的进程。[④]

小故事速递 3.2：气候变化对苹果公司的"利"与"弊"

需求变化的影响。全球温室气体主要排放源是电力和热能生产，其中住宅和商业建筑占全球电力需求的60%。同样，农业食品系统也是一个能源和碳密集型系统。因此，与电、热和食物消费相关的个人日常消费行为可能对温室气体排放产生影响[⑤]，从而对企业的产品生产以及销售产生一系列影响。

企业声誉的影响。不负责的排放行为会对企业的声誉产生负面影响，特别是运营国际业务的企业。例如化石能源企业，容易给他人留下环境不负责的印象，成为社会大众和媒体的批评对象。因此，为了宣传自己的正面形象，明确在气候变化问题上的立场，增强合法性和竞争优势，化石能源企业往往会选择投入大量资金对企业进行正面宣传，以塑造绿色清洁的形象。[⑥]未来10年，企业能否证明自己对全球变暖现实和未来威胁做出实质性反应，

① 孙永平，李疑，李莹仪. 2021. 气候变化与企业运营：风险、机遇与策略[J]. 江南大学学报（人文社会科学版），20(1): 92-101.

② Ang C P, Toper B, Gambhir A. 2016. Financial impacts of UK's energy and climate change policies on commercial and industrial businesses[J]. Energy Policy, 91: 273-286.

③ Sen S, von Schickfus M T. 2020. Climate policy, stranded assets, and investors' expectations[J]. Journal of Environmental Economics and Management, 100: 102277.

④ Ricci E C, Banterle A. 2020. Do major climate change-related public events have an impact on consumer choices?[J]. Renewable and Sustainable Energy Reviews, 126: 109793.

⑤ Ricci E C, Banterle A. 2020. Do major climate change-related public events have an impact on consumer choices?[J]. Renewable and Sustainable Energy Reviews, 126: 109793.

⑥ Jaworska S. 2018. Change but no climate change: Discourses of climate change in corporate social responsibility reporting in the oil industry[J]. International Journal of Business Communication, 55(2): 194-219.

将决定企业声誉的建立或受损程度。在这种大环境之下，企业必须关注气候变化对企业声誉的影响。

目前，仅有部分气候高敏感企业注意到气候变化带来的影响，而这些企业也仅仅将目光停留在气候变化带来的直接影响上。实际上，气候变化对企业运营的间接影响要远大于直接影响。根据《巴黎协定》的温控目标，已探明化石燃料储量的 80%在未来将变成搁浅资源，对这类资源的投资也将变成搁浅资产，这意味着不仅现有资产会加速贬值，同时还需要花费更多成本来研发新的清洁能源作为替代品。另外，极端气候事件会通过相互关联的产业链带来二次经济危害，甚至会超过极端事件本身带来的损害。气候变化及其保险成本增加会大幅提高供应链的中断风险。因此，企业需要积极将气候变化纳入自身战略管理之中，努力提高对气候变化的适应能力，以便企业能及时规避气候变化风险，寻找新的发展机遇。

3.2　气候变化背景下企业的排放目标管理

自 1860 年有仪器观测以来，全球地面气温上升明显，年均升高 0.6℃±0.2℃。促使温度上升的原因很多，尽管目前尚不能确定各种因素对气候变化的影响程度，但可以肯定的是人为因素，尤其是人类活动产生的大量温室气体是导致全球气候变暖的一个重要原因。

全球气候变化受到世界各国的关注，为了应对全球气候变化带来的威胁，联合国组织了多次国际会议，先后签署了《联合国气候变化框架公约》《京都议定书》《波恩协定》《布宜诺斯艾利斯行动计划》《马拉喀什协定》和《德里宣言》等一系列重要文件，达成诸多共识。2016 年，全球近 200 个缔约方签署了《巴黎协定》。根据《巴黎协定》，全球气温的“长期目标是将全球平均气温较前工业化时期上升幅度控制在 2℃以内，并努力将温度上升幅度限制在 1.5℃以内”。为了实现政府提出的减碳目标，企业自身必须意识到气候变化风险和气候变化政策必然对企业的经济产生影响，并把握气候变化给企业带来的机遇，从战略上理解气候变化与企业经营的关系。

3.2.1　企业温室气体排放目标管理

1. 碳减排目标管理

关于碳减排的目标管理，可以分为总量减排目标和强度减排目标。从机制设计差异角度可以将碳减排政策分为两种：基于总量约束的碳交易市场和基于碳强度约束的行政减排措施。

（1）总量减排目标管理

总量减排指的是一个国家或地区在一定时期内 CO_2 排放总量，在此基础上设定的减少 CO_2 总排放量的目标。总量减排对经济发展的影响较大。就气候变化问题来看，1997 年的《京都议定书》和 2012 年的多哈会议，都将温室气体减排总量作为相关发达国家的承诺规定下来，也就是说《公约》规定的发达国家温室气体减排目标是一个总量目标。

（2）强度减排目标管理

强度减排是指将碳排放强度规定在一个范围，这里的碳排放强度一般指的是单位国内生产总值下的碳排放量。我国 2019 年碳排放强度比基准年 2005 年降低 48.1%，提前实现了 2015 年提出的碳排放强度下降 40%至 45%的目标。2022 年该数值再创新高，碳排放强度下降超过 51%。在降低碳排放强度方面的显著成效，有利于实现 2030 年前实现碳排放达峰目标。

（3）总量减排目标和强度减排目标的比较

从成本有效性来看，减排目标的选择取决于与特定污染排放量相关的边际减排成本和边际损失（可以理解为边际减排收益）的增长速度。如果边际减排成本的增长速度更快，则强度减排目标更优；反之，当边际损失增长更快时，总量减排目标更优①。国际社会一般认为强度减排目标不是一个有诚意的目标，认为只有总量减排目标才会使 CO_2 排放量和实际的污染排放量减少，而强度减排目标不能达到上述减排效果。如果没有总量约束，随着经济总量的增加，污染排放也必然增加。但是，强度目标有助于降低减排成本的不确定性，尤其是长期内发展中国家减排成本的不确定性。

从减排目标的环境效益看，强度指标比总量指标更适合衡量一个国家的环境效率，因为强度指标直接反映了一个国家的经济增长对温室气体排放的依赖程度。一些国家的碳排放可能持续增加，但因为其经济增长更快，因而其碳排放强度呈现持续下降的变化趋势。如近 30 年中国的碳排放量逐年上升，但中国的碳排放强度却持续下降，这说明中国的气候绩效在不断提高。另一些国家，如 1990 年代前期的俄罗斯及中亚一些国家，碳排放量由于经济衰退也有所下降，但基于 GDP 的碳排放强度却不降反升。

从减排目标的政策可接受性看，不同利益相关者的政策可接受性不同。对于环保主义者来说，总量减排目标显然更优，因为他们认为这种目标能确保污染的减排量及由此带来的环境效益。而对于关注经济效益的人们来说，总量减排目标无疑是对经济增长的限制，因为当经济增长超过预期水平时，选取总量减排目标意味着要付出更大的努力、更多的成本以保证目标的实现，因而关注经济发展的人们更倾向于选择强度减排目标。②就生产者而言，他们更青睐强度目标，因为强度目标不会限制或者说是鼓励经济增长或扩张的，并且采取强度目标时不需要因为协议有新加入者或退出者而重新分配任务。③

2. 温室气体报告的作用

温室气体排放目标管理的前提是需要企业自下而上进行温室气体排放报告和披露，以使各级政府和政策制定者制定合理、科学的碳减排目标管理。因此温室气体报告是建设资源节约型、环境友好型社会和创新型国家的重要内容，对实现我国经济社会又好又快发展具有重大而深远的意义。对于企业而言，温室气体报告有以下几个潜在作用。

（1）树立行业标杆。温室气体排放报告工作的开展始于企业积极响应落实国家发展改革委 63 号文《关于组织开展重点企（事）业单位温室气体排放报告工作的通知》。地

① Quirion P. 2005. Does uncertainty justify intensity emission caps?[J]. Resource and Energy Economics, 27(4): 343-353.

② Pizer W A. 2005. Climate policy design under uncertainty[J]. RFT Discussion Paper 05-044.

③ 张友国. 2015. 总量还是强度：碳减排目标之争[J]. 学术研究, (9): 76-80+122.

方政府也非常希望树立一些标杆示范温室气体排放报告项目，企业如能自主实施温室气体排放报告项目，一方面，能帮助企业积极响应国家或地方对于温室气体减排的相关政策要求，另一方面，也能有助于企业争取省级或其他层面低碳经济发展的资金支持或相关的政策优惠。

（2）防范履约风险。对于暂未纳入碳市场中的企业，编制温室气体排放报告有助于帮助其防范未来履约风险。比如，正在运行的中国碳市场，未来将纳入更多的重点企业。将来在对这些非试点地区重点企业分配排放配额时，需要企业的排放量数据，包括历史及基准年排放数据。温室气体排放报告可以让企业摸清家底，充分了解自身温室气体排放状况，提前掌握自身的主动权。对于控排企业来说，可争取有利配额，保护“碳排放基准线”，规避未来的履约风险。

（3）规划碳资产管理制度。企业应当未雨绸缪，提前做好碳资产管理，编制温室气体报告，为一旦国内执行强制性的碳排放指标做提前准备。随着未来企业可能承担强制性减排指标，企业碳资产状况必然成为企业主要的财务信息。减排可能形成碳资产，超标排放则形成碳负债。一家企业只要有碳排放，就会形成潜在的碳资产或者碳负债，管理得好是潜在的资产，管理得不好就可能是隐藏的负债，未来对企业带来不利的影响。企业必须摸清自己的碳资产情况，并按照成本收益的比较对碳资产的使用做统一安排，确立企业的碳资产管理策略。

（4）提升运营效率。温室气体的排放与企业的能耗息息相关，温室气体排放报告可帮助企业识别有效且成本可控的减排机会，更好地确定在节能减排和技术升级上的投入。通过温室气体排放报告的排放量化，企业可以了解经营生产过程中具体哪个方面（第一类排放、第二类排放还是第三类排放）排放耗能比较多，从而为企业节约成本。在编制排放清单的时候，将能耗设施分类，就可以看出哪一部分耗能占比较高，节约能源也可以有的放矢。

3.2.2　发达国家企业的气候变化目标

第一阶段（2005—2012 年）：1997 年 12 月 11 日，第 3 次缔约方大会在日本京都召开。149 个国家和地区的代表通过了《京都议定书》，它规定 2008—2012 年，主要工业发达国家的温室气体排放量要在 1990 年的基础上平均减少 5%，其中欧盟将 6 种温室气体的排放削减 8%，美国削减 7%，日本削减 6%（见表 3.1）。

表 3.1　《京都议定书》规定的各国减排目标

国　家	减排目标
欧盟 15 国及东欧保加利亚、捷克、罗马尼亚及立陶宛等	减排 8%
美国	减排 7%
日本、加拿大、匈牙利及波兰	减排 6%
克罗地亚	减排 5%
新西兰、俄罗斯及乌克兰	减排 0%
其他发展中国家	无减排义务

但是 2000 年 11 月在海牙召开的第 6 次缔约方大会期间，世界上最大的温室气体排放国美国坚持要大幅度折扣它的减排指标，而使会议陷入僵局，大会主办者不得不宣布休会，将会议延期到 2001 年 7 月在波恩继续举行。

第二阶段（2009—2020 年）：主要发达经济体做出以下减排目标（见表 3.2）。

表 3.2　第二阶段发达国家气候变化目标

国　家	减 排 目 标
美国	承诺 2020 年温室气体排放量在 2005 年的基础上减少 17%，在 1990 年基础上减排约 4%。另外，美国的减排目标还包括到 2025 年减排 30%，2030 年减排 42%，2050 年减排 83%。
欧盟	通过包括气候与能源一揽子计划和各种能效措施，无条件承诺到 2020 年将温室气体排放量较 1990 年减少 20%以上。同时承诺抬高减排幅度至 30%，前提是各发达经济体同意相当水平的减排力度，同时发展中经济体做出重大贡献，共同促成国际条约的签署。
日本	若哥本哈根会议能达成协议，日本将把减排目标定为在 1990 年的基础上对温室气体减排 25%。
挪威	挪威是首个承诺到 2020 年较 1990 年温室气体减排达 40%的国家，这与发展中国家要求富裕发达国家做出的减排承诺幅度一致。
澳大利亚	承诺到 2020 年在 2000 年基础上实现温室气体减排 5%至 25%，但这个目标已被议会两次否决。
新西兰	承诺到 2020 年在 1990 年基础上实现温室气体减排 10%至 20%。
加拿大	承诺到 2020 年在 2006 年基础上实现温室气体减排 20%，相当于在 1990 年基础上减排 2%。
新加坡	承诺到 2020 年该国温室气体排放量将较“如常运作”排放量削减 16%。
韩国	在 2020 年前将本国的温室气体年排放量在 2005 年的基础上减少 4%，相当于在 1990 年基础上减少 30%。

3.2.3　发展中国家企业的气候变化目标

在协议第一阶段（2005—2012 年），对于广大发展中国家，没有减排任务。由于目前暂不承担减排任务，我国并没有明确设定具体的减排目标。但持续多年位居世界第二的年排量和未来经济增长所必然带来的排量增加都使我国存在压力。在国务院 2007 年 6 月发布的《应对气候变化国家方案》和 2008 年 10 月发布的《中国应对环境变化的政策与行动》白皮书中都提出“到 2010 年实现单位国内生产总值能源消耗比 2005 年降低 20%左右，相应减缓二氧化碳排放”的阶段性、指导性目标。这表明我国政府对温室气体减排问题的高度重视和全面支持，同时也反映出政府在制定具体指标问题上的审慎态度。

第二阶段（2016 年至今），发展中国家纷纷制定其减排目标。例如，中国在签订《巴黎协定》后，采取大量行动减少温室气体排放，并进一步制定了碳排放目标。2020 年 9 月 22 日和 12 月 12 日，中国国家主席习近平分别在联合国成立 75 周年纪念峰会和纪念《巴黎协定》达成 5 周年的气候雄心峰会上宣布中国力争 2030 年前 CO_2 排放达到峰值，努力争取 2060 年前实现碳中和。到 2030 年，中国单位 GDP CO_2 排放将比 2005 年下降 65%以上，

小故事速递 3.3：霍尼韦尔公司实例

非化石能源占一次能源消费比重将达到25%左右，森林蓄积量将比2005年增加60亿 m^3，风电、太阳能发电总装机容量将达到12亿kW以上。这一系列量化目标是在原有自主碳减排目标上的进一步强化和明确，展现了我国积极应对气候变化的雄心和责任担当，同时也标志着我国碳减排政策思路的重大转变，即从以碳强度约束为目标的政策思路转变为以碳强度和碳总量为主要约束的综合目标的政策思路转变。

3.3 气候变化背景下企业的绩效

3.3.1 气候变化影响企业绩效

企业主要目标是提高经营绩效使利润最大化，但在气候变化的大背景下，企业的经营绩效受到了多方面的影响，如盈利能力、运营能力、偿债能力和发展能力等方面。

（1）盈利能力。气候变化可能导致消费者对某些产品或服务的需求波动。例如，在气候变暖的地区，消费者对空调、冷饮等需求可能增加，而对冬季用品的需求可能减少。同时，极端天气事件，如飓风、洪水等，可能导致供应链中断，影响原材料的供应，从而影响产品的生产和销售。

（2）运营能力。频繁的气候极端事件可能导致能源、原材料价格波动，增加企业的生产成本。极端天气可能导致基础设施，包括工厂、仓库、交通等受损，进而影响企业的正常运营。

（3）偿债能力。更频繁和严重的气候事件可能导致企业的保险成本上升，增加企业的财务压力。如果企业没有充分准备，可能在自然灾害中受到较大损失，这可能影响其偿债能力。

（4）发展能力。政府可能加强对企业环保方面的法规，企业需要投入更多资源来满足法规要求，从而影响发展计划。气候变化也可能为企业提供新的市场机会，如可再生能源、环保技术等。但同时，企业也面临应对气候变化带来的挑战，例如适应新的气候模式、产品重新定位等。

小故事速递3.4：气候变化冲击保险业——瑞士再保险公司

在应对气候变化的影响时，企业需要制定综合的气候风险管理策略，包括适应性战略、减缓战略和风险转移策略。企业需要密切关注气候变化趋势，积极采取措施，以确保其在不断变化的环境中能够保持竞争力和可持续性。

3.3.2 企业的环境绩效

ISO 14001环境管理体系对环境绩效的定义为：一个组织基于环境方针、目标和指标，控制其环境因素所取得的可测量的环境管理系统成效。这里，环境因素是指一个组织的活动、产品或服务能与环境发生相互作用的要素；环境管理系统成效则意味着组织通过加强环境管理而取得的综合绩效。

1. 企业环境绩效的内容

企业环境绩效体现在环境财务绩效和环境质量绩效两个方面。

①环境财务绩效方面

即企业发生的与环境有关的问题导致的财务影响，亦即在环境方面的主观努力而导致的财务业绩。

环境财务绩效是一个类似于利润的概念，它是环境收入和环境支出之间的差额。一般而言，无论从事何种与环境有关的活动，势必导致某种支出。同时，企业积极参与保护和改善生态环境也有可能会直接或间接产生某种经济收益。比如，环保产品导致的税收减免；因通过了环保认证而成功打入某个市场，从而扩大了销售额；因达到某种环保指标而免于遭受法规惩处或经济制裁的机会收益。收益抵除支出，就是环境财务绩效。

②环境质量绩效方面

即企业的主观努力对生态环境的保护和改善作出贡献或者对生态环境造成损害所形成的环境质量绩效。

环境质量绩效则包括环境法规的执行情况、生态环境保护和改善情况以及生态环境损失情况等。此外，环境质量绩效还可以包括环境审计报告、未来展望等部分。事实上，凡是与企业的环境质量有关的、具备重要性特征的事项都可以列入环境质量绩效体系中，企业可以灵活采用量化的或者非量化的方式来披露。

2. 企业环境绩效的特征

企业环境绩效具有外部性、无形性和长期性等特征。

①外部性

所谓外部性是指某个微观单位的经济活动对其外部所产生的影响，包括有利的影响（即外部经济）和不利影响（即外部不经济）。

②无形性

企业环境绩效的无形性具有两方面的含义：一是企业经营活动的环境效果难以用货币形式确切计量，现有市场价格不能完全反映其效益；二是企业活动的环境收益或损害往往间接地体现于生产、投资、销售等各个环节，无法直观或单独表述，产生的影响在空间范围上也很难有效界定，如企业环境污染产生的噪声等。

③长期性

企业环境绩效的产生，是企业对环境施以影响与作用的结果，耗时较长，甚至在可预见的将来会一直持续下去，这就决定了企业环境绩效具有长期性特征，如企业治理环境的效益、企业环境管理目标的实现程度等。

3.3.3 数据包络环境评估模型

1. 数据包络分析模型

数据包络分析（data envelopment analysis，DEA）是以相对效率概念为基础，根据多指标投入和多指标产出，对相同类型的“部门”或者“单位”（称为决策单元，decision making unit，DMU）进行相对有效或效益评价的一种方法。

DEA 模型的基本形式：设有 n 个从事同一生产活动的单位（即决策单元 DMU），每个 DMU 都有 m 种类型的要素投入和 s 种类型的产出（表 3.3）。

表 3.3　各 DMU 的投入–产出表

投入–产出		DMU			
		DMU$_1$	DMU$_2$	…	DMU$_n$
投入	投入 1	x_{11}	x_{12}	…	x_{1n}
	投入 2	x_{21}	x_{22}	…	x_{2n}
	…	…	…	…	
	投入 m	x_{m1}	x_{m2}	…	x_{mn}
产出	产出 1	y_{11}	y_{12}	…	y_{1n}
	产出 2	y_{21}	y_{22}	…	y_{2n}
	…	…	…	…	…
	产出 s	y_{s1}	y_{s2}	…	y_{sn}

则可用 x_{ij} 表示第 j 个 DMU 的第 i 种投入量（$i=1,2,3,\cdots,m; j=1,2,3,\cdots,n$），用 y_{rj} 表示第 j 个 DMU 的第 r 种产出量（$r=1,2,3,\cdots,s; j=1,2,3,\cdots,n$）。

各 DMU 的投入–产出也可用向量表示如下：

投入向量：$X_j=(x_{1j},x_{2j},x_{3j},\cdots,x_{mj})^T$

产出向量：$Y_j=(y_{1j},y_{2j},y_{3j},\cdots,y_{sj})^T$

根据 DEA 理论，引入 n 个 DMU 的组合权重 λ_j（$\lambda_j \geqslant 0$）后，构成所谓的生产可能集：

$$T_1=\left\{(X,Y)\left|\sum_{j=1}^{n}\lambda_j X_j \leqslant X,\sum_{j=1}^{n}\lambda_j Y_j \geqslant Y,\lambda_j \geqslant 0, j=1,2,3,\cdots,n\right.\right\} \tag{3.1}$$

一般要求 T_1 满足凸性、锥性、无效性、最小性条件。在生产可能集 T_1 上构造第 j_0 个决策单元的效率评价模型（$1 \leqslant j_0 \leqslant n$），该 DEA 模型称为 C^{2}R 模型，它用于评价决策单元的技术有效性和规模有效性。

也可构造出另一生产可能集：

$$T_2=\left\{(X,Y)\left|\sum_{j=1}^{n}\lambda_j X_j \leqslant X,\sum_{j=1}^{n}\lambda_j Y_j \geqslant Y,\sum_{j=1}^{n}\lambda_j=1,\lambda_j \geqslant 0, j=1,2,3,\cdots,n\right.\right\} \tag{3.2}$$

T_2 满足凸性、无效性、最小性但不满足锥性条件。在生产可能集 T_2 上构造第 j_0 个决策单元 DMU$_{j0}$ 的有效性评价模型，称为 C^{2}GS^2 模型，它用于评价决策单元的技术有效性。

DEA 效率评价的 C^{2}R 模型为

$$
(D)\begin{cases}\min\theta=V_D\\ \sum_{j=1}^{n}\lambda_jX_j\leqslant\theta X_{j0}\\ \sum_{j=1}^{n}\lambda_jY_j\geqslant Y_{j0}\\ \lambda_j\geqslant0,j=1,2,\cdots,n\end{cases}\qquad (D')\begin{cases}\max\alpha=V_D'\\ \sum_{j=1}^{n}\lambda_jX_j\leqslant X_{j0}\\ \sum_{j=1}^{n}\lambda_jY_j\geqslant\alpha Y_{j0}\\ \lambda_j\geqslant0,j=1,2,\cdots,n\end{cases}\tag{3.3}
$$

引入松弛变量和非阿基米德无穷小（ε）后，上述模型分别等价为

$$
(E)\begin{cases}\min[\theta-\varepsilon(E_mS^-+E_sS^+)]\\ \sum_{j=1}^{n}\lambda_jX_j+S^-=\theta X_{j0}\\ \sum_{j=1}^{n}\lambda_jY_j-S^+=Y_{j0}\\ \lambda_j\geqslant0,j=1,2,\cdots,n;S^+\geqslant0,S^-\geqslant0\end{cases}\qquad (E')\begin{cases}\min[\theta+\varepsilon(E_mS^-+E_sS^+)]\\ \sum_{j=1}^{n}\lambda_jX_j+S^-=X_{j0}\\ \sum_{j=1}^{n}\lambda_jY_j-S^+=\alpha Y_{j0}\\ \lambda_j\geqslant0,j=1,2,\cdots,n;S^+\geqslant0,S^-\geqslant0\end{cases}\tag{3.4}
$$

式中，$S^-=(S_1^-,S_2^-,\cdots,S_m^-)^T$ 为松弛变量；$S^+=(S_1^+,S_2^+,\cdots,S_m^+)^T$ 为剩余变量；θ，α，θ，α，$\lambda_1,\lambda_2,\cdots,\lambda_n$ 为决策变量；ε 为非阿基米德无穷小，$E_m=(1,1,\cdots,1)_{1\times m}$，$E_s=(1,1,\cdots,1)_{1\times s}$。

以 (E) 为例，解该模型，得最优解 θ^*、λ^*、S^{-*}、S^{+*}，这里不加证明地给出 DEA 分析的定理。

①若 $\theta^*<1$，说明存在一个虚构的 DMU，其产出不低于第 j_0 个 DMU 的产出，且其各项投入比第 j_0 个 DMU 的投入要小，则判定 DMU_{j_0} 是非 DEA 有效的；

②若 $\theta^*=1$，且 $S^{-*}=S^{+*}=0$，则判定第 j_0 个 DMU 规模与技术同时有效；

③若 $\theta^*=1$，且 $S^{-*}\neq0$ 或 $S^{+*}\neq0$，则判定 DMU_{j_0} 为弱 DEA 有效；

④若模型 (E') 的最优解为 α^0、λ^0、S^{-0}、S^{+0}，则模型 (E) 和 (E') 的最优解之间存在关系可表述为：$\alpha^0=\frac{1}{\theta^*}$，$\lambda^0=\frac{1}{\theta^*}\lambda^*$，$S^{-0}=\frac{1}{\theta^*}S^{-*}$，$S^{+0}=\frac{1}{\theta^*}S^{+*}$。

2. 清洁生产评价的数据包络分析模型——环境绩效

在评价企业效率时，通常是产出越大越好，但生产排放的污染物却相反。污染物作为决策单元的产出，从清洁生产的角度，它是一种非期望的输出，企业应尽量减少这些产出。实际上，不管决策单元采用何种技术，本质上讲，在目前的技术水平下，只可能不断减少环境污染物的产出，而不能完全避免。因此，环境污染作为一种负产出，其产生就如同生产中投入生产要素就能生产出产品一样，是不可避免的。

在 DEA 效率评价的 C^2R 模型中引入负产出的污染物项，并假设每个决策单元有 t 种污染物质产生，则可得下面的模型：

$$
(PE)\begin{cases}\min[\theta-\varepsilon(E_mS^-+E_tP^-+E_sS^+)]\\ \sum_{j=1}^{n}\lambda_jX_j+S^-=\theta X_{j0}\\ \sum_{j=1}^{n}\lambda_jP_j+P^-=\theta P_{j0}\\ \sum_{j=1}^{n}\lambda_jY_j-S^+=Y_{j0}\\ \lambda_j\geqslant 0,j=1,2,\cdots,n,S^+\geqslant 0,S^-\geqslant 0\end{cases}
\qquad
(PE')\begin{cases}\min[\alpha-\varepsilon(E_mS^-+E_tP^-+E_sS^+)]\\ \sum_{j=1}^{n}\lambda_jX_j+S^-=X_{j0}\\ \sum_{j=1}^{n}\lambda_jP_j+P^-=P_{j0}\\ \sum_{j=1}^{n}\lambda_jY_j-S^+=\alpha Y_{j0}\\ \lambda_j\geqslant 0,j=1,2,\cdots,n,S^+\geqslant 0,S^-\geqslant 0\end{cases}
\tag{3.5}
$$

式中，P_j为DMU_j产出污染物向量，$P_j=(P_{1j},P_{2j},\cdots,P_{tj})^T$；$P^-=(P_1^-,P_2^-,\cdots,P_m^-)^T$为松弛变量。

考察模型（PE）可见，该模型表示寻找n个DMU的某种线性组合，使其产出在不低于第j_0个DMU产出的条件下，投入和产生的污染物尽可能小。同样对模型（PE′）则是表示在污染物产生量和生产要素投入量一定的情况下，产出经济效益尽可能大。

3.4　气候变化背景下企业的挑战

3.4.1　政府对企业生产的环境监管

保护环境是企业义不容辞的责任，但企业的逐利本性会使其逃避环境责任而造成环境危害。企业对环境责任的履行就需要掌握着社会公共权力的政府进行监管。政府可采取法律、行政、经济、教育多个层面的措施监管企业履行环境责任。

1. 监管企业履行环境责任的必要性

企业是社会物质财富的主要创造者，也是生态环境最主要的影响者。企业的生产是一个不断向自然界索取物质能量和消耗自然资源的过程，同时又是一个不断向自然界排放各种废弃物和有毒物的过程。既然企业享受了大自然的恩惠，保护自然和维护生态平衡无疑是企业义不容辞的责任。

环境责任是指企业应具有环保意识，进行清洁生产，注重节约资源、减少排放物以及推动资源的高效和经济型循环利用，追求经济效益和生态效益的结合，以满足公众对优美的生产生活环境的利益诉求，实现经济、社会、自然的可持续发展。

企业作为市场行为主体受利益驱动并追求自利最大化，这种自利心和逐利本性往往会使企业不愿主动履行环境责任，相反会不自觉地逃避环境责任，甚至以牺牲公共利益获取企业的利益。在现实的经济活动中企业想方设法把好处留给自己，把坏处转嫁出去，企业的经济活动产生了大量负外部效应。比如：伐木业破坏森林，造成水土流失，土壤侵蚀；制造业、化工厂的噪声污染、空气污染、水体污染等。企业把环境成本转嫁给整个社会，这种环境成本称为“外部成本”，企业支付的成本称为“私人成本”，外部成本未纳入私人成本中，这就是企业的“外部不经济性”。

2. 政府是企业履行其环境责任的监管者

政府掌握着立法权、征税权、禁止权、处罚权等社会公共权力，政府的权力具有权威性、独立性和合法性。政府所拥有的暴力性、强制性的权力资源是任何其他的个人、组织都无法比拟的。但是，一定要清楚，政府的权力是公共性的，政府的职能也是公共性的。政府行使权力的目的主要是管理好社会的公共事务，扩大公共福利，维护和实现社会的公平正义。保护好自然环境，监管企业履行环境责任是政府的职能之一。

政府需要发挥监管职能，防止市场经济活动中发生“市场失灵”现象。政府监管是指政府职能部门在市场机制的框架内，为矫正市场失灵，促进社会的公平正义和公众福利，依据有关法律和规章制度，对市场主体的经济活动以及伴随其经济活动而产生的社会问题进行干预和控制。企业是市场经济活动中最主要的行为主体，也是最主要的监管对象。政府可通过许可或认可的各种手段，对企业进入、退出、价格、服务质量、信息披露以及投资、财务、会计等方面的活动进行管制。政府的有效监管是企业合法经营、提升企业绩效、履行社会责任的重要保障。因此，在企业履行其环境责任的过程中，政府要充当好监管者角色，要规制和约束企业的行为，决不能对企业污染和破坏环境的行为睁一只眼闭一只眼，更不能当睁眼瞎。监管者是一种综合性的角色，它是由引导者、制定者、管理者、监督者四重角色组成，这种四重角色也是政府多种功能的体现。

3. 政府监管企业履行环境责任的措施

企业履行环境责任是实现经济、社会、自然可持续发展的保证，是建设生态文明，落实政治建设、经济建设、文化建设、社会建设和生态建设“五位一体”战略的关键。政府应合理而有效地运用手中的公共权力，积极采取各种措施加大对企业履行环境责任的监管力度。

首先，政府作为引导者，运用宣传教育、举办环保培训等软性措施，向企业明确传递生态文明和绿色发展的理念，倡导和推动低碳和清洁生产，培养企业的环保意识和自觉履行环保责任的自律精神。

其次，政府作为法律的制定者和执行者可以充分地运用手中所掌握的多种公共权力，制定完备的环境法律体系，从法律制度层面规范和约束企业的环境行为。环境责任法定化，使企业在履行环境责任上有法可依。具体说来：政府可运用其征税权，通过法定税率征税以减少企业的负外部效应，倒逼企业把“外部不经济性内部化”，[①]如征收排污税和资源税；政府运用其禁止权，利用法律或行政规章制度设立绿色许可或准入制度，对那些高能耗高污染的企业禁止或限制其生产活动；政府运用其处罚权，对造成严重环境污染和破坏的企业进行处罚，如 2014 年 6 月，环境保护部开出了 4.1 亿元的史上最大环保罚单，涉及 19 家企业硫酸的超标排放。企业环境责任的法定化是一种刚性措施，是对企业履行环境责任强制性的硬规范和约束。

再次，政府作为管理者，运用经济、行政手段设定相应的环境管理目标，建立企业

① 张雨荷. 2015. 论政府对企业履行环境责任的监管[J]. 财经界, (3): 66–68.

履行环境责任的激励机制。国际标准化组织制定了 ISO14000 系列环境管理标准，实施这套标准的目的是，“规范全球企业和社会团体等所有组织的环境行为，减少人类各项活动所造成的环境污染，最大限度地节省资源，提高环境质量，保护环境与经济发展相协调，促进经济可持续发展，保障全球环境安全”。[①]我国应结合国情制定出相应的环境管理标准及其认证体系，设定环境绩效评价指标，并将其纳入到企业的整个目标管理体系。政府还需建立绿色财政，对符合环保标准的企业进行财政补贴以及提供绿色信贷、减免税费等，为环保企业打通绿色通道，对既发展了经济又不破坏环境以及对环境有贡献的企业给予政策上的倾斜和优惠。政府的一系列经济的和行政的激励措施，会促进企业积极主动地去履行环境责任。

最后，政府要建立强有力的监督机制和加大执法力度，政府的监督和严厉执法是企业履行环境责任的重要保证。环境质量监测的常态化，对浪费资源、破坏环境、污染严重的企业持零容忍的态度，除了对造成生态危害的环境事件处罚决不心慈手软外，更应防微杜渐，从源头上杜绝环境事件的发生。

小故事速递 3.5：腾格里沙漠污染事件

政府对企业履行环境责任的监管应做到刚柔相济、多措并举，以达到企业的经济发展目标与环境管理目标、经济利益与生态利益、财务绩效与环境绩效相协调，消除企业对环境的负外部性，更多地实现企业对环境的正外部性，为生态文明建设做出更大贡献。

4. 政府监管企业生产存在的困难

一方面，监管的法律法规不健全。在 2015 年 1 月 1 日新《环境保护法》正式实施之前，我国施行的环保法律法规可操作性不强是企业排污监管法律法规不健全的主要表现。例如，2015 年之前的向腾格里沙漠排放污水案件，依据当时的环保法，存在取证难、鉴定难、认定难的三大难题，用来鉴定的法律法规往往是在事件曝光后才出台或修订。就《水污染防治法》而言，多次修订，在一定程度上加强了地方政府环境保护的责任，也加大了对企业违法排污的惩罚力度。但这些都是原则性的规定，处理类似案件时，很难鉴定企业触犯法律的程度，也不能有效地对政府责任问责。

另一方面，监管的政策执行不得力。面对腾格里沙漠工业园区的肆意污染行为，当地环保部门更多时候束手无策。环境立法的滞后性导致环境保护法规与环境执法不相适应，增加了环境执法的难度。另外，国家出台的环保政策在地方执行中往往会大打折扣。出于地方保护主义和畸形政绩观的影响，总是“上有政策，下有对策”，监管部门的行政执法决定通常会变成一纸空文。

3.4.2　消费者对企业产品的绿色要求

1. 绿色消费的含义

20 世纪 80 年代后半期，英国掀起了“绿色消费者运动”，然后席卷了欧美各国。这

---

① 李宇军. 2011. ISO14001 认证对企业履行环境责任的促进作用[J]. WTO 经济导刊, (4): 61-62.

个运动主要是号召消费者选购有益于环境的产品，从而促进生产者转向制造有益于环境的产品。这是一种靠消费者来带动生产者，靠消费领域影响生产领域的环境保护运动。这一运动主要在发达国家掀起，许多公民表示愿意在同等条件下或略贵条件下选择购买有益于环境保护的商品。英国1987年出版的《绿色消费指南》将绿色消费具体定义为避免使用下列商品的消费：①危害到消费者和他人健康的商品；②在生产、使用和丢弃时，造成大量资源消耗的商品；③因过度包装，超过商品本身价值或过短的生命周期而造成不必要消费的商品；④使用出自稀有动物或自然资源的商品；⑤含有对动物残酷或不必要的剥夺而生产的商品；⑥对其他国家尤其是发展中国家有不利影响的商品。

小故事速递3.6：绿色消费

归纳起来，绿色消费主要包括三个方面的内容：消费无污染的物品；消费过程中不污染环境；自觉抵制和不消费那些破坏环境或浪费大量资源的商品。

2. 绿色消费的意义

绿色消费是促进生产生活方式转变的重要内容，是建设生态文明题中应有之义。如果各地制定促消费措施时，有意识地向绿色化程度高的行业、环境更友好的企业倾斜，百姓与绿色生活就更近了一步。

绿色消费是指既能满足人们美好生活需要，又对环境损耗较低的消费行为，是适应经济社会发展水平和生态环境承载力的一种新型消费方式。对消费者个人而言，树立勤俭节约的消费观念能节约开支；对社会而言，绿色消费有利于保护环境、节约资源，形成良好社会风尚，助力经济社会可持续发展。

3. 绿色消费倒逼生产商转型

环境问题，归根结底都源自不可持续的生产生活方式。如何构建绿色、可持续的消费体系，进而通过消费模式的转变倒逼生产方式的升级，这些都需要各方面的共同努力。

据有关民意测验统计，77%的美国人表示，企业和产品的绿色形象会影响他们的购买欲望；94%的德国消费者在超市购物时，会考虑环保问题；在瑞典85%的消费者愿意为环境清洁而支付较高的价格；加拿大80%的消费者宁愿多付10%的钱购买对环境有益的产品。日本消费者更胜一筹，对普通的饮用水和空气都以"绿色"为选择标准。"绿色革命"的浪潮一浪高一浪，绿色商品大量涌现。绿色服装、绿色用品在很多国家已很风行。瑞士早在1994年就推出"环保服装"，西班牙时装设计中心早就推出"生态时装"，美国早已有"绿色电脑"，法国早已开发出"环保电视机"。绿色家具、生态化的化妆品，也走入世界市场；各种绿色汽车正在驶入高速公路；使用木料或新的生态建筑材料建成的绿色住房也都已出现。消费者的绿色消费观念，形成了绿色产品的市场需求，促使绿色产业的形成，最终促进企业开展清洁生产，使自身适应市场需求。

发展绿色产业，开拓绿色产品是绿色消费的物质基础。为了适应绿色消费的增长，就必须要建立一个强有力的绿色产业基础，生产丰富的绿色产品供人们消费。绿色产业，是指在生产过程中，遵循自然规律和生态学原理，按照国际标准化产品技术规范的要求，利用可持续发展的生产技术，协调好生产和环境保护的关系，具有健康安全、节约资源、保护环境等特征，实现可持续发展的产业体系。

广义的绿色产业包括第一、二、三产业；狭义的绿色产业包括粮食作物、畜牧、水产、果品、食品深加工、饮料、食品包装、无公害农业生产资料和人类其他生活用品等。为了更加突出绿色产品来源于最佳生态环境，又称“绿色产业工程”。“绿色产业工程”已经不是传统意义上的产业，而是一项融科研、环保、农业、林业、水利、食品加工、食品包装及有关行业为一体的宏大系统工程，属于高科技产业，发展前景十分广阔。

小故事速递 3.7：沃尔玛绿色生产链

企业只有以消费者的绿色需求为出发点，通过制定、实施清洁生产的政策，才能满足消费者的需要，保护生态环境免遭破坏，使企业生产与生态环境保持和谐的关系。

3.4.3　贸易中隐含碳排放的博弈

1. 隐含碳的含义

隐含碳是指某一产品或服务系统在其整个生命周期内的碳排放总量，即某一主体在其活动过程中直接和间接的碳排放总量，这一过程包括产品供应链从上游生产过程到下游生产过程，直到消费者的各个环节。从对外贸易的角度上来说，隐含碳和转移排放的含义基本相同，但隐含碳更具有科学性。

小故事速递 3.8：建筑行业生命周期中的隐含碳

2. 贸易隐含碳的含义及其重要性

全球价值链下，垂直专业化分工使一种产品的生产分割在不同的国家，这样生产一种产品的 CO_2 也排放在不同国家，从而形成了一个全球碳排放链。贸易隐含碳是指两国或者多国之间总进出口贸易流量中所包含的隐含碳。实现《公约》中规定的“将大气中温室气体的浓度稳定在防止气候系统受到危险的人为干扰的水平上”的总体目标并监测实现目标的进展情况，就需要对各国的温室气体排放和贸易隐含碳排放进行核算。

贸易隐含碳的核算有助于界定碳排放权和分配碳减排责任。国际气候谈判多边进程已演变为伞形集团、欧盟、金砖国家等多方争夺自身利益的政治博弈，其焦点在碳排放责任界定及减排义务分担等问题上。目前国际碳排放责任界定主要遵循 OECD 提出的“污染者付费”原则，但这种生产责任原则掩盖了开放经济条件下隐含碳排放“责任转移问题”，忽略了国际贸易中碳泄漏现象，而且导致国际碳交易“产权初始界定”实际失效的结果。[①]继而出现“消费者污染负担”原则、“生产者和消费者共同负担”原则。

知识卡片 3.2：碳泄漏与污染者付费原则

① 张云，唐海燕．2015．中国贸易隐含碳排放与责任分担：产业链视角下实例测算[J]．国际贸易题，(4): 148-156.

无论哪种原则，贸易中的隐含碳排放问题都会因为生产者和消费者的国别分离，导致其核算的困难和减排责任分配上的争议。准确测算国际贸易隐含碳排放、科学界定国际碳排放责任，对于后京都时代国际气候谈判结果公平性以及减排义务分配方案合理性具有重要意义。例如，采用“消费者污染负担”原则计算的国家温室气体排放包括国家领土内的总排放和清除，加上进口中的隐含碳排放，减去出口中的隐含碳排放。

3. 贸易隐含碳的核算原理和方法

（1）贸易隐含碳的核算原理。对于国家 k，根据投入产出表，总投入分为两部分：国内中间投入和进口中间投入；总产出有三个去向：形成固定资产和存货、国内消费以及出口。此外，还有一部分进口产品直接供给国内消费。其中，进口中间投入和进口消费在国外生产，碳排放在境外；本国生产的最终产品中，出口部分由他国公民消费，碳排放却在国内。固定资产、存货和国内消费一起构成了当年的国内需求。设 G_K^{D} 为第 k 国的国内需求排放，G_k^{OUT}、G_k^{EX}、G_k^{IM} 分别为该国的国内燃烧排放、出口产品内涵排放和进口产品内涵排放，则

$$G_k^{\mathrm{D}} = G_k^{\mathrm{OUT}} - G_k^{\mathrm{EX}} + G_k^{\mathrm{IM}} \tag{3.6}$$

考虑到各国进、出口产品的结构不同，假设共有 n 个部门，记 G_{kj}^{IM}、G_{kj}^{EX} 分别为第 k 国第 j 部门的进、出口内涵排放，IM_{kj}、EX_{kj} 分别为第 k 国第 j 部门的进、出口额，Q_{kj}^{EX}、Q_{kj}^{IM} 分别为第 k 国第 j 部门的进、出口产品单位排放强度，则

$$\begin{aligned} G_k^{IM} &= \sum_{j=1}^{n} G_{kj}^{IM} = \sum_{j=1}^{n} IM_{kj} \cdot Q_{kj}^{IM} \\ G_k^{EX} &= \sum_{j=1}^{n} G_{kj}^{EX} = \sum_{j=1}^{n} EX_{kj} \cdot Q_{kj}^{EX} \end{aligned} \tag{3.7}$$

（2）各部门出口产品的碳排放强度计算。由于缺少各国分部门的能源消耗数据或 CO_2 排放量数据，只能根据投入产出表和化石燃料的 CO_2 排放量数据，测算各国分部门的 CO_2 排放量。下面以某一国为例进行说明。已知投入产出表中第 s 部门生产煤，第 t 部门生产石油和天然气，G_1 为该国煤燃烧产生的 CO_2 排放，G_2 为该国石油和天然气燃烧产生的 CO_2 排放。根据投入产出原理，各部门的 CO_2 排放量与其对化石能源的消耗量成正比，因此可根据投入产出系数将该国的 CO_2 排放量按各部门消耗煤、石油和天然气的比例进行分配。记 X 为该国的总产出向量，Y 为最终产品向量，A 为里昂惕夫矩阵。根据投入产出行模型：

$$x_{i1} + x_{i2} + \cdots + x_{in} + y_{i1} + y_{i2} + y_{i3} + y_{i4} = X_i \tag{3.8}$$

式中 x_{ij} 为第 j 部门消耗的第 i 部门的产品数；y_{i1}、y_{i2}、y_{i3} 和 y_{i4} 分别表示 i 部门的最终产品用于国内消费、固定资产形成、存货增加和出口的数量；X_i 表示 i 部门当年生产的总产品数。产生 G_1 的是 $X_s - y_{s3} - y_{s4}$（增加的能源存货当年不排放，出口的能源排放在国外），第 j 部门消耗的能源为 X_{sj}。第 t 部门的计算同理。由此可计算出第 j 部门的 CO_2 排放量：

$$G_j = \frac{x_{ij}}{X_s - y_{s3} - y_{s4}} \cdot G_1 + \frac{x_{ij}}{X_t - y_{t3} - y_{t4}} \cdot G_2 \qquad j = 1, \cdots, n \tag{3.9}$$

因此，第 j 部门的直接排放系数为

$$G_j = G_j / X_j, \ j = 1, \cdots, n \tag{3.10}$$

由 $Y = (I - A)^{-1} X$，可得完全排放系数，也就是该国各产业部门出口产品的碳排放强度。

$$Q_j^{EX} = G_j \cdot (I - A)^{-1}, \ j = 1, \cdots, n \tag{3.11}$$

（3）各部门进口产品的碳排放强度计算。由于现有的国际贸易数据很难把一国的所有进口商品按部门类别区分原产国，因此在计算进口产品的碳排放强度时，多数研究采用本国同类商品或服务的碳排放强度来替代。这样做确实简便易行，但由于其并非真正的贸易污染流，往往会高估或低估进口贸易中的隐含碳排放，最后导致全球的进出口隐含碳排放失衡。对进口产品的碳排放强度，按照主要国家（m 个）该类产品的出口平均碳排放强度计算。这样做有两点好处：一是能够保证全球的进出口隐含碳大体上平衡；二是处理起来比较公平和方便，便于各国之间的技术水平比较。因此，各国第 j 部门的进口产品碳排放强度是相同的，为

$$Q_j^{IM} = \sum_{k=1}^{m} G_{kj}^{EX} \Big/ \sum_{k=1}^{m} EX_{kj}, \ j = 1, \cdots, n \tag{3.12}$$

思考题

1. 气候变化给企业带来的风险主要有哪几种？
2. 气候变化对企业经营的直接影响有哪些？
3. 企业温室气体排放目标管理的意义有哪些？
4. 试分析碳排放的强度目标管理和总量目标管理的区别和利弊。
5. 试述企业环境绩效的几大特征。
6. 政府可采取哪些措施监管企业是否履行环境责任？
7. 什么是绿色消费？试述它与企业绿色生产之间存在什么关系。
8. 什么是贸易隐含碳，贸易隐含碳的测度在应对气候变化工作中有何重要作用？

即测即练

第 4 章

企业迎来的气候机会

全球气候变化成为人类当前面临的最严峻的环境问题之一，同时也受到了国际社会的广泛关注。气候变化对中国企业来说，机遇和挑战并存。中国的企业界已经意识到积极应对气候变化是企业发展的重要战略决策，市场对气候变化的重视程度也在日益提高，应对气候变化不力的企业会承受来自消费者和投资者的双重压力。气候变化本身导致的生态环境恶化也会干扰甚至破坏企业正常的运营流程。因此，企业要保持其市场竞争力，就必须将应对气候变化纳入其发展战略之中，并付诸行动。近年来，中国企业通过提高技术管理能力、促进技术创新、开展气候投融资等多种措施，减少生产过程中的温室气体排放。

4.1 应对气候变化的技术管理

4.1.1 应对气候变化的环境技术分类

近几年，企业面临的各方面压力与日俱增，除保证其经济绩效的可持续增长外，还要提高运营绩效的可持续性。在公司面临的可持续性发展挑战中，控制温室气体排放是最迫切需要达成的众多目标之一。鉴于温室气体引起的气候变化已经成为人类社会面临的最大的环境挑战之一，IPCC 呼吁全球企业广泛运用各类环境技术，力争把全球平均气温增幅控制在 2℃以内。

知识卡片 4.1：环境技术

经济发展和环境保护领域越来越重视环境技术，高效利用可用资源并减少对环境的负面影响成为企业发展的目标之一。环境技术不仅专注于以最有效的方式生产商品和提供服务。企业通过引入环境技术，核心生产技术在一定程度上得到改进，从而减少排放和资源消耗。因此，环境技术可以帮助企业优化资源效率，提高经济效益。基于以上定义和描述，环境技术的分类如下。

第一类，环境测量技术。环境测量技术是指能够测量、控制以及利用环境的技术。该类技术既能够侦测生产经营过程中偏离自然平衡的某些因素，也能够防止人类因洪涝灾害等自然现象而受到有害影响。与下面的其他三类环境技术相比，环境测量技术的重点不是使人类活动对环境的影响最小化，而是对环境的感知以及遏制不良环境对人类的负面影响。环境测量技术可以应用在许多方面，如水和废水监测、空气和废气监测、噪声和振动监测、土壤监测等。目前，该类技术发展较为成熟，如广州禾信推出的挥发性有机物（volatile organic compounds，VOCs）走航监测技术和在线单颗粒源解析技术、安徽的激光雷达技术、科迪隆的网格化技术等。

第二类，污染防治技术。污染防治技术是指通过修改现有工艺或产品来最大限度地减少甚至消除对环境有害影响的环境技术。例如，引入现代控制技术以及改变原材料或附加材料的类型。这类技术可以用在运输领域以减少燃料消耗，如电动力、氢动力和混合动力汽车的相关技术。该类技术主要是优化整个产品周期的整体资源消耗来提高对环境的保护，如采用可再生能源（太阳能光伏发电、核能发电等）以及提高能源效率。

第三类，污染控制技术。污染控制技术是指在不改变已开发的设备和材料原始设计的情况下，减少或消除在其使用过程中产生有害影响的环境技术，也称为管道末端（end of pipe，EOP）技术。例如，碳捕集与封存（carbon capture and storage，CCS）技术。这类技术能够通过稀释、过滤和回收等手段减少环境介质的污染，改善生产经营过程产生的排放和污染问题，如 VOCs 末端治理技术的氧化燃烧法、回收法、生物处理和等离子体法等。但是，该技术需要更高的资源和能源消耗，这不可避免地导致额外的成本。

第四类，清洁技术。清洁技术是指完全无排污的技术，与减少污染技术相比，清洁技术对环境没有任何负面影响。目前，某些工业转化过程中的生物化学技术被称为清洁技术，但是污染排放量只是在重要参数上为零，而其他参数则规定为可接受的排放值。因此，从热力学的角度来看，一些分析者认为该类技术并不存在。

4.1.2 气候变化技术投资组合与管理

自 2020 年 9 月习近平主席在第七十五届联合国大会上提出“努力争取 2060 年前实现碳中和”以来，“碳中和”成为市场关注的热点，投资者对碳排放、气候变化的讨论逐渐增多。事实上，气候变化正影响着企业投资组合和经济发展。2021 年 5 月，保德信全球投资管理公布的一项调查显示，在应对气候变化上，亚太地区的机构投资者明显领先于北美地区，更加愿意采取行动并调整其投资组合。同时，亚太地区更加明确的监管标准成为影响企业环境治理投资的主要因素。那么，在碳中和背景下，如何应对气候变化并调整投资组合对企业而言是非常重要的。

应对气候风险的投资决策分析，包括低碳研发投资决策，经常以成本和回报作为筛选标准。投资者出于成本的考虑，通过优化低碳环境技术的投资组合来降低碳减排的社会成本。对于企业而言，环境技术组合一般包括污染防治技术和污染控制技术，企业的环境管理活动通常有望改善企业的环境技术组合（environmental technology portfolio，ETP）。环境管理活动分为三类：经营实践（operational practice，OP）、战术实践（tactical practice，TP）和战略实践（strategic practice，SP）。经营实践是专注于内部的、面向车间的活动，可以减少浪费（如回收生产材料）并节省成本（如将废料替换为其他产品）。战术实践包括诸如设计和开发产品或流程，以满足环境标准和涉及外部利益相关者（如供应商和客户）的一系列活动。战略实践是指企业针对外部利益相关者开展的长期目标活动，包括由高层管理人员指定的一系列目标、计划和政策等。企业可以通过采用环境管理活动和环境技术组合来改善其财务和环境绩效，以此获得竞争优势。

企业的环境管理活动是在环境承诺下制定的，具有高环境承诺水平的企业会调整其企业战略以改善环境绩效。环境承诺水平高的企业会成立专门的环境团队或部门，为员工提供应对气候变化的环境问题培训，并且制定具体的奖励规则来实现环境目标，调查市场以了解环境问题并做出应对措施。这些企业还争取获得自愿性环境认证，披露其环境政策和成就，并获得多项环境奖项。因此，具有高环境承诺水平的企业可能会专注于经营、战术、战略以改进其环境技术组合。环境管理活动、环境技术组合和环境承诺作用之间的关系机理如图 4.1 所示。接下来，本节总结了企业采取的环境管理实践（environmental management practice，EMP）是如何从各个方面影响其环境技术组合。

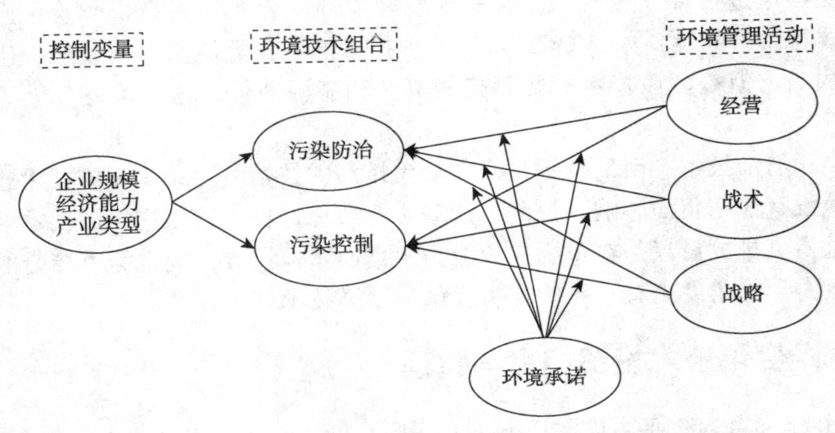

图 4.1　环境管理活动、环境技术组合和环境承诺作用之间的关系机理

经营实践对企业环境技术投资组合有正向影响，而且经营实践对污染控制的影响比对污染防治的影响更大。在环境承诺的压力下，企业采用环境管理活动来减少污染，并且根据其对环境技术组合的影响程度进行投资。这种环境承诺既有可能使企业进行环境合作，也有可能使企业受到市场的环境监测。受到市场环境监测的企业在其战略规划或制造过程中不涉及供应商等其他组织。相反，这些公司倾向于关注反应性措施，如回收利用、减少废物、产品和包装替代。

战术实践对企业环境技术投资组合有正向影响，而且战术实践对污染控制的影响比对污染防治的影响更大。污染防治技术需要对产品和制造过程进行更改，而污染控制技术需要实施管道末端合规技术。由于受到市场的环境监测，企业的战术实践可能同时满足长期的污染防治和短期的污染控制目标。然而，战术实践主要用于解决产品和制造过程存在的问题，因此，企业采用战术实践不仅对环境技术组合产生正向影响，而且对污染防治产生更大影响。

战略实践对企业环境技术投资组合有正向影响，而且战略实践对污染防治的影响比对污染控制的影响更大。采用环境合作方法的公司会增加与供应商和客户的合作概率，并与他们建立战略伙伴关系。这种协作努力需要供应商和客户直接参与公司的生产过程，共同开发环境解决方案，这种涉及供应商和客户参与环境决策的积极合作努力归类为战略实践。公司进行此类投资是为了获得长期收益。因此，企业采用战略实践不仅对环境技术组合产生积极影响，还有助于实现其污染防治目标。

由于来自环境监管的制度压力使公司采取"避免制裁"的方法，公司可能会采取节约成本的措施（如减少废物或采用可重复使用的外包装）来满足其盈利需求，这些措施通常是与经营实践相关的。此外，来自客户和供应商的制度压力使公司采用"超越合规"的策略。比如，公司让客户、供应商参与他们的环境举措，与他们结成联盟，这也就是使用战略实践来实现污染防治目标。

4.1.3　气候变化技术组合对企业绩效的影响

气候变化技术组合源自污染防治技术和污染控制技术的结合，因此，投资组合的构成决定了环境管理活动对环境绩效的影响。当企业采用污染控制技术时，其活动重点是短期的。在这种情况下，企业将其主要目标设定为通过管道末端措施实施环境影响纠正行动，而无须开发管理新环境过程所需的新技能。但是在这个过程中，企业没有产生新的价值，反而增加了非生产性的成本。与污染控制技术不同，污染防治技术意味着对生产过程的修改或重新设计以及在整个产品生命周期中引入新技术，这有助于开发新的内部程序和专有技术。然而，污染防治技术具有其复杂性，如需要对员工进行专业培训以及企业各级员工的更高程度参与、新环境责任的定义、解决与技术方面或环境管理相关的特定问题。由于实现了更高的生态效率，这种类型的技术确实可以降低某些成本。生态效率背后的中心思想可以概括为"少花钱多办事"。在生产过程中使用更少的自然资源和更少的能源，减少残留量和降低污染水平，这对环境具有正向影响，同时也通过降低企业的生产和管理成本，使企业获得经济效益。

一般而言，以污染防治技术为主导的投资组合对环境绩效的净正向影响比以污染控制技术为主导的投资组合更大。之所以如此，是因为污染防治技术可以在更大程度上减少污染，甚至将污染从生产过程中完全去除。然而，值得指出的是，环境管理与经济绩效之间的关系并不总是线性的。图 4.2 显示经济绩效取决于所应用的环境管理类型，即污染防治技术或污染控制技术。图中位于上方的实曲线（即污染防治技术）显示了良好的环境管理，它同时产生了成本效率和市场收益，而下面的实曲线（即污染控制技术）代表了低效的管理，主要是以昂贵的污染控制技术等为主要特征。从这个意义上说，污染控制技术曲线表明高环境绩效对应低经济绩效，即低盈利能力或市场绩效；反之，低环境绩效（高排放量）对应高经济绩效。

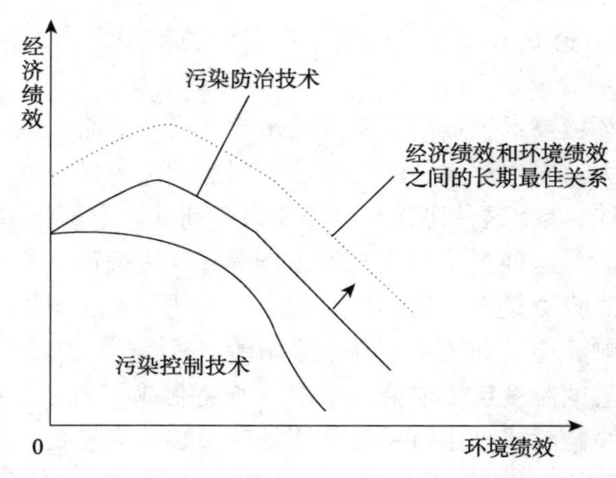

图 4.2 环境管理类型与企业绩效的关系
资料来源：https://doi.org/10.1016/j.jenvman.2006.09.012.

经济绩效和环境绩效之间存在长期最佳关系曲线，最佳关系最高点达到了经济绩效最高，对于低于最佳关系最高点的环境绩效水平，污染防治技术曲线向上倾斜。这表明环境绩效水平较低时，随着环境绩效水平的提高，获得的收益会不断增加，直到曲线的增长部分保持在平均环境绩效附近或略高于平均环境绩效的某个点。当超过这一点时，这种关系由一条向下倾斜的曲线表示，这表明随着环境绩效的提高，经济绩效渐渐降低。然而，环境技术创新会使这种关系随着时间的推移而产生变化，环境技术创新有助于公司制定其环境管理政策。此外，客户偏好的变化以及监管变化是可能导致曲线向右移动的其他因素。对于确定的环境绩效水平，经济绩效的最大可实现水平将随着时间的推移而增加。因此，尽管环境绩效与经济绩效之间可能存在非线性关系，但企业仍有可能获得持续提高的生态效率和良好的生态声誉，并不断提高其经济绩效。总而言之，选择以污染防治技术为导向的战略方法比以污染控制技术为导向的方法具有更好的效果。对于企业而言，理解这一联系对主动进行环境管理以及改善环境绩效水平至关重要。

4.2 应对气候变化的环境技术创新

4.2.1 环境技术创新基本内涵

环境技术创新是应对气候变化的重要措施之一，是解决经济和环境问题的双赢方案，也是实现科技进步、促进经济增长的根本源泉。企业是实现环境技术创新的核心参与者，减少碳排放的紧迫性有力地推动了企业应对气候变化环境技术创新的发展。近年来，不同的企业和机构已经进行了应对气候变化的环境技术创新和机制创新，以减轻其产生的污染。环境技术创新的基本内涵包括关键因素和创新形式两个方面。

企业在进行应对气候变化的环境技术创新时，通常考虑的关键因素主要包括以下三个方面。①环境规制。环境规制是指政府制定的环境行为规范和标准，是环境技术创新研究中讨论最多的因素。“波特假说”认为，适度的环境规制可以促进技术创新，抵消企业因环境污染治理投资而产生的合规成本效应，从而产生创新补偿效应。此外，足够完善和严格的环境方可以促进竞争，从而提高企业生产效率和产品质量。②研发投资。研发投资是促进低碳技术创新的有效因素。相比于一般的企业投资，研发投资具有风险高、周期长、沉没成本高以及资金供需双方严重信息不对称和逆向选择的道德风险等特殊性。因此，大多数企业更依赖于自有资金进行创新项目的研发投入。企业可以根据自身特点、资金投入规划及发展战略等进行投资，从而有效促进企业技术创新。③公众环保意识。随着公众对环境问题的意识和敏感性的提高，公众的环境保护意识已成为低碳技术创新的另一个重要因素。与政府环境监管的压力相对应，公众环保意识带来的压力也被认为是推动低碳技术创新的重要驱动力。

目前，被广泛使用的应对气候变化的技术创新形式可分为四类——提高能源效率、可再生能源、核能和 CCUS 技术。

小故事速递 4.1：可口可乐可持续发展

小故事速递 4.2：世博会零碳馆

提高能源效率。这一概念强调如何通过开发高效能源技术应对气候变化，以及以在生产相同的产品及提供服务时使用更少量能源为目的。从长远来看，提高能源效率类技术是节约资源和保护环境的气候变化关键技术，减少了通过改变能源部门技术经济活动来应对气候变化的费用。为了满足日益增长的能源需求，最简单的方法就是通过节能或节约资源。大多数发展中国家在能源效率和经济表现方面都在努力权衡，以跟上经济增长的步伐，因为其发展需要大幅增加生产和能源消费。能源效率的提高不仅仅是在使用能源的同时减少 CO_2 的排放，还取决于生产技术或减排技术自身所需消耗的能源量。当与可再生能源产生的电力等低碳资源相结合时，提高能源效率将减少化石燃料技术的排放量。

可再生能源。可再生能源发电主要包括风力发电、太阳能发电和水力发电等。我国可再生能源丰富，发展可再生能源的技术创新具有广阔的市场。与传统能源系统相比，可再生能源被认为对终端消费者和整个社会来说是清洁和安全的，对环境的副作用显著降低，在应对气候变化方面具有独特优势。然而，由于可再生能源的成本较高、市场竞争力弱，可再生能源的开发和使用存在很大程度的不足。因此，与化石燃料相比，可再生能源的生产率存在一些不确定性。目前，可以广泛使用的用来解决全球气候问题的可再生能源主要有太阳能和风能。太阳能是地球上最有效的可再生能源之一，可以利用太阳能提供清洁的电力，并为制热和水消毒提供综合动力。风能可以被风力涡轮机捕获，而风力涡轮机又将风能转化为电能。太阳能、风能可再生能源技术在减少全球碳排放方面发挥着重要作用，有助于缓解和管理气候不一致、减少空气污染和解决一些涉及能源安全的问题。

核能。核能来源于核反应堆或核电站中经常发生的核反应。核反应堆通过反应产生热能，进而驱动核电站中部署的蒸汽轮机发电。中国目前是世界上最大的应用核电技术发电国家。在不到二十年的时间里，中国正在运行的核反应堆数量从 3 座增加到 38 座，还有 18 座正在建设中[①]。目前中国占世界新增核电投资的一半以上，整个发电站的商业

① https://carnegieendowment.org/2019/05/29/zh-pub-79232.

化成为人们关注的焦点，与可再生能源发电站相比，核电站每个循环排放的温室气体量非常低。

CCUS 技术。CCUS 是一种从化石燃料发电厂等来源的混合气体中捕获 CO_2 并将其储存或再利用以防止大量 CO_2 排放到大气中的新方法。截至 2020 年，全球只有大约 20 个商业化 CCUS 项目运营，但近年来已经规划建设另外 30 多个商业化 CCUS 项目。CCUS 包括获取 CO_2、输送 CO_2、利用或储存 CO_2 这三个步骤，如图 4.3 所示。

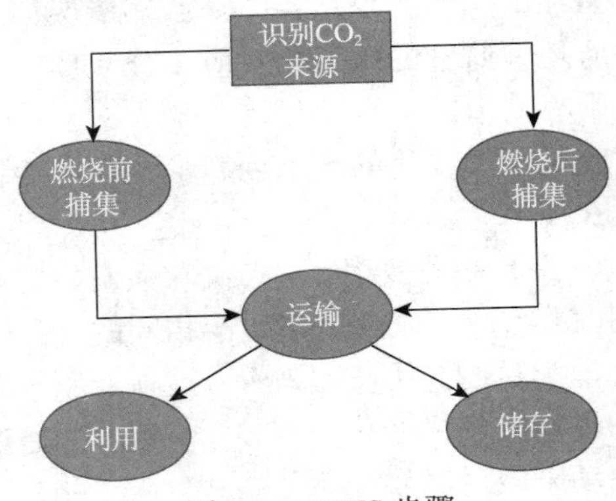

图 4.3　CCUS 步骤

CCUS 是非常有发展潜力的技术。CCUS 技术捕获的 CO_2 不仅可以用于提高石油采收率，也可以用于其他能源和矿产资源的开发利用，这对碳中和目标的实现具有重大意义。但 CCUS 开发也面临一些挑战，主要包括 CCUS 开发的高成本、高耗能、高风险等。若想推动 CCUS 技术快速发展，风险控制能力、公众意识、适当的商业模式和必要的政策支持必不可少。

4.2.2　环境技术创新的发展目标

环境技术创新的发展目标是高质量发展，高质量发展必须以技术创新为第一动力。中国工业经济持续增长加速了环境危机的出现，包括能源危机、生态危机和气候危机。2019—2020 年，中国 GDP 占全球 GDP 的 16%以上，其经济增长对世界经济增长的贡献约 30%[①]。然而，中国也成为世界上最大的能源消耗国和 CO_2 排放国，这要求中国承担更多的资源保护和生态恢复责任。由于中国人口庞大，发展工业仍是国民经济发展的关键。在经济新常态背景下，中国推进经济高质量发展的主要方式是在保证生态效益的前提下进行技术创新，而不仅仅是单一增强创新能力或者减少环境污染。更重要的是，作为经济高质量发展的重要推动力，环境技术创新有效地促进了中国实现创新驱动集约化的经济发展模式。中国通过加快经济发展方式转变和环境技术创新，解决经济发展与生态环境保护的不平衡问题，推动经济高质量发展。随着“十四五”的开始和推进，以高质量发展为目标的环境技术创新呈现新格局。

在气候变化背景下，推动环境技术的创新发展，需要做到以下四点：第一，扩大直

① Bing Han. 2021. Does China’s OFDI Successfully Promote Environmental Technology Innovation?[J]. Complexity. https://doi.org/10.1155/2021/8389560.

接融资，提高创新能力。扩大直接融资比例，有利于降低企业融资成本，更好支持科技创新型企业发展。由于科技创新型企业的核心资产通常是人力资本和知识产权，很难通过有效定价及抵押方式获取银行等间接融资机构的资金支持，直接融资则可以很好地解决这一问题。直接融资的发展与高科技企业、现代服务业增多带来的产业升级密切相关，从国内全部上市公司市值占比的变化可以看出我国产业结构正在加速升级，传统产业逐步弱化，消费、医疗以及信息技术等现代服务业和高科技行业市值占比大幅提升，直接融资的发展使科技创新型企业更容易获得资金支持，用于增加研发投入，提高创新能力，从而进一步助推企业结构升级。

第二，坚持创新导向，提高产品质量。抓住国内市场在生产、分配、流通、消费等环节产生的发展机遇，进一步扩大产品市场，充分利用国内外的技术、人才、资本等资源，提升企业在全球价值链中的地位，增强企业国际竞争力。从以贸易专业化度量的中国产业结构升级路径可以看出，当前中国较高附加值制造业贸易专业化程度明显提升，而较低附加值制造业贸易专业程度则出现回落，意味着中国制造业企业转型升级加速，有利于提高企业国际市场开拓能力。针对国内需求，企业需要坚持创新导向，提高产品质量，打造优质的产品和服务，激发消费需求，协同推动国内市场开发，进一步将国内市场做大做强。

第三，增加管理创新，提升管理水平。管理创新是引导企业深入实施转型升级，走内涵式发展道路的重要举措。要推进企业管理创新，需要正确辨析、妥善解决关于企业管理的现状及存在的问题。企业管理创新能够为企业提供转型和发展的新资源、新元素、新动力，改善企业管理，有助于解决企业管理和决策效率低下及管理不当等问题。企业要明确管理创新中的角色定位、相互关系和特色功能，管理创新在于通过借助新理论来形成新型的企业管理体系和治理格局，通过运用新理论、新机制、新方法，不断提升企业管理效率和质量。通过管理提升活动，企业要普遍实现对管理短板和瓶颈问题的重点突破；要在降本增效和开源节流方面取得实效；要切实加强和改善基础管理；要通过对标学习先进经验，在专项领域有重点地提升管理水平；要建立起开展管理改善和管理创新的长效机制；要将活动的效果充分体现在企业综合绩效的改善上。

知识卡片 4.2：环境、社会和治理（ESG）

第四，践行 ESG（环境社会治理）理念，推动高质量发展。“十四五”期间，企业高质量发展仍是主线，这就要求企业不仅要加强自身创新意识与创新能力，提升产品竞争力和附加值，实现更高的盈利水平，同时还应坚持绿色发展与可持续发展理念，减少环境污染，切实履行社会责任，并将环境友好理念与社会责任意识融入企业治理之中，提升企业治理能力，在可持续发展中推动企业高质量发展。近年来，中国证监会、上海证券交易所、深圳证券交易所等出台了大量指引文件，监管部门推进上市公司 ESG 披露工作的步伐明显加快。上市公司作为中国企业中的优秀代表，引导推进上市公司进行 ESG 披露，对其他企业同样有重要的指引作用。采用合理方式对企业进行 ESG 评级，可以及时发现企业发展过程中在环境保护、社会责任、企业治理方面存在的问题，倒逼企业采取措施解决问题，最终实现企业高质量发展。从商道融绿 ESG 评级指数来看，我国A股上市公司ESG评级整体稳定提升，以中证800成分股为代表的头部上市公司提升最为明显。以2018年ESG评级为基数，2018—2023年期间中证800成分股ESG评级平均得分在5年间提升了22%，2023年得分增速提升了近一倍；ESG评级在B+级（含）以上的公司数量从2018年的63家增至2023年的506家，评级在C+级（含）以下的公司数量从2018年的199家降至34家，ESG理念的践行将带动中国企业高质量发展。

环境技术创新是企业发展的不竭动力，也是企业发展的可持续性战略之一。环境技术创新推动企业高质量发展主要体现在：第一，环境技术创新促进了企业产品品质提升。企业想要不断推出高品质的产品，不仅需要资金的支撑，更要依靠环境技术创新带来的技术保障。第二，环境技术创新促进行业繁荣。环境技术创新能够提升企业比较优势，提升生产现代化水平，提升市场需求空间。随着创新平台和创新网络的形成，环境技术创新的发展不断实现企业与企业之间、企业发展与环境保护之间的共赢局面，逐渐发挥更大作用，促进行业繁荣发展。第三，环境技术创新促进产业绿色发展。环境技术创新能够提高企业绿色创新能力，增加绿色产品和服务供给。

4.2.3 环境技术创新的竞争优势

过去几十年里，中国粗放型的发展模式带来了严重的环境问题，中国政府提出“绿水青山就是金山银山”的观点。从企业的角度看，环境技术创新的应用可以将绿色技术和绿色产品转化为企业的竞争优势。

环境技术创新对企业竞争力、盈利能力和企业绩效的影响是十分复杂的。一方面，环境技术创新可能对企业竞争力、盈利能力和企业绩效产生正向影响，这满足波特假说。如果公司将环境保护纳入其战略制定，则可以提高竞争优势，如前面提到的可口可乐公司可持续生产和运输方式。此外，企业在环境保护方面的责任有利于提升企业财务绩效，将环境问题纳入流程创新、利益相关者协作以及员工参与可以给公司带来更高的财务回报。另一方面，环境技术创新可能对企业竞争力、盈利能力和企业绩效产生负向影响。由于受到环境政策的压力，企业在环境管理方面投资的增加会对企业的财务绩效和竞争力产生负面影响。

知识卡片4.3：波特假说

与传统技术相比，环境技术创新在产品设计、生产过程、消费体验、市场定位等方面表现出其独特的环保特性，尤其是对现有产品及其生产工艺和方法的绿色改进，可以实现节能以及减少对环境的破坏，从而减轻企业的环保压力。此外，开发对环境友好的技术、工艺或产品可以产生环境效益，为消费者和公司创造额外的价值。随着产品的绿色环保特性日益成为消费者评价产品的关键标准，相比于传统产品，以环境技术创新为支撑的绿色产品或服务更加能够匹配消费者的价值观和偏好。在环境技术的支持下，企业生产过程更加节约资源，降低了能源消耗和废物排放，这些都凸显了企业的社会责任，为企业塑造了环保品牌形象，有利于通过差异化绿色产品提高公众对企业产品和价值的认知。基于环境技术创新的差异化是企业保持并提高竞争力所必需的。

尽管获得竞争优势被视为企业进行绿色创新的主要动机，但是，绿色投资极有可能带来无法收回的成本。从本质上讲，无法收回的成本与环境技术创新初期的效率和产生的效益以及环境技术外部性内在化的问题有关，这就需要通过环境法规和绿色知识产权维护来解决。从全球和各个国家环境治理、贸易法规和知识产权保护体系的发展趋势来看，生态环境面临的威胁日益加剧，导致环境法规更加严格，国际绿色贸易壁垒日益增加，不同国家绿色专利制度逐步细化。长期来看，这些趋势为克服与环境技术创新相关的无法收回成本的挑战提供了环境条件。因此，企业发展的竞争优势取决于企业促进环境可持续性的能力和战略，尤其是在绿色研发上持续投入资金和人员，推动公司产品、工艺和末端处理的环保工作，从而实现绿色管理、研发、生产和销售链的全覆盖。随着监管条件和市场环境的成熟，企业可以通过进行环境技术创新避免环境法规的严厉处罚。此外，以激励为基础的环境规制可以促进绿色创新的正外部性内部化。更重要的是，通过增加具有功能和环境效益的绿色专利，企业可以增加其无形资产。企业通过主动采取行动满足日益增长的绿色消费需求，树立绿色品牌形象，从而获得消费者信任和更高的市场竞争力。

4.3　应对气候变化的投融资发展

4.3.1　气候投融资的概念与分类

气候变化正日益影响企业经济发展，包括对企业实体和企业形象的影响。越来越多的关于气候变化的科学研究、来自监管机构的压力以及公众对潜在影响的不安等因素引起了企业对气候变化带来风险的焦虑。气候变化对国家和企业的经济影响是复杂的，主要体现在气候变化对公司绩效、企业规模以及若干与气候相关的风险。因此，投资者在做出投资决策之前，越来越多地考虑企业的 ESG 表现。全球范围内的企业越来越关注利用和扩大私人投融资来应对气候变化和为绿色经济提供资金，尤其是在发展中国家，在可持续发展的大背景下进行投融资，创造环境效益。

知识卡片 4.4：国家自主贡献；气候投融资

2020 年 10 月，生态环境部等发布的环气候〔2020〕57 号文件《关于促进应对气候变化投融资的指导意见》提出“更好发挥投融资对应对气候变化的支撑作用，对落实国家自主贡献目标的促进作用，对绿色低碳发展的助推作用”。目前，中国正在努力实现 INDC 目标和低碳发展目标，各地区大力推进模式创新和地方实践，不断引导应对气候变化投融资发展，越来越多的社会资金进入应对气候变化领域，减缓和适应气候变化的能源结构、产业结构、生产方式和生活方式正在逐渐形成。

气候投融资对于企业绿色能源转型发展至关重要，但是地区之间的资金成本差异很大，因此获得低成本融资的机会并不均衡。目前，为了加强气候资金调动以及提高对气候变化影响的适应和恢复能力，许多国家采取了一系列措施，如气候投融资政策，具体实施情况如表 4.1 所示。上网电价、税收抵免、绿色债券、贷款担保和新开发银行都可以有效调动私人资金。国家气候基金、定向贷款、披露和绿色债券理论上都可以成为有效的政策工具。

表 4.1 不同国家气候投融资政策和经验

政策工具	政策定义	国家
定向借贷	要求银行将一定比例的信贷或存款用于某些政策重点，如农业或清洁能源。	中国、印度
绿色债券	指定用于具有环境或气候效益的项目的债券。	中国、印度尼西亚、印度、美国
贷款担保	政府承诺在借款人对气候变化项目违约的情况下承担借款人的债务义务。	美国，国际金融公司（IFC）
天气指数保险	基于指数的保险根据与农业生产损失（如干旱）相关的可衡量条件提供赔付。	印度、蒙古、埃塞俄比亚
税收抵免	允许纳税人从他们欠的税款中减去一部分，以换取对气候友好项目的新投资。	美国、荷兰、日本
上网电价（FiT）	为低碳电力供应商提供固定时期的每千瓦时固定总电价或固定溢价。	西班牙、德国、中国
国家开发银行（NDBs）	政府支持、赞助或支持的金融机构，其具有特定的公共政策任务，以促进特定国家的低碳发展。	中国国家开发银行、德国KfW、印度可再生能源开发署
国家气候基金	政府设计的用于动员、获取和引导气候融资的融资工具。	巴西、埃塞俄比亚、孟加拉国、印度尼西亚
气候变化信息披露	要求公司报告气候变化信息。	美国

注：资料来源：https://doi.org/10.1080/14693062.2020.1871313

在应对气候变化背景下，各个企业逐渐加大对气候投融资的关注，如银行发行的“绿色债券”、能源公司进行的“新能源投资”以及“政府和社会资本合作（public-private-portnership，PPP）”等。企业在进行气候投融资时，应遵循以下四点原则。

一是紧扣 INDC 目标和低碳发展目标。气候投融资活动可以更好地实现碳排放强度下降、碳排放达峰、非化石能源占比提高、森林蓄积量增加等目标。国家应对气候变化战略研究与国际合作中心的数据显示，以 2015 年为基年，2016—2030 年为模拟区间，实现 INDC 面临年均约 3.73 万亿元的气候资金需求，其中减缓和适应气候变化的资金分别约占 57%和 43%，与现有资金投入规模比，每年仍面临约 36%的资金短缺，难以满足应对气候变化行动的需求。

二是有效发挥气候投融资在模式、机制、金融工具等方面的创新主体作用。为解决因气候资金供需矛盾而制约我国绿色低碳转型、国家目标任务落实的突出问题，亟须加快构建以气候目标为导向的投融资政策体系，更好地发挥政府引导作用和市场主体作用，激励和动员更多资金投向应对气候变化领域，为积极应对气候变化、协同打好污染防治攻坚战、推进生态文明建设、实现高质量发展提供重要支撑作用和注入全新动力。

三是实施差异化的气候投融资发展路径和模式。企业依据自身经济发展情况和产业、能源结构特点，探索差异化、渐进式的气候投融资发展路径和模式，创新组织形式、融资模式、服务方式和管理制度。同时，企业可以建立产融结合的绿色低碳示范区和产业园，打造气候投融资综合服务平台，联合各类金融机构并动员社会资本共同整合优势资源，支持节能减排技术应用和绿色低碳优质项目开发落地，形成重点项目“孵化–复制–推广”的良性循环。例如，湖北省发行了国内首单轨道交通行业绿色债券；贵州省在建设国家低碳试点过程中，成立了“云上贵州大数据产业基金”，探索“绿色金融+绿色产业”“大数据+”的新模式。

四是合作协同，推动气候投融资产品创新。互联网金融企业围绕气候投融资开发业务，利用“互联网+金融”提供多样化、个性化、精准化的产品，助力气候投融资方式的创新，扩大金融服务的范围，帮助中小型企业开展绿色低碳项目。不同行业间企业协同合作，推动碳债券、碳质押贷款、碳基金、碳保险等碳金融产品不断创新，打通碳资产投融资通道。例如，湖北省开展了一系列碳金融产品和服务创新，加大对绿色低碳企业的资金支持。截至 2023 年 1 月，央行碳减排支持工具共计在湖北省落地资金 112.4 亿元，支持商业银行发放碳减排贷款 187.3 亿元，带动 120 家企业实现碳减排 357.4 万 tCO2 当量。

气候投融资通过影响金融机构、投资机构以及私人资金投向气候友好型项目，为市场提供资金流动的强大动力，降低企业在应对气候变化方面的融资成本，从而能够减少企业的融资约束。在推进绿色低碳和可持续发展的进程中，气候投融资可以更加有效地发挥引导作用，使更多社会资金投向绿色低碳产业和项目，强化绿色低碳经济社会的倒逼机制，推动形成减缓和适应气候变化的能源结构、产业结构、生产方式和生活方式。

4.3.2　典型的气候投融资工具

绿色发展、可持续发展已经成为推动我国经济增长的新引擎，而气候投融资是促进企业可持续发展重要的、必要的保障，也是推进绿色发展的行动之一。近几年，全球气候投融资工具逐渐增多，主要包括绿色信贷、绿色债券、绿色股票和绿色保险等金融工具。

绿色信贷工具是最重要的气候投融资工具之一，贷款业务至今为止也是商业银行最为重要的资产业务，贷款的利息收入通常要占到商业银行总收入的一半以上，而国内银行业这一比例更高。在环境保护和应对气候变化等因素的驱动下，信贷市场“绿色化”行动越来越盛行，商业银行开始逐步采取“三重底线”的方法管理其业务，即不仅要满足合作伙伴（客户、股东、员工、供货商、社会）的需要，同时还要保证自身的行为必须对社会以及生态环境负责。目前，信贷市场应对气候变化的典型绿色信贷产品主要有绿色信用卡、碳资产质押授信业务、排污权抵押授信业务等。

绿色债券是气候投融资重要来源，可以作为投资者规避政策风险的良好工具。绿色债券是由政府、多边银行或公司发行的，保证一定时间内清偿债务，同时附加固定或可变回报率的债券，是为了建设低碳和经济而进行必要融资所发行的固定收益证券。这种债券可以是与特定的绿色基础设施项目相联系的资产抵押证券，或者是具有国债风格的大众型债券，发行人融资后在各种绿色项目之间分配，另一些绿色债券使用结构性票据机制（如结构性绿色产品），以通胀或其他重要衍生品的收益率来衡量其回报率。目前，债券市场应对气候变化的典型绿色债券产品主要有基于低碳减排项目的债券、指数债券、基于碳市场设计的特定“卖出期权”的债券。

绿色股票能够帮助环境和气候友好型企业进行融资。机构投资者可以通过购买新设立或者新上市公司的公开交易的绿色股票来投资气候变化活动。尽管在世界范围内有越来越多的投资于气候变化的股票基金，但是在发展中国家，公司股票只占这些投资的很小比例。投资者进行投资时更注重金融市场的成熟度和透明度，大多数发展中国家，除了领先的新兴市场，无法为全球投资主体提供这些条件。所以，尽管股票市场为机构投资者提供了许多投资于气候变化的机会，但这仅限于已上市的公司和在发达、透明、流动性好的资本市场运作的公司。目前，一些股票市场编制了绿色股票价格指数，用于进行投资者的投资组合和环境绩效评估，主要有标准普尔全球环境指数、道琼斯可持续发展指数、中国低碳指数。

绿色保险是保险业在环境资源保护与社会治理、绿色产业运行和绿色生活消费等方面提供风险保障和资金支持等经济行为的统称。绿色保险通过为支持环境改善、应对气候变化、促进资源节约高效利用和保护生物多样性的企业或项目提供金融服务，发挥保险在“风险识别、风险管理、风险保障、风险投资”方面的独特优势，实现保险业高质量发展与深度服务绿色发展相统一，助力经济社会发展全面绿色转型。中国保险行业协会在《绿色保险分类指引（2023 年版）》中列出以下十六类重点保险类别，包括气象灾害类保险、清洁能源类保险、产业优化升级类保险、绿色交通类保险、绿色建筑类保险、绿色低碳科技类保险、低碳转型类保险、环境减污类保险、生态环境类保险、绿色融资类保险、碳市场类保险、绿色低碳社会治理类保险、绿色低碳贸易类保险、绿色低碳活动类保险、绿色生活类保险等。

目前，气候投融资在碳金融市场发展较为完善。我国试点碳市场衍生品以上海试点的配额现货和远期为主，尚未建立起真正意义上且具有金融属性的多层次碳市场产品体系。全国碳市场启动之后，可借鉴国际成熟碳金融市场的发展经验，在拓展基于现货交易的碳金融工具同时，有序推进各类衍生金融产品的创新运用，进一步丰富和完善碳金融市场产品体系，更好为碳市场的发展提供套期保值、价格发现与风险管理的功能。一方面，确保现货市场的良性健康发展，丰富现货产品类型和结构，增加现货市场的金融属性，为衍生品市场的发展奠定良好的基础；另一方面，可分阶段、有序地发展衍生品市场，构建碳交易的衍生金融产品体系，沿着从场外衍生品向场内衍生品发展的方向，有序推进中国碳金融衍生品市场发展进程。在市场发展的初期阶段，鼓励探索碳远期、碳掉期等场外衍生金融工具；在市场基础设施制度完善后，逐渐向碳期货等场内衍生品市场拓展，最终形成现货市场和衍生品市场并存、场外市场和场内市场结合、非标准化衍生品和标准化衍生品共生的中国碳金融市场，并逐步建立与市场发展阶段相配套的交易清算设施、监管体系、法律法规和风控制度。

气候投融资工具具有极高效率，主要体现在以更低的投入来实现生态环境保护与经济发展目标。在开展气候投融资时应当根据各地绿色发展推进状况有针对性地实施。首先，气候投融资工具效率与其投入的生态环保领域相关。公共物品特征强的基础设施建设，资金需求量大，投资回报期长，适用绿色债券或PPP模式解决。其次，气候投融资工具效率与常规市场融资的难度相关。对于污染场地等高生态环境风险的治理和环境修复，往往存在成本高昂、效果不确定性强、周期长、责任主体难以追溯等问题，需要设立专项的绿色基金，发挥财政资金的支持作用，同时引入环境污染责任保险机制。最后，气候投融资工具效率与生态环境保护所涉及的层级相关。层级越高、区域流域范围越大，生态环境保护的外部性就越强，越适合公益性更强的气候投融资工具，对企业而言则宜基于“污染者付费”原则引入气候投融资工具。

企业完善气候投融资工具体系具有重要意义，可以为环境改善、应对气候变化和资源节约高效利用的经济活动提供支持，为环保节能、清洁能源、绿色交通、绿色建筑等领域的项目投融资、项目运营、风险管理等提供各种金融服务。巨量的融资需求蕴藏着巨大的投资机会，各类投资风口不断涌现。全国碳排放权交易市场的建立形成了公开透明、公平权威的碳排放价格，将对减排科技形成更加清晰的激励机制。

4.3.3 气候投融资的影响

气候投融资在推动向低碳、气候适应型经济转型方面发挥着关键作用。《巴黎协定》本身承诺将资金流动“与通往低温室气体排放和气候适应型发展的道路”保持一致[第2.1(c)条]。大量研究表明，实现这些目标面临巨大的资金缺口。为了弥补这些资金缺口，动员和引导公共和私人资金用于与气候相关的目的至关重要。目前，动员私人资金来应对气候变化存在多种困难，包括缺乏可量化的激励措施、大多数营利性公司不愿意将环境外部性内部化、企业社会责任（corporate social responsibility，以下简称CSR）实践的回报低、风险预测的不确定性等。此外，商业银行和其他主流金融机构在碳减排技术和长期项目方面的投资回收期往往与大多数私人投资者追求短期回报的期望不符。评估项目及其气候相关后果的必要信息往往也是缺失的，同时存在着缺乏适应和减缓气候变化的可融资低碳项目的问题。

知识卡片：4.5 协同效益

气候投融资当下的发展的确存在很多困境，但是推广气候投融资具有实现“协同效益”的重要意义，包括创造就业机会、改善居民健康、增加经济活动、促进市场发展和两性平等。在同时面对温室气体减排压力和严峻环境污染形势的背景下，减缓气候变化和污染物减排在经济、社会和环境上共赢共利。经验表明，最具成本效益的气候变化措施总是那些既能带来缓解效益又能带来适应效益的措施。因此，必须以综合方式应对气候变化，最大限度地发挥协同作用，尽量减少缓解措施和适应措施之间的权衡，最大限度地提高气候投融资的经济和社会回报。

气候投融资促进经济低碳增长和增加就业。低排放和气候适应型增长是维持社会经济和环境效益的重要途径，气候投融资可以提供资金来扩大环境技术的规模和环境技术创新水平，促进企业的绿色发展和增加就业。一方面，气候投融资对企业而言是一个重要的市场工具，这使得企业环境管理活动不仅在产业链末端发挥作用，更可以在环境管理的源头发挥作用。在源头实现资源节约，可以减少对环境的污染，并且节省大量的末端治理投资。这种能源成本的降低会转化为更高的经济收入，从而增加就业和附加值。另一方面，在金融创新产品的支持下实现资源相关的技术创新，可以开拓新的市场，增加新的就业机会，为提振经济注入新动能。特别是在全国碳市场开放的情况下，利用私人资金参与应对气候变化的气候投融资可以促使企业加强合规之外的自我监管和创新，有效激发企业分配更多资源到碳减排项目，降低企业减排成本，促进经济低碳增长。

气候投融资有助于产生积极的社会效益和环境效益。气候投融资对于履行 CSR、减缓气候变化、减少环境污染、提高人类健康效益和福利等方面也发挥了巨大作用。例如，新气候经济（new climate economy，NCE）“Global Reports 2018”估计，到 2030 年，在关键行业实施的气候行动可以带来至少 26 万亿美元的净经济效益，以及 6500 万个新的低碳工作岗位和 70 万人避免因空气污染而过早死亡。气候投融资为企业探索可持续发展之路提供了基础和便利，帮助企业经营模式不断创新，将 CSR 与企业经营有机结合，减少企业生命周期全过程的污染物排放，营造良好的居民生活环境，提升社会效益和环境效益。

目前，中国的气候融资领域仍在完善阶段，传统金融市场的作用尚未得到完全发挥，气候相关项目并不是投资的热门领域，气候投融资规模仍相对较小。若想更大发挥气候投融资的“协同效益”，需要积极进行气候投融资工具的创新，并加强对绿色信贷、绿色债券、绿色股票和绿色保险等金融工具的有效管理。

思考题

1. 为应对气候变化，企业可以通过哪些方式来减少生产过程中的温室气体排放？这些方式的应用行业有哪些？
2. 环境技术投资组合有哪两大类？如何影响环境管理活动？
3. 技术创新的关键因素包括哪些？通常提到的技术创新形式有哪些？
4. 气候投融资工具有哪些？中国目前较为广泛应用的有哪些？举出具体例子。
5. 阐述“协同效益”的概念，如何理解气候投融资的“协同效益”？
6. 本章提到的几种应对气候变化的措施分别可以给哪些企业或部门提供帮助？

即测即练

自学自测

扫描此码

第三篇

气候变化：
企业绿色变革的引擎

第5章

绿色发展新理念

21世纪以来，生态环境问题引起了全球的普遍关注，气候变化、环境污染、生物多样性锐减、土地荒漠化等生态环境问题已不可忽视，环境与生态问题要求我们必须转变发展方式，走绿色发展道路，以兼顾经济发展与环境保护为目标，以绿色低碳循环为主要原则，以生态文明建设为基本抓手，实现可持续发展。

5.1 绿色发展理念

“坚持生态优先、绿色发展，推进资源总量管理、科学配置、全面节约、循环利用，协同推进经济高质量发展和生态环境高水平保护。”

——《中华人民共和国国民经济和社会发展第十四个五年规划和2035年远景目标纲要（草案）》

1970—2020年，全球经济增长了近五倍，贸易增长了十倍，人口翻了一番，达到78亿，与此同时，全球也付出了沉重的环境代价，如温室气体的排放量翻了一番，与污染有关的疾病每年都导致900万人过早死亡，超过100万种动植物物种面临灭绝的危险等。[①]随着人与自然的矛盾日益凸显，各国均从理论和实践中不断探索能够平衡经济发展与自然环境保护的绿色可持续发展模式，中国也基于自身的特色社会实践创新性地提出并形成了适合中国的绿色发展理念。

5.1.1 绿色发展理念产生的现实背景

1. 全球的生态环境危机

联合国环境规划署指出气候变化、生物多样性丧失和污染问题是威胁人类生存和发展的三大危机。首先，温室气体排放量持续上升。1970—2019年，温室气体排放量从相当于约300亿t CO_2增加至550亿t CO_2。且预计未来，随着化石燃料使用的增加，土地利用变化和其他人类活动的影响，温室气体排放量将进一步增长，由此导致的海平面上升，频繁的极端天气事件，如极端炎热天气、强降水、干旱等将严重威胁人类的生存和

① 数据来源：https://news.un.org/zh/story/2021/02/1078302.

生产活动。其次，生物多样性继续以惊人的速度下降。全球物种灭绝的速度已经比过去1000万年的平均速度高出至少数十到数百倍，并且还在加速。在未来几十年和几个世纪里，地球上共计约800万种动植物物种中的100万种以上面临灭绝风险，这将导致严重的生态危机。最后，空气污染是造成全球疾病负担的最大环境风险因素。从健康角度来看，危害最大的空气污染物是地面臭氧和颗粒物，世界上约90%的人口生活在年平均室外PM2.5浓度超过WHO空气质量指南标准的地区。且城市地区通常污染水平较高，且预计未来城镇化的发展会进一步对当地和区域空气质量产生负面影响。[①]

上述三大危机主要是由不可持续的生产和消费方式所导致的，为了应对危机，需要整个人类社会共同采取行动，转变发展模式，走绿色可持续发展道路。

2. 中国的资源环境约束

改革开放至今，中国经济总量持续增长，人民生活水平得到显著提高，中国经济已由高速增长阶段转向高质量发展阶段，但一些长期积累的深层次矛盾与问题，如高投入、高能耗和低效益的粗放型生产方式导致的环境破坏和污染尚未得到根本解决，生态环境保护的结构性、根源性、趋势性压力总体上尚未根本缓解，实现碳达峰、碳中和任务艰巨，生态环保任重道远。[②]首先，化石能源需求不断增加，环境污染问题依旧不容忽视。2022年全国能源消费总量54.1亿t标准煤，比2021年增长2.9%，其中煤炭消费量增长4.3%，占全国能源消费总量的56.2%。据全国环境统计重点调查数据显示，2022年全国339个地级及以上城市中仍有126个城市环境空气质量超标。其次，自然生态环境退化问题需要引起注意。全国荒漠化土地面积为257.37万km^2，沙化土地面积为168.78万km^2。全国39 330种高等植物中，受威胁的高等植物有4088种，约占评估物种总数的10.4%，属于近危等级的有2875种。最后，气候变化、自然灾害问题值得重视。近年来全国平均气温较常年偏高，降水量较常年偏多，沿海海平面呈波动上升趋势，黄河流域的阿尼玛卿山冰川面积缩减。极端天气气候事件增多，暴雨洪涝灾害偏重，高温极端性强。[③]

综上，以往粗放型发展方式已经造成了严重的生态环境问题，发达国家先污染后治理的发展道路在中国可能并不适用，中国急需结合自己的特色摸索出一条能够协调经济发展与环境保护的绿色发展道路。

3. 中国经济绿色高质量发展的要求

改革开放以来，中国主要是靠增加劳动、资本以及能源等生产要素的投入来拉动经济总量的快速增长，但面对全球生态环境危机和国内资源环境约束，这种粗放的增长方式是不可持续的。为此，中国要转变经济发展方式，实现绿色、集约、循环、低碳的高质量增长模式。虽然党的十九大报告指出，我国经济已经由高速增长阶段转向高质量发展阶段，但与真正实现高质量发展还有很大差距。绿色发展是生态文明建设的必然要求，也是经济高质量发展的重要维度，《中华人民共和国国民经济和社会发展第十四个五年规

① 与自然和平相处. 联合国环境规划署，2021.

② 资料来源：https://www.mee.gov.cn/ywdt/zbft/202201/t20220110_966567.shtml.

③ 中国生态环境状况公报：https://www.mee.gov.cn/hjzl/sthjzk/zghjzkgb/.

划和 2035 年远景目标纲要》（以下简称《纲要》）提出，坚持生态优先、绿色发展，推进资源总量管理、科学配置、全面节约、循环利用，协同推进经济高质量发展和生态环境高水平保护。[①]这意味着未来中国必须深刻认识绿色发展在新发展理念中的重要地位，进一步转换动能，优化产业结构和能源结构，全面深化改革，进一步提高能源效率和生态环境效益，以实现经济绿色高质量发展。

知识卡片 5.1：可持续发展

5.1.2　绿色发展理念的形成与践行

1. 中国绿色发展理念的形成

自改革开放以来，党和政府以马克思主义生态理论为指导，结合中国不同发展阶段的实际情况，逐步提出具有中国特色的绿色发展理念，以指导中国经济社会发展的全面绿色转型。绿色发展理念的形成过程大致可以分为累积期和形成期两个时期，如图 5.1 所示，下面将对其进行具体介绍。

图 5.1　绿色发展理念的形成过程

1）积累期：可持续发展战略与科学发展观

1978 年以后，中国主要以经济建设为中心，单一追求经济数量的快速增长，并未注重发展过程中产生的环境问题，而且这一时期中国处于重工业追赶期，技术水平落后，生产效率和资源利用效率低，发展方式粗放，对生态环境产生了一定的负面影响。关于效率问题，邓小平同志指出科学技术是第一生产力，这也一定程度上给出了协调经济与环境问题的办法。同时，针对当时的生态环境问题，邓小平同志号召“植树造林，绿化祖国，造福后代”，且根据邓小平同志的倡议，1981 年 12 月中华人民共和国第五届全国人民代表大会第四次会议审议通过了《关于开展全民义务植树运动的决议》。在当时民众普遍缺乏生态意识的情况下，邓小平同志绿化祖国的思想，以及他对绿化事业方方面面的工作所提出的一系列切合实际的具体政策思路、工作方法，对社会各界重视绿化问题并改善绿化状况，起到了重要作用。[②]

20 世纪 90 年代，资源和环境问题逐渐引起全球关注，世界环境和发展大会提出可

① 资料来源： http://www.gov.cn/xinwen/2021-03/13/content_5592681.htm.

② 人民网：http://dangshi.people.com.cn/n1/2016/0616/c85037-28449005-4.html.

持续发展战略，中国也在第九个五年计划中指出，必须把社会全面发展放在重要战略地位，实现经济与社会相互协调和可持续发展。江泽民同志指出，“在现代化建设中，必须把实现可持续发展作为一个重大战略”，这一战略充分考虑了人、自然、经济与社会之间的关系，把资源节约与和生态环境保护作为发展的必然要求，大大提高了全社会对环境保护的重视程度。①

进入21世纪后，中国加入了WTO，经济飞速增长的同时资源环境约束也在不断增强，在这一时代背景下，胡锦涛同志提出了坚持以人为本，全面协调可持续的科学发展观，要求我们协调好人口、资源与环境的关系，使人与自然和谐发展。2007年中国共产党第十七次全国代表大会一致通过将科学发展观写入党章，2012年十八大上，生态文明建设已经被纳入中国特色社会主义事业总体布局，且明确指出要着力推进绿色发展、循环发展、低碳发展，进一步为中国绿色发展理念的提出奠定坚实的基础。

从植树造林到可持续发展战略，再到科学发展观的提出，中国的资源节约和环境保护意识在不断增强，且“绿色”作为一种实现人与自然和谐相处的发展手段不断演进和深化，并逐步融入国家发展战略和纲领性文件之中，使绿色发展观念日渐普及。

2）形成期：习近平绿色发展新理念

立足于严峻的生态环境危机以及复杂的国内外形势，基于以往的可持续发展思想和科学发展观，以习近平同志为核心的党中央将马克思主义生态文明观与中国特色社会主义实践相结合，逐步将绿色思想融入中国特色社会主义建设布局之中，形成了中国的绿色发展新理念。

2013年9月7日，习近平总书记在哈萨克斯坦纳扎尔巴耶夫大学发表演讲时指出：“我们既要绿水青山，也要金山银山。宁要绿水青山，不要金山银山，而且绿水青山就是金山银山”。“两山论”体现了中国生态文明建设的阶段性，也是绿色发展理念的思想理论基础。

立足于经济发展的新常态，2015年10月，中国共产党第十八届中央委员会第五次全体会议（简称十八届五中全会）提出创新、协调、绿色、开放、共享的五大发展理念，绿色发展理念要求我们必须转变经济发展方式，加快建设资源节约型、环境友好型社会，协调好经济发展与环境保护的关系。2017年10月18日，习近平在十九大报告中指出，坚持人与自然和谐共生，必须树立和践行绿水青山就是金山银山的理念，坚持节约资源和保护环境的基本国策，要形成绿色发展方式和生活方式。绿色发展理念已成为指导我国“十三五”时期乃至更长时期的关键理念。

2020年10月，中国共产党第十九届中央委员会第五次全体会议（简称十九届五中全会）指出，要坚定不移贯彻创新、协调、绿色、开放、共享的新发展理念，促进经济社会发展全面绿色转型，建设人与自然和谐共生的现代化。要加快推动绿色低碳发展，持续改善环境质量，提升生态系统质量和稳定性，全面提高资源利用效率。《纲要》提出，坚持生态优先、绿色发展，推进资源总量管理、科学配置、全面节约、循环利用，协同推进经济高质量发展和生态环境高水平保护。2020年9月22日，在第七十五届联合国

① 澎湃新闻：https://m.thepaper.cn/baijiahao_4808060.

大会一般性辩论上，习近平首次正式承诺要力争2030年前CO_2排放达到峰值，争取2060年实现碳中和。“十四五”时期是碳达峰的关键时期，“十四五”规划中指出，支持有条件的地方率先达到碳排放峰值，制定2030年前碳排放达峰行动方案。2021年3月，习近平在中央财经委员会第九次会议上再次强调实现碳达峰、碳中和是一场广泛而深刻的经济社会系统性变革，要把碳达峰、碳中和纳入生态文明建设整体布局。[①]在这一时期，绿色发展理念得到了系统性的发展，新发展理念充分考虑到了发展和减排、长期和短期的关系，经济社会的全面绿色转型成为我国实现绿色低碳高质量发展的必经之路。

综上，绿色发展是在日益严峻的资源环境约束下产生的一种新的发展模式，经济、社会和环境的可持续发展是绿色发展的目标。在中国，绿色发展理念以人与自然和谐为价值取向，以经济社会发展全面绿色转型为引领，以绿色低碳循环为主要原则，以生态文明建设为基本抓手。绿色发展理念的提出，体现了我们党对我国经济社会发展阶段性特征的科学把握。走绿色低碳循环发展之路，是调整经济结构、转变发展方式、实现可持续发展的必然选择。

2. 绿色发展理念的践行

要转变发展方式、提高经济发展质量和资源环境效益，就需要全社会加快形成节约资源和保护环境的产业结构、生产方式、生活方式，切实践行绿色发展理念，这一过程需要政府、企业、民众等的共同努力，如图5.2所示。

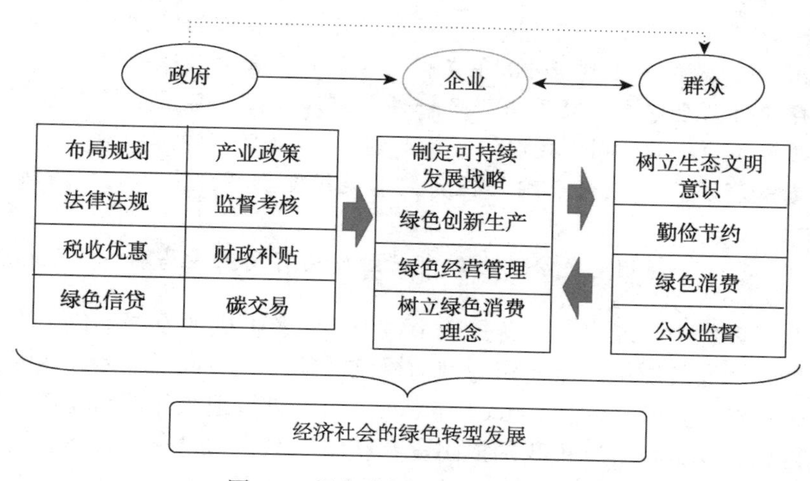

图5.2　绿色发展理念的践行主体

首先，政府要不断进行制度创新，运用制度优势保护生态环境。政府可以通过不断健全资源节约和环境保护方面的法律法规，制定并完善污染排放、环境质量评价标准，严格监管污染排放，将绿色发展纳入政绩考核来实现绿色执政和绿色行政。同时，政府也可以通过完善税收、补贴、金融等经济政策，推行碳排放权交易等市场化政策引导各类社会主体积极进行环境保护，践行绿色发展。

① 资料来源：http://www.cssn.cn/jjx/jjx_xjpxsdzgtsshzyjjsx/202103/t20210316_5318516.shtml.

其次，企业是绿色发展的关键主体。作为基本的资源配置单元，企业不仅仅是产品和服务的创造者，通常也是环境责任的承担者，企业将在提高资源利用效率、构建资源循环利用体系等方面发挥着关键作用。企业一方面要根据国家的绿色发展理念、产业政策来制定并践行自己的可持续发展战略，另一方面要加大技术攻关，通过绿色技术提高资源利用效率，从根源上有效控制污染物的排放。

最后，绿色发展离不开群众的参与。作为企业员工，企业的绿色生产已经加深了其对绿色发展理念的认知，也在一定程度上影响到了自身的生活方式。但作为一个消费者，仍需进一步从衣食住行的各个方面倡导绿色消费，如购买节能与新能源产品，绿色低碳出行等，也要积极发挥群众监督作用，监督企业的绿色发展。

总之，如图 5.2 所示，经济社会的绿色转型发展是一项系统工程，企业是核心主体。一方面，企业是能源消费的主体，在政府创造的绿色低碳制度环境约束下，企业生产、经营方式的绿色化是优化产业结构和推动经济绿色转型发展的关键。另一方面，企业与同时是生产者和消费者的群众关系密切，这不仅将政府和群众联系了起来，而且对绿色消费和绿色生活方式的形成都具有推动作用。因此，企业的绿色发展是实现全社会绿色发展的关键。

5.2 绿 色 企 业

“我们是《巴黎协定》的坚定支持者，并帮助各国和我们的客户实现其雄心勃勃的减排目标。2020 年，我们承诺到 2030 年在我们自己的运营中实现碳中和。这对于像通用电气公司这样的大型全球工业公司来说是一件大事。但我们甚至走得更远，当我们考虑到我们销售的产品的排放量时，我们的目标是到 2050 年实现净零排放。这让我们的客户和利益相关者知道我们将进行正确的投资，以提供他们实现自己的碳减排目标所需的技术。”

——通用电气公司首席可持续发展官罗杰 · 马泰拉（Roger Martella）

在绿色发展理念中，绿水青山就是金山银山，绿色低碳的发展不仅关乎企业自身生命力，更关乎经济发展质量，企业作为推动绿色低碳发展的重要主体，在绿色发展过程中应该发挥关键作用。绿色企业（green enterprise）一直被视为经济与环境关系的可能调解者，如果得到普及，将有助于我国提高资源利用效率、构建资源循环利用体系、实现经济社会发展的绿色转型。

5.2.1 绿色企业的概念与内涵

1. 绿色企业概念

目前，国内外对绿色企业这一概念尚未形成统一的定义。在国外，“绿色企业”一词多用于对企业和商业案例的讨论，一般是指对环境无害的商业活动，与绿色商业（green business）的概念类似。在 21 世纪初期，随着消费者对可持续业务的日益增长的需求，许多公司开始通过“绿化”其业务，使其对环境更加友好，许多以绿色姿态开展业务的企业家有时也被称为生态企业家，如今，绿色商业已经成为商业发展中一个表现极为优秀的分支。维基百科将绿色企业定义为任何参与环保或绿色活动的组织，它可以确保所有流程、产品和制造活动在保持利润的同时充分解决当前的环境问题。①换句话说，它是一种“既满足当前的需求又不损害后代满足其需求的能力的企业”。绿色企业将可持续性原则纳入其每项业务决策中，从而提供环保产品或服务，且在业务运营中绿色企业对环境原则做出了持久的承诺，所以它比传统企业更环保。

目前，中国在积极鼓励企业进行绿色低碳发展。例如，国务院 2021 年发布的《关于加快建立健全绿色低碳循环发展经济体系的指导意见》中指出，要促进商贸企业绿色升级，培育一批绿色流通主体，鼓励企业开展绿色设计、选择绿色材料、实施绿色采购、打造绿色制造工艺、推行绿色包装、开展绿色运输、做好废弃产品回收处理，实现产品全生命周期的绿色环保等，但并未给出明确的绿色企业概念。同时，少数已有的对绿色企业的评价标准与概念也并不统一。例如，中石油公司的《绿色企业评价指南（2020 版）》将绿色企业定义为坚持以习近平新时代中国特色社会主义思想为指导，牢固树立社会主义生态文明观，以“奉献清洁能源、践行绿色发展”为理念，以提供更多优质生态产品为己任，不断优化产业结构和发展布局以促进能源资源节约和循环利用，强化源头减排、过程管控和末端治理，持续提升清洁生产水平，实现“清洁、高效、低碳、循环”的企业。中国石油化工集团公司（以下简称中石化）对企业的绿色评价主要围绕绿色发展、绿色能源、绿色生产、绿色服务、绿色科技、绿色文化六个方面展开。中国生物多样性保护与绿色发展基金会、中国环境科学研究院共同编制的《绿色企业评选标准》中将绿色企业定义为，以可持续发展为己任，将环境利益和对环境的管理纳入企业经营管理全过程，并取得成效的企业。该标准主要从企业的绿色发展战略、绿色管理水平、绿色生产方式三方面对企业进行量化和报告，环保、能耗、技术等是绿色企业认证的关键指标。②针对钢铁、石化、建材等制造业行业的企业，中国工信部发布的 GBT36132-2018《绿色工厂评价通则》定义绿色工厂为实现用地集约、原料无害化、生产洁净化、废物资源化、能源低碳化的工厂。基于生命周期思想，通则中的绿色工厂评价体系对基础设施、管理体系、生产过程中的资源投入与环境排放等均做出了要求，并指出要根据不同行业与地方的特点开展绿色工厂评价。③

2. 绿色企业内涵

虽然没有统一的绿色企业概念，但综合来看，绿色企业一般均具备如图 5.3 所示的几个条件。

第一，将绿色发展纳入企业发展战略和发展布局。绿色企业要把生态文明和绿色理念纳入发展战略中，要有意识地把生态责任融入企业的绩效考核和长远规划中，从技术改造、产品设计、生产包装、物流运输、营销服务等各个方面加强绿色发展布局，同时，提高对上下游企业产品的环境标准，打造绿色供应链。

---

① 资料来源：https://en.wikipedia.org/wiki/Sustainable_business.

② 中国生物多样性保护与绿色发展基金会：http://www.cbcgdf.org/NewsShow/4936/1433.html.

③ 《绿色工厂评价通则》：http://www.gov.cn/xinwen/2018-05/20/content_5292193.htm.

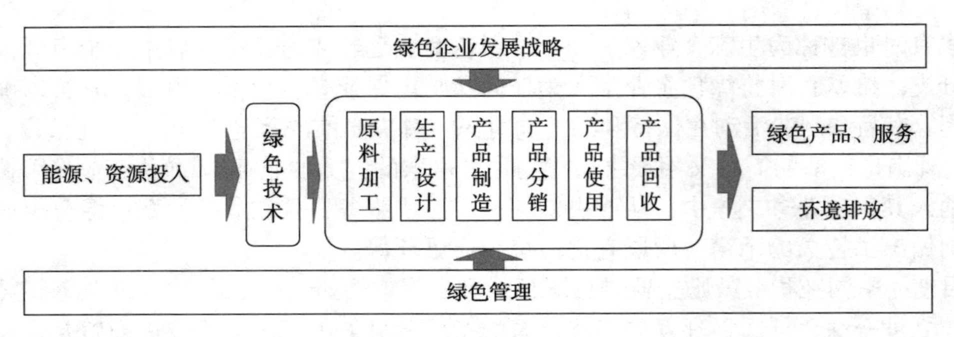

图 5.3　绿色企业特征

第二，建立绿色管理体系。绿色企业要将环境管理纳入其运营管理体系之中，建立职责明确、运作规范的环境监控管理体系，强化产品全生命周期绿色管理，通过合理有效的管理方案和运营模式来实现企业环境目标。例如，中国石化参照 ISO14001 标准，制定《中国石化 HSSE 体系环保实施指南》，建立起了自己的环境保护管理体系，截至 2020 年末，中石化公司共有 46 家所属企业通过 ISO14000 环境管理体系第三方认证。

第三，改进或使用绿色技术。绿色技术是指降低消耗、减少污染、改善生态、促进生态文明建设、实现人与自然和谐共生的新兴技术，包括节能环保、清洁生产、清洁能源、生态保护与修复、城乡绿色基础设施、生态农业等领域，涵盖产品设计、生产、消费、回收利用等环节的技术。中国很多企业最初生产技术水平比较落后，能源利用效率不高，能源消耗量大，产出的废弃资源较多，造成严重的环境污染和生态破坏。绿色技术能逐步优化企业生产经营过程中的物质流、能量流和价值流等，是企业绿色转型的重要途径。

知识卡片 5.2：ISO14000

知识卡片 5.3：全生命周期评价（LCA）

第四，生产绿色产品，提供绿色服务。绿色企业在生产过程中，要节约原材料与能源，淘汰有毒原材料，减少所有废弃物的数量与毒性；绿色企业生产的产品，要能减少从原材料提炼到产品最终处置的全生命周期的不利影响；绿色企业要将环境因素纳入设计与所提供的服务中。总之，绿色企业遵循清洁生产，使产品与服务既能满足消费者需求，又能实现资源节约和环境保护。

所以结合绿色企业的上述内涵，我们将绿色企业定义为：将环境利益纳入企业经营战略，建立绿色环境管理体系，采用绿色技术，提供绿色产品和服务，并通过特定考核标准的企业。绿色企业比一般企业的资源和能源利用效率更高，能以更少的资源产出更多的绿色产品，最大程度降低对环境的负面影响。

5.2.2　企业“变绿”的危与机

企业实施绿色发展战略可能会对公司的利润和财务“底线”产生影响。乍一看，这一挑战可能会让许多企业高管望而却步。然而，受新冠疫情影响，越来越多的公众主张积极应对气候变化，绿色发展是大势所趋，员工、消费者和其他利益相关者很可能会接受绿色战略。董事会在相关利益群体的压力之下可能会做出“变绿”的声明，并逐步组织实施。从联合利华到百事可乐，从壳牌到谷歌，走在前列的公司董事会的可持续业务愿景与公司的长期价值创造是一致的。如图 5.4 所示，绿色发展对企业来说是机遇与挑战并存。

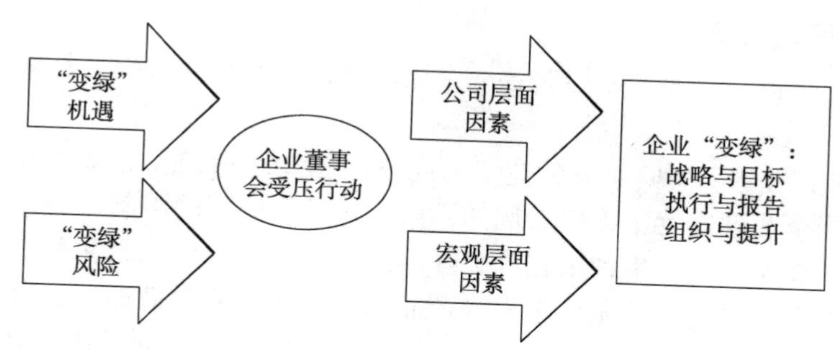

图 5.4 企业“变绿”的机遇与挑战

1. 宏观层面危与机

从宏观层面上来讲，企业“变绿”面临以下两个方面的机遇。

一是政策机遇。2020 年 9 月 22 日，习近平同志在第 75 届联合国大会一般性辩论上发表重要讲话后，国务院相关部门、地方政府相继开展行动，编制碳达峰行动方案，加快推进全国碳排放权交易市场的建设和温室气体自愿减排交易机制的完善等。央行也在其 2021 年工作会议上提出，落实碳达峰碳中和重大决策部署，完善绿色金融政策框架和激励机制。财政部、国家发展改革委等部门也均做出相应工作计划。①这说明节能减排势在必行，相关配套制度和政策对企业绿色转型来说是重大利好，也是难得的政策机遇。

二是高质量发展机遇。党的十九大报告指出，我国社会主要矛盾已经转化为人民日益增长的美好生活需要和不平衡不充分的发展之间的矛盾。人民群众对生态环境的需要已经成为这一矛盾的重要方面，推动中国经济实现高质量发展是解决矛盾的重要举措。“双碳”目标是我国高质量发展的必然选择，企业作为绿色转型的主体，应当抓住机遇，积极参加碳排放权交易，同时着力提高环境技术水平，从整体上降低碳排放，为其可持续绿色发展提供新的蓝海。

从宏观层面上来讲，企业“变绿”面临着以下三个方面的挑战。

一是气候变化的挑战。2019 年底，联合国秘书长安东尼奥·古特雷斯警告称气候变化问题正在加速恶化，即将陷入无可挽回的境地，这严重威胁企业未来发展。②气候变化使全球企业面临着物理风险。例如，由于 2010 年的干旱，邦吉公司的糖和生物能源部门每季度亏损 5600 万美元。2011 年泰国发生洪灾，160 家纺织行业公司受到损害，近四分之一的服装生产中断。

二是节能减排的挑战。随着全球可持续发展意识的提高以及中国“3060”“双碳”目标相关政策的逐步落实，企业面临的生态环境监管力度不断加大、环境标准提高，企业

① 碳排放交易网：http://www.tanpaifang.com/tanzhonghe/2021/0217/76733_3.html.

② 联合国网站：https://www.un.org/sg/en/content/sg/speeches/2019-09-23/remarks-2019-climate-action-summit.

受到环境规制的可能性上升，面临的节能减排压力不断增加。

三是完善企业制度的挑战。当前，中国一些企业管理不健全、制度不规范，环境管理未成体系或体系不完善，同时许多民营企业在环保、质量等方面存在不规范，甚至不合规的问题，这极大程度上限制了企业的绿色可持续发展。

2. 企业层面危与机

从企业层面来讲，企业“变绿”是一个风险与机遇并存的过程，具体包含以下几个方面。

第一，企业“变绿”影响企业的竞争力优势。“变绿”是推动企业创新和吸引投资者的工具，能够为企业创造竞争优势。例如，面对化学品使用的限制，荷兰花卉业开发了一种闭环系统，在温室中水生种植花卉，降低病虫风险，减少化肥和杀虫剂的使用，该系统还通过创造受监管的生长条件来提高产品质量。他们的举措提高了自身的生产效率和产品质量，降低了环境影响和成本，提高了全球竞争力[①]。但同时在“变绿”过程中也面临着较大的风险。如果公司使用比竞争对手更多的财务和人力资源而没有获得相应的收益，则可能会导致盈利能力的降低。例如，旨在保护环境的活动是有代价的。如果公司无法通过价格来收回这些成本，或者产品没有获得因消费者喜爱而产生的竞争优势，那么企业就会因“变绿”在竞争中处于劣势。

第二，企业“变绿”影响企业的商业模式。如果一个企业当前的商业模式本质上是非绿色、不可持续的，要成为真正可持续的企业，就需要彻底改造商业模式。例如，从提供化石能源到提供可再生能源或电气化服务。由于新旧模式所需的技术、资源和基础设施等的显著差异，此时，“变绿”可能是一项挑战。但新的商业模式还可以通过进入甚至创造新市场、开发新客户群为企业发展提供重大机遇。事实上，2013 年联合国关于可持续发展的一份报告发现，63%的首席执行官期望可持续性在 5 年内改变他们的行业。

第三，企业“变绿”影响企业的经营成本。许多与提高效率、节约能源或减少浪费有关的可持续性举措都能够降低成本，给企业带来回报。例如，自 1994 年起，美国化工企业陶氏（Dow）已投资近 20 亿美元提高资源效率，并从减少制造能源和废水消耗中节省了 98 亿美元。[②]2013 年，通用电气的温室气体排放量相较于 2004 年和 2006 年分别减少了 32%和 45%，节约了 3 亿美元。[③]但在某些情况下，改用绿色材料会导致企业生产过程或其他环节的成本上升。例如，一家工厂如果转为只向供应商购买可持续的电力，就可能不得不为其支付高价。此外，对于一个公司来说，最初绿色环保的成本可能很高。例如，公司切换到太阳能将会需要安装大量的太阳能电池板，这会使企业基础设施成本上升。较大的成本要么以更高的价格转嫁到客户身上，要么以公司产品利润率更低为代价。

第四，企业“变绿”影响企业的经济绩效。“变绿”可能会显著提升企业的财务业绩，已有研究表明，2006—2010 年，全球 100 强中的可持续公司的平均销售额增长、税前利

① 资料来源：https://hbr.org/1995/09/green-and-competitive-ending-the-stalemate.
② McKinsey & Company, 2011. The business of sustainability: McKinsey Global Survey results.
③ 资料来源：https://www.environmentalleader.com/2015/04/ge-reduces-freshwater-use-45/.

润、资产回报率和现金流均显著高于传统公司。[①]但“变绿”也存在因额外成本增加而造成损失的风险。虽然，消费者在接受调查时会表现出支持绿色产品的意愿，但目前消费者的言行之间存在着差距。消费者的购买行为尚未证实可持续性对大多数潜在消费者的吸引力。当将产品可持续性的优势与低价或低成本产品相比时，对于大多数消费者来说，可持续性似乎就变得没那么重要了。

第五，企业“变绿”影响企业的社会形象。一般来讲，企业“变绿”会对企业声誉产生正面影响，例如，2019 年，德勤调研结果显示，42%的千禧一代会因他们认为该公司对社会或环境创造了积极的影响而决定购买该公司的产品或服务。[②]但这也伴随着巨大的风险，如果公司的实际行为和他们的绿色形象不符时，就会出现“漂绿”嫌疑，反而损伤了公司的声誉。例如，2018 年，雀巢声称致力于 2025 年实现产品包装能够 100%可回收或重复使用。然而，环保组织很快指出，该公司尚未公布明确的目标、时间表，或为帮助消费者回收利用做出更多努力。[③]此外，经常有商家声称自己的产品“不添加化学品”，其也会因措辞选择不当而受到批评，因为即使是天然成分也是由化学物质组成。

知识卡片 5.4：漂绿

5.3 企业“变绿”的理论与实践

5.3.1 企业“变绿”的理论

1. 三重底线（TBL）

企业不仅需要考虑自身的长期财务绩效，还要考虑更广泛的环境和社会影响。英国学者约翰·埃尔金顿在 1994 年提出了三重底线（triple bottom line，TBL/3BL）概念，TBL 是一个会计框架，包含三个绩效维度：社会、环境和财务。这与传统的报告框架不同，因为它包括生态（或环境）和社会效益，这两个方面很难找到适当的测量方法。TBL 维度通常也称为三个 P：人（people）、行星（planet）和利润（profit），如图 5.5 所示，所以简称为 3P。一些组织已采用 TBL 框架从更广泛的角度评估其绩效，以创造更大的业务价值。[④]

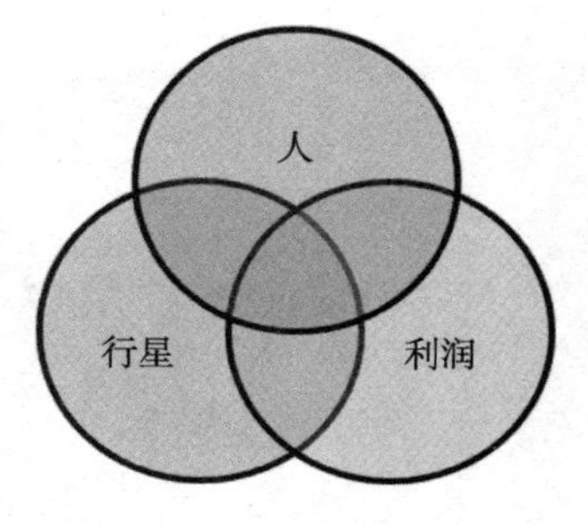

图 5.5 TBL 的三个维度

“人”是指所有的利益相关者，不仅包含股东，还包括员工、所在社区，以及整个供应链中的个人和客户等。TBL 公司制定了相应的社会框架，在该框架中，企业和其他利益相关者是互惠互利的。CSR 与 TBL 密不可分，可以看作是企业实现其 TBL 的手段。

① Ameer R, Othman R. 2012. Sustainability Practices and Corporate Financial Performance: A Study Based on the Top Global Corporations[J]. J Bus Ethics, 108: 61–79.

② Deloitte, 2019. The Deloitte Global Millennial Survey 2019.

③ https://www.nestle.com/media/pressreleases/allpressreleases/nestle-recyclable-reusable-packaging-by-2025.

④ John Elkington, 2004. Enter the Triple Bottom Line, eBook ISBN9781849773348.

全球报告倡议组织（global reporting initiative，GRI）制定了先进的指导方针，要求企业和非政府组织将其社会影响纳入发展报告。①

“行星”与可持续环境公约有关。TBL 公司会尽可能地减少其对环境的负面影响。TBL 生产公司通常对产品进行全生命周期评估，以确定当前从原材料到制造、交付、消费和最终处置的环境费用可能是多少，从而努力减少其生态足迹，节约利用资源，减少生产废物，以及将废物转化为毒性较低的物质。通常，环境可持续性是公司更具成本效益的发展途径，因为与社会问题相比，可持续性报告内的指标对于环境问题的衡量和标准化更方便。

“利润”是公司在扣除所有材料成本和投入成本后产生的经济价值，不同于既定的会计利润解释，它包含了公司对其经济环境产生的所有影响，公司获得的内部收入是计算该影响的基本起点。此外，不能将 TBL 方法理解为只是传统的公司会计收入加上社会和环境影响，它还包括与其他社会机构相联系而拥有的社会优势。

对于考虑 TBL 的企业来说，它不需要决定究竟是关注企业利润的增加，还是聚焦地球环境的保护，还是关心人的发展，而是应该同时关注上述三个方面。TBL 提供一种全新的经营理念，在其影响下，企业不能只关注利润，而是需将重点扩大到改善人们的生活和地球的环境。例如，如图 5.6 所示，2015 年起，麦当劳在保证用餐体验的前提下，尽可能地减少包装材料的使用。三年来，单单是汉堡盒，节约的用纸量就高达 7500 t。当麦当劳的包装比过去更精简时，不仅有利于改善环境，同时也通过减少污染来改善公众健康，并且在这个过程中，麦当劳也降低了自身的材料和处置成本，提高了财务底线。减少包装是企业“变绿”的一个典型例子，可以使企业和全社会受益。

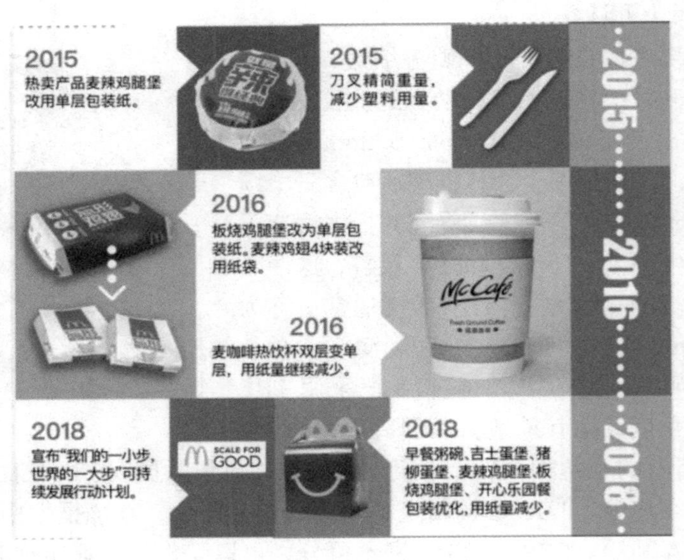

图 5.6　麦当劳的绿色包装行动

图片来源：https://www.mcdonalds.com.cn/index/Planet/green-package.

① Stenzel P L. 2010. Sustainability，the Triple Bottom Line，and the Global Reporting Initiative[J]. Global Edge Business Review.

总之，气候变化、自然资源消耗和能源危机等挑战正严重影响着企业，企业要在不损害子孙后代满足自身需要的能力的情况下，以满足当下需要的方式运作（即不断绿化）。而 TBL 是协助企业“变绿”的运营框架，它不仅将公司的注意力集中在它们经济价值上，还集中在环境价值和社会价值上。

知识卡片 5.5：可持续性报告

2. 绿色战略理论

1）竞争优势理论

1985 年，迈克尔·波特引入竞争优势的概念，即当公司维持超过其行业平均水平的利润时，说明该公司拥有竞争优势。波特指出一个行业是由一组相互竞争，为客户提供类似的产品或服务的公司构成，要从五种力量（即潜在进入者、替代产品、供应商、买家和现有公司之间的竞争）来分析行业的基本结构，解释行业盈利能力，剖析企业相对于竞争对手所具有的优势和劣势，进而制定出一种超越行业平均盈利能力的经营战略，使企业获得比较竞争优势。①

在剖析哪些类型的战略可能使公司能够超越行业的平均盈利水平时，波特引入了如图 5.7 所示的三种适合在某些特定类型的行业结构中使用的通用策略。②首先，当产品和服务不是类似商品时，可以采用“差别化”战略，并收取额外的溢价，采用这种策略的一个例子是苹果公司。其次，在特定客户需求服务不足的情况下，可以使用“焦点策略”，兰博基尼是采用差异化重点战略的典型案例。最后，“成本领导力”战略是波特应对竞争的通用方法中最持久的一种策略。许多公司努力在生产过程中实现最低成本，因为，当它提供一个行业内最低的价格时可以通过发展规模经济来实现竞争优势，爱尔兰瑞安航空公司（Ryanair）就是采用这种策略的一个例子。不同策略可以转换，当然，也有越来越多的公司开始同时实施“差别化”战略和“成本领导力”战略，如丰田的精益生产方法和该公司迅速开发的专注于不同细分市场的车型。波特认为，为了取得成功，必须遵循这些战略之一，不执行此规定并参与多个战略的公司被称为“夹在中间”。

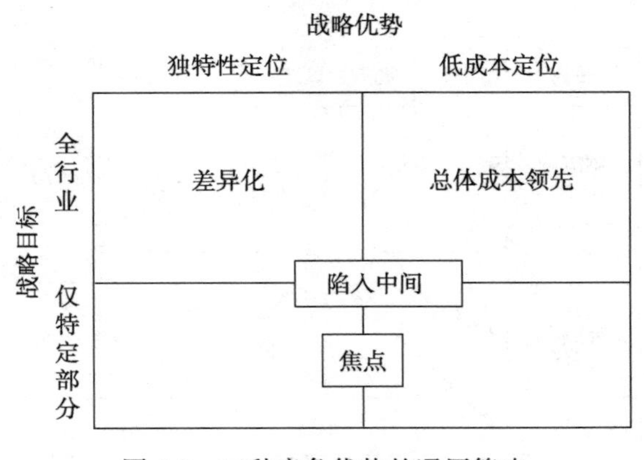

图 5.7　三种竞争优势的通用策略

① Porter M E. 1985. Competitive advantage: creating and sustaining superior performance[M]. New York: Free Press.

② Porter M E. 1980. Competitive strategy: Techniques for analyzing industries and competitors[M]. New York: Free Press.

波特认为可持续的商业实践不仅仅降低了成本，对于一个负责的或有良好公共关系的企业，它可以是一个竞争优势的来源。2006年波特与克莱默在一篇名为“战略与社会：竞争优势与CSR之间的联系”的文章中指出企业与社会之间有着根本的相互依赖关系，公司的竞争力很大程度取决于诸如机会平等，低污染水平，透明廉洁的营商环境等社会因素，而社会的健康取决于诸如能够创造财富的公司，可持续和有效地利用自然资源，污染和环境退化程度低等因素。并且波特和克莱默将社会问题分为通用的、受价值链影响的和竞争相关的三种，并对应的区分了响应式、强化型和策略型CSR。个别公司可以利用该框架来确定其行动的社会后果，通过加强其运营的环境竞争力来发现有利于社会和自身的机会。①

参照波特和克莱默的建议，为了“变绿”，公司首先需要确定其对环境的影响（如对碳排放的贡献），然后选择一个既可以收益又可以解决影响的最有效的解决方式。从整个经济和社会来看，企业对可持续性的关注已经成为社会进步的源泉，企业已经开始关注并采取措施去减少其环境足迹，这有利于企业的底线，也有利于环境和社会，如上文提及的麦当劳的绿色行动计划，但大多数企业仍只是处于“变绿”的初始阶段。

2）利益相关者理论

利益相关者理论是一种组织管理和商业道德理论，它考虑了受企业影响的员工、供应商、当地社区、债权人等多个群体。它涉及管理组织的道德和价值观。例如，与CSR、市场经济和社会契约理论相关的道德和价值观。利益相关者理论与CSR紧密相关，它是CSR方法的框架之一。利益相关者战略观融合了资源观和市场观，考虑了社会政治层面。在公司的传统观点中，投资者（股东）认为，只有公司的所有者或股东才重要，公司经营的目的是增值。利益相关者理论则认为，不仅股东，包括员工、客户、供应商、金融家、社区、政府机构、政治团体、行业协会和工会、甚至竞争对手等各方参与者也都是利益相关者（图5.8）。1984年，弗里曼在《战略管理：利益相关者方法》一书也指出，所有公司都必须考虑那些影响或受公司战略影响的团体和个人。一般来说，主要利益相

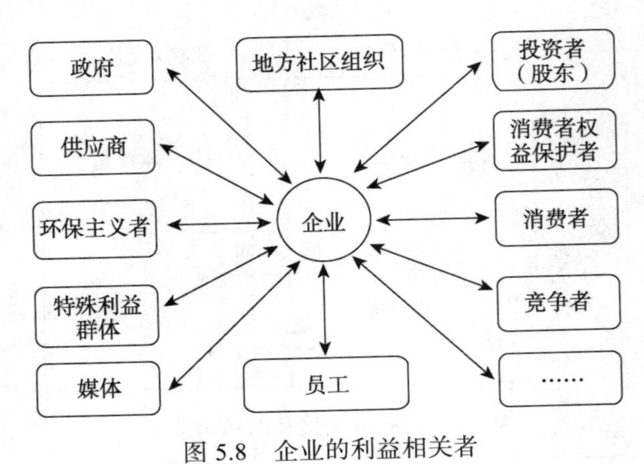

图5.8　企业的利益相关者

① Porter M E., 2006. Strategy and society: the link between competitive advantage and corporate social responsibility[J]. Harv Bus Rev 84.

关者包括投资者（股东）、员工、消费者、社区和政府。[①]

投资者。作为主要利益相关者，投资者是所有公司的重要组成部分，没有他们，公司将无法继续运营。因此，投资者通常是公司优先考虑的利益相关者。投资者通常将投资回报作为他们的首要任务，并支持那些有助于提高其回报的负责任的公司。相反，如果一家公司没有对社会负责的价值观或可持续的环保产品，它可能会失去投资者。例如，在美国，加利福尼亚州财政部长撤出支持烟草股票的资金并在其他地方进行再投资。任何公司的主要目标都应该是与其投资者建立并保持一定程度的信任，因此，企业可以通过制订战略 CSR 计划和目标来满足这些投资者的需求。例如，几乎所有财富 500 强公司都制订了某种类型的 CSR 计划，以增进其与投资者之间的信任。价值是通过以战略为导向的 CSR 计划创造的，为此，许多初创公司正在努力将 CSR 纳入其商业计划，以吸引潜在投资者。

员工。另一个主要的利益相关者群体是公司的员工，即组织的内部运作主体。员工对公司的财务业绩产生直接影响，所以他们具有极大的权力和合法性。尽管员工的需求会因公司而异，也可能会因市场和文化而异，但了解与员工相关的人权、安全、劳工标准和经济福利问题对公司来说至关重要。首先，优秀的管理人才更倾向于被具有出色 CSR 记录的公司所吸引。此外，在吸引和留住技能员工方面，关注教育、基本人权和生活质量问题的 CSR 计划很重要。其次，员工作为特定公司的社区代言人，对于实现更广泛的社区目标和提高生产力至关重要。所以，公司需要倾听员工的意见，确定他们的需求是什么，以及这些需求如何与公司的成长和发展相适应。

消费者。消费者代表了另一个对公司感兴趣的关键利益相关者群体。消费者决定了公司可能提供的产品和服务的类型。作为公司的重要利益相关者，他们提供收入，并且其对产品和服务的偏好能够为公司下一步生产的产品和服务指明方向。保持客户忠诚度是企业要考虑的关键问题，因为忠诚的客户群意味着长期稳定甚至增长的销售额。CSR 使企业树立正面的品牌态度并最终影响客户的消费行为。一家公司的销售额可能会因为其广为人知的 CSR 政策而增加，也可能因社会或环境问题而受到消费者抵制。巴克莱是欧洲最大的化石燃料融资者，2016—2019 年，其为化石燃料项目提供了超过 1180 亿美元的资金，其投资是不利于生态保护的，所以频繁遭到抵制活动。[②]

社区。社区是一个非常大的利益相关者群体，在某些情况下比客户或员工的比例更大。根据公司的规模和范围，社区可以是一个地理区域，如果公司在全球范围内经营或销售产品，则社区可以跨越大洲。因此，公司可能会发现安抚如此庞大的群体具有挑战性。此外，与公司或与公司相关的其他利益相关者群体的利益相比，社区利益的维护对企业具有更广泛，更长远的影响。在国外，如果社区觉得某个机构与其目标不符，他们会进行抗议。例如，当一家成人俱乐部在纽约切斯特港开业时，社区感到愤怒并抗议了数周以将其拆除，因为他们不希望他们的城镇与他们认为不道德的业务联系在一起。[③]

---

① Freeman R., 1984. Strategic management: A stakeholder perspective[J]. Boston: Pitman.

② 资料来源：https://peopleandplanet.org/divest-barclays#victories.

③ 资料来源：https://www.nytimes.com/1993/12/19/nyregion/communities-study-port-chester-s-fight-over-topless-bar.html.

政府。政府是企业应始终保持良好关系的利益相关者群体，因为这一关系对于公司维持平稳运行至关重要。在国外，随着越来越多的政府通过要求社会审计和公开报告的立法，CSR 报告将成为一项要求。随着政府角色的转变，过去的 CSR 战略是企业用于慈善事业的自愿战略；但在最近的趋势中，政府对 CSR 的关注度越来越高，因此企业需要考虑政府对 CSR 的期望。鉴于政府作为利益相关者的支配性和权威性，公司要学会换位思考，意识到政府和公司一样，也有需要安抚的利益相关者，并将政府自身利益相关者的知识融入其战略关系和针对政府的 CSR 计划中。

公司与利益相关者之间的良性互动关系对于公司制定具有竞争优势的CSR战略至关重要。随着公司的发展和利益相关者期望的增加，公司将需要更积极地建立他们的关系。在 CSR 的初期，企业可以通过简单的合规性来满足许多利益相关者的需求，但随着进一步的发展与成长，企业需要超越合规性，转向响应性，并着眼于可持续性、客户满意度、员工士气和投资回报来满足利益相关者的需求。未来，企业可能需要积极主动地实现经济社会和环境价值的最大化。因此，在利润最大化的背景下思考如何通过生态创新实现企业绿色化对企业获得竞争优势意义重大。

知识卡片 5.6：资源观（RBV）

3. 精益管理

受丰田生产系统的启发，精益管理是一种管理和组织工作的方法，旨在提高公司的绩效，特别是生产过程的质量和盈利能力。精益管理理念的主要目标是通过优化资源为客户创造价值，并根据客户的实际需求创建稳定的工作流程。它通过识别业务流程中的每一个步骤，然后修改或删减不创造价值的步骤来消除任何时间、精力或金钱的浪费。精益管理侧重于将客户置于运营重点，从最终客户的角度定义价值和增值，消除价值链中所有领域的所有浪费，不断改进所有活动、流程、目的和人员，将人员置于增值服务和流程的中心。①

精益管理以丰田生产系统为基础，为实施精益管理，丰田制定了如表 5.1 所示的五项原则，通过遵循这五项原则，他们实现了效率、生产率、成本效益和周期时间的显著改善。随着精益管理的流行与普及，这五项原则已经成为组织管理者进行精益管理的参考准则。②

识别价值是精益管理的第一步，它意味着要找到客户的需求，并使产品成为解决方案。具体来说，产品必须是客户愿意支付的解决方案的一部分。任何不增加价值的过程或活动，客户不愿意为之付出代价，其对最终产品的价值被视为浪费，应予以消除。

价值流映射是指映射公司工作流程的过程，包括所有为创建和交付最终产品给消费者的过程中做出贡献的行动和人员。价值流映射将哪些流程由哪些团队领导进行可视化，并识别负责测量、评估和改进流程的人员。这种可视化可帮助管理者确定系统中的哪些

① Ohno T. 1988. The Toyota production system: Beyond large-scale production[J]. Cambridge, MA: Productivity Press.

② Helmold M. 2020. Basics in Lean Management. In: Lean Management and Kaizen[M]. Management for Professionals. Springer, Cham.

表 5.1 精益管理五项原则

原 则	主 要 目 标	下一步行动
识别价值	了解最终用户认为的“价值”	识别不符合客户需求的产品或服务的功能或属性，找到潜在的改进机会
价值流映射	绘制工作流程价值流并识别浪费	通过测量评估将生产流程分类，辨别出不增加价值的完全消耗活动
创建工作流程	创建连续的生产流程，在流程步骤之间提供最小的缓冲	根据计划生产时间和客户需求计算生产速度
建立拉力系统	只生产需要的东西，防止浪费	仅针对特定需求进行生产
寻求改进	不断寻求创造价值的方法，同时消除浪费	不断改进产品、服务和生产流程

部分不会给工作流程带来价值。

创建连续的工作流程意味着要确保每个团队的工作流程顺利进行，并防止跨职能团队工作可能出现的任何中断或瓶颈。看板是一种精益管理技术，利用视觉提示触发动作，用于实现团队之间的轻松沟通，以便他们能够解决需要做什么以及何时需要完成的问题。将整个工作流程分解为小部件的集合，并可视化这方面的工作流程，这有助于消除流程中断和障碍。

开发拉力系统可确保连续工作流程保持稳定，并确保团队以更少的努力更快地完成工作任务。拉力系统是一种特殊的精益技术，可减少任何生产过程的浪费。它确保只有在对新工作有需求时才开始新的工作，从而实现将开销降至最低和优化存储成本的优势。

最后一个原则是不断改进，这是精益管理方法中最重要的一步。促进持续改进是指用于确定组织已做什么、需要做什么、可能出现的任何障碍以及组织所有成员如何改进其工作流程的各种技术。精益管理系统既不是孤立的，也不是不变的，因此，在其他四个步骤中的任何一个步骤中都可能发生问题。管理层必须创造一种环境和文化，让所有员工都能按照五项原则开展工作，以确保所有员工都有助于不断改进工作流程，无论何时出现问题，都会保护组织。

由上述原则可知精益管理主要侧重于改进操作流程和提高效率，目标是减少浪费，从而降低运营成本。而随着可持续性变得越来越重要，任何组织都必须在精简组织的同时部署可持续性要素。传统的思维方式认为，企业“变绿”会增加成本，而实施“精益”流程则是为了精简和省钱，“变绿”和“精益”之间似乎相互矛盾。但精益和绿色之间也可能存在协同关系，而且精益制造实践和可持续性在概念上是相似的，因为两者都力求最大限度地提高组织效率，只是在废物的定义方面，可持续性扩大了废物的定义，包括环境和社会等更为广泛的商业后果。此外，精益流程本身就不那么浪费，从这个意义上说，推广精益流程可以帮助组织“变绿”。

精益和绿色环保是一种趋势，它为企业寻找新的竞争优势和商业机会。近年来，许多公司制定了一个基本目标，以尽量减少对环境的影响，同时保持所有业务流程、产品和服务的高质量，这通常称为可持续性或绿色制造。绿色制造是制造出能够最大限度地减少负面环境影响、节约能源和自然资源的产品，对员工、社区和消费者都是有益的。[①]大多数制造商开始意识到，追求绿色将使他们回到精益。在应用“精益原则”时，可以通过持续改进来识别和消除废物的系统方法来提高环境绩效。一个典型的例子就是保时捷莱比锡工厂等 6 家来自不同国家和地区的工厂因其高效和可持续的生产而荣获“2021 年精益与绿色管理奖”。[②]

4. 生命周期管理（LCM）

全球气候风险和社会意识的提高迫使企业将可持续发展的愿景融入其业务战略和运营中，这会加剧企业面临的挑战，如更短的创新和技术周期以及日益扩大的市场细分。一般来说，公司会通过内部结构的发展，如使用生命周期成本法（life cycle costing，LCC）或生命周期评估（life cycle assessment，LCA）等新方法和工具，来提高应对气候风险和市场复杂性的能力。越来越多的公司现在已经将生命周期管理（life cycle management，LCM）作为一个独特的、系统的概念、技术和程序框架，其目标是创造更可持续的产品和业务。

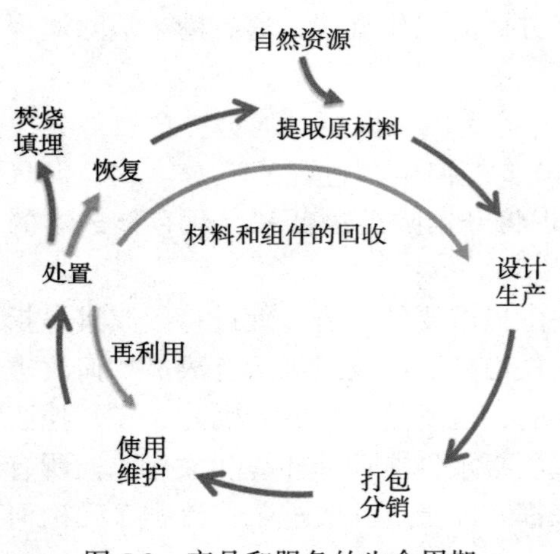

图 5.9　产品和服务的生命周期

LCM 是一种产品管理系统，旨在最大限度地减少与组织的整个生命周期和价值链中的产品或产品组合相关的环境和社会经济负担。具体来讲，LCM 是在可持续发展和 TBL 的概念基础上发展而来的，它旨在根据可持续发展的指导原则，从生命周期的视角构建、设计、规划和发展公司业务活动。目标是最小化成本、优化收入、最小化环境影响以及最小化风险，同时要考虑到产品生命周期的所有阶段，即从原材料提取到加工、制造、分销、使用、回收、再利用或最终处置的多个阶段（图 5.9）。生命周期管理对于企业“变绿”至关重要，生命周期思维将清洁生产概念扩展到完整的产品生命周期，这可以促进组织内部和整个价值链中经济、社会和环境维度之间的联系，减少产品的环境资源使用和排放，并提高其整个生命周期的社会经济绩效。

作为概念、技术和程序的综合管理框架（图 5.10），LCM 将不同的运营概念、政策、系统、方法、工具和数据连接起来，这些概念、政策、方法、工具和数据融合了环境、经济和社会方面的考虑。同时，LCM 还需要关注不同模块之间是如何相互关联的，以及如何在整个产品或流程生命周期中更好地解决环境、经济和社会方面的问题。具体来讲，LCM 的分析工具有 LCA、LCC、不同形式的足迹（如水足迹和碳足迹）分析、成本效益分析（cost and benefit analysis，CBA）、投入产出分析（input-output analysis，IOA）、环

① Gareco M, Taisch M. 2012. Sustainable manufacturing: trends and research challenges[J]. Production Planning and Control, 23: 83-104.

② 资料来源：https://lean-and-green.de/de/gewinner-2021.

境风险评估（environmental risk assessment，ERA）等。LCM 的程序工具包括审计、生态设计、生态标签等。加权模型等是 LCM 的支持性工具，可以进行不确定性分析、敏感性分析等。LCM 还包括环境设计、可持续性设计、回收设计等设计概念，还涉及循环经济、可持续消费和生产、整合产品政策（integrated product policy，IPP）等政策和战略。[①]

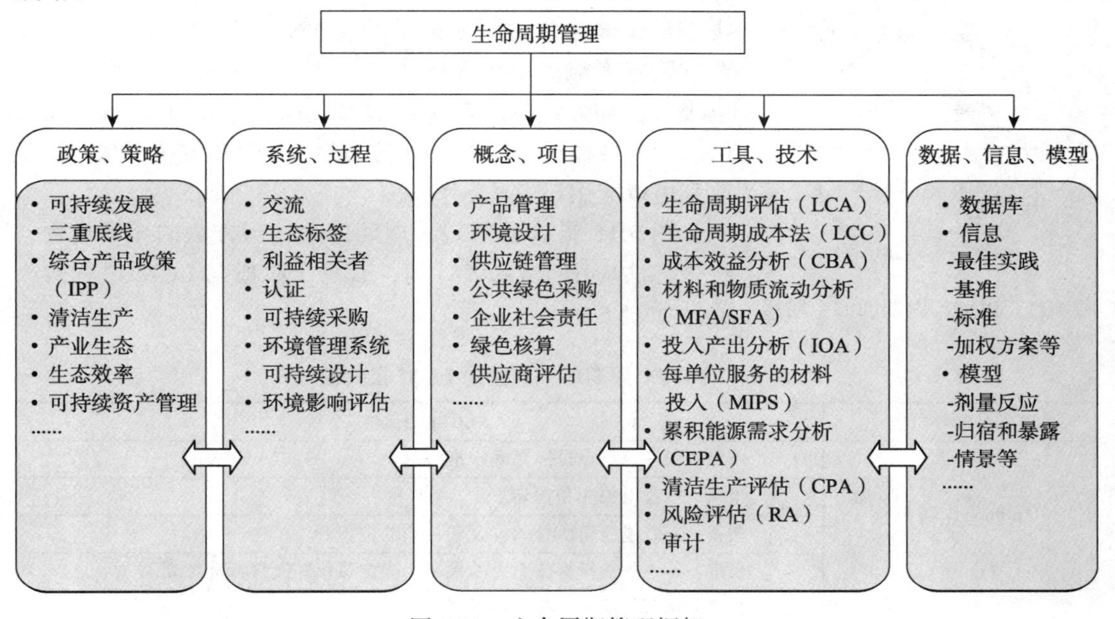

图 5.10　生命周期管理框架

不同企业对图 5.10 中所示的战略、系统、计划和不同类型工具的选择有所不同，这主要取决于每个公司的主要目标和长期价值观。公司可以使用 LCM 支持其“变绿”的具体目标，在这一过程中，公司需要超越组织界限，通过外部沟通向价值链的所有利益相关者扩大协作范围，改善其公众形象，改善与利益相关者的关系。

LCM 可应用于所有组织，从规模很小的本地供应商到大型或跨国公司均可采用 LCM，其具体组织形式可能因公司而异，这取决于公司所涉及的产品系统类型、想解决的具体社会和环境问题、其地理范围和供应链复杂性等因素。但成功的 LCM 实践主要取决于以下因素。

首先，LCM 的成功实施需要公司高层的持续支持。例如，为可持续发展倡议提供所需的时间和教育资源等，在整个组织内以有效和明确的方式传达可持续发展目标。

其次，成功实施 LCM 还需要一系列员工的充分参与，以确保该举措深入贯彻到公司各部门员工，并确保将重点放在改善产品的可持续性上，而不仅仅是谈话和数据收集。

最后，LCM 实践在组织中取得成功的另一个关键因素是所有部门的参与。LCM 实践可能会影响公司的所有职能和部门。例如，实施新的设计理念可能需要采购和营销部门的支持。任何改变产品材料构成的决定不仅影响其质量、价格和环境状况，而且还会

① 联合国环境署. 2007. 生命周期管理：可持续发展的商业指南.

引发有关新材料采购、潜在新市场、生产过程的后果、新的物流需求等问题。因此，组织内部跨部门沟通和分享想法是 LCM 的关键。

那么，一个企业具体怎样去实施 LCM 呢？PDCA（计划 plan、执行 do、检查 check 和行动 act）周期是公司可用于实施 LCM 计划以提高其可持续性绩效的质量管理工具之一。PDCA 周期也被称为德明周期，20 世纪 50 年代由沃尔特·休哈特提出，由爱德华·德明进一步概念化，用来分析和衡量业务流程，并从客户需求中确定影响产品质量的主要原因。PDCA 周期是一系列系统步骤和连续的反馈循环，管理者能够识别并采取必要的措施来改变流程中需要改进的部分，任何想要“变绿”的企业都可以应用该方法。①

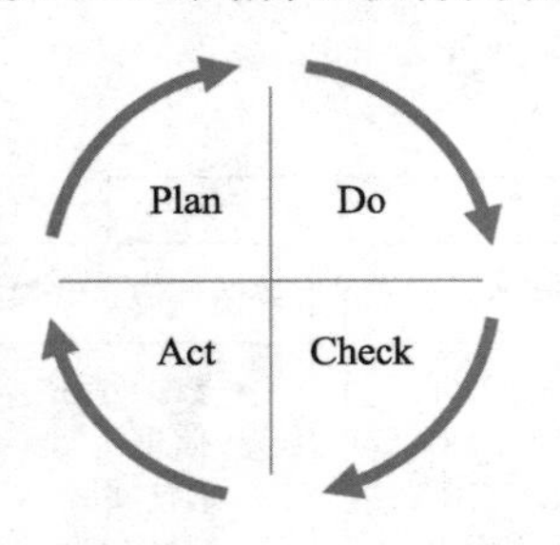

图 5.11　PDCA 周期的四个阶段

图 5.11 展示了 PDCA 周期四个管理方法的循环过程，将该方法应用于 LCM 计划，其每个阶段与 LCM 过程的相关性如表 5.2 所示。②

表 5.2　PDCA 周期每个阶段的 LCM 相关性

PDCA 循环阶段	LCM 相关性
plan（计划）	制定政策——设定目标并确定抱负水平。
	组织——获得关注和参与。
	调查——概述公司所处的位置和希望的位置。
	设定目标——选择将要努力的领域，确定目标并制订行动计划。
do（做）	改善环境和社会——将计划付诸行动。
	报告——记录努力及其结果。
check（检查）	评估和修改——根据需要评估经验并修改政策和组织结构。
act（执行）	把它提升到一个新的水平——设定新的目标和行动，更详细的研究等。

首先，“plan”步骤通过不同的活动确定了主要管理目标，并确定了实现目标所需的流程。具体来看，“计划”步骤确定了公司目前的可持续发展目标水平，并确保它们是否拥有所需的资源。这一步骤通常涵盖以下领域：政策设置（确定企业的雄心壮志水平）、组织（投入和参与）、调查和研究（确定关键的环境社会影响和企业自身的发展机会，并研究清楚企业未来想要什么），最后确定目标（选择一个目标领域，即自己的优先领域，确定目标并制订行动计划）。

其次，“do”步骤是实施计划的过程，也就是在已有目标约束下输出产品的过程，当然它还涉及收集和准备下一步所需的数据等活动。具体来看，除了在产品生命周期中实现可能的改进外，该步骤还包括需要应对的新挑战，其中可能包括解决新的或潜在的问题。例如，环境法规正在收紧，公司需要为任何监管变化做好准备，以便它们能够调整目标和行动计划。公司可以实施生命周期思维，重新设计产品以满足立法要求，包括更

① Sokovic M, Pavletic D, Kern Pipan K. 2010. Quality improvement methodologies – PDCA cycle, RADAR matrix, DMAIC and DFSS[J]. Journal of Achievement in Materials.

② 联合国环境署. 2007. 生命周期管理：可持续发展的商业指南.

易于回收、简单拆解、新材料选择等。此外，为了确保产品的可持续性改进，应制定书面程序或说明。同时，内部和外部的交流是实现 LCM 计划效益的必要先决条件，做的结果是一个组织承诺的结果，需要记录下来，并传达给利益相关方和其他有关各方。

然后，PDCA 周期的第三阶段是“check”步骤。在此阶段，将分析“do”步骤的主要结果是否符合“plan”步骤中设定的预期结果，进而确定影响产品性能的主要因素，并提出改善方案。具体来看，LCM 的分步方法不仅确保我们深入理解产品在其整个生命周期内所产生的社会与环境影响，还揭示了如何基于这些洞察来优化产品的可持续性表现，即理解产生的社会和环境影响与可持续改进措施之间的相互作用。PDCA 周期的“check”步骤就评估了此相互作用，并涉及对产品和服务以及管理系统本身的测量、监测和评估。在这一阶段，评估拟采用的解决办法的有效性。根据上一步的结果，一旦确定了改进领域并评估了主要项目的总体范围，则可以通过重复“check”的步骤来纳入改进。

知识卡片 5.7：清洁生产

最后阶段是“act”步骤。该操作主要是依据“check”阶段的输出结果进行的。具体来看，如果“check”阶段输出结果表明目标实现，则将制定进一步改善可持续性的新目标，或者如果目标过于雄心勃勃，没有充分考虑公司资源的潜力，则可以设定一个雄心水平较低的目标。因此，“act”阶段无论如何结束了上一个周期，并开始一个新的周期与一个新的目标。无论 LCM 计划是否成功，年度周期都需要伴有最高管理层审查和设定方向。通过第一轮改进的经验，企业可能已确定进一步调查或实施举措的领域。

知识卡片 5.8：循环经济

总之，LCM 利用相关工具将生命周期思维纳入企业商业实践，以涵盖可持续发展的三个维度。作为一种生命周期方法，LCM 是一个动态过程，公司可以根据其拥有的资源开始应用它，并制定特定的目标。他们可能首先使用 LCA 作为工具来评估单个产品的环境性能，并找到替代解决方案来减轻该产品的环境负担。随着时间的推移，他们可以调整目标，逐步从一个项目走向更先进、更复杂的生命周期管理实践，为多种产品制定流程，当然这需要更加先进的工具和数据密集型程序。

知识卡片 5.9：碳足迹

5.3.2　企业“变绿”的实践

2019 年，全球 180 多个国家约 600 万人走上街头，发起了可能是有史以来最大规模的气候抗议活动，要求各国采取进一步行动减少温室气体排放。在巨大的减排压力和气候压力影响下，企业“变绿”既是机遇又是挑战，越来越多的企业顺应趋势，积极抢占先机，这也为后续计划“变绿”的企业积累了一些可供借鉴的实践经验。

扩展阅读 5.1：绿色能源企业——中石化

扩展阅读 5.2：绿色建筑企业——万科

扩展阅读 5.3：绿色低碳轮胎——德国马牌轮胎

扩展阅读 5.4：绿色科技企业——苹果公司

首先，不同行业转型难度不一。能源、化工与建筑等高能耗、高排放行业转型压力大，他们需要建立新业务，进行基础设施电气化，开发新的低碳技术等。而与其他行业相比，科技行业企业的资源消耗和排放较少，且便于统计，“变绿”目标会更明确，进程也会更加快，而且科技行业有可能赋能于其他行业的减排。例如，将其数字技术创新应用于其他高能耗行业，提高其节能减排效率。因此，科技企业要重视减排，尤其是注重发挥帮助其他行业减排的能力。但德勤对中国企业脱碳调查显示，服务业、科技、媒体与通信行业的企业因其自身能耗不多，所受监管较少，所以并不太关注低碳减排，仅受监管的能源、工业等高排放企业更多更早的采取了措施。[①]

其次，与国内企业相比，国外企业对未来的战略布局更具体，而国内企业注重的是废弃物回收等项目尝试。国外企业会主动披露相关污染排放数据，并且将减排融入自身未来发展的战略布局之中，有明确的重点关注领域，有具体的阶段性减排目标与规划。而国内企业更注重对过往项目经验的总结披露，具体环境指标比较笼统。例如，少有企业进行碳排放披露，对未来多是简单描述性展望，少有进行具体的战略性布局。总之，与国外相比，国内企业现在的绿色发展还比较初步。德勤对中国企业脱碳准备的调查也显示，只有为数不多的企业制定了脱碳目标并设定了时间表。

最后，对任何企业来说，“变绿”都是需要循序渐进的。已有企业意识到“变绿”的重要性，并已经有所行动，但“变绿”需要一个过程。以企业实现碳中和为例：首先，企业需要依据国际通用或政府已颁布的标准对自身的碳排放足迹有一个具体的核算与分析；其次，尽力寻找自己价值链中既有价值创造机会又有减排空间的领域，将其确定为减排重点关注领域；再次，依据国家的减排目标及部署，并综合企业自身排放情况制定中长期减排目标和行动计划；最后，多部门协调实施这些计划。

5.4 绿色企业未来发展趋势

气候变化是前所未有的巨大危机，严重威胁企业未来发展，企业面临的环境压力与社会压力与日俱增。同时，人工智能、5G 和区块链等数字技术的蓬勃发展又给企业带来了新的发展机遇。[②]目前，在联合国可持续发展目标框架的影响下，已有一些企业开始逐步将环境与社会因素嵌入自己的价值链中，并试图借助数字要素拓展新的业务机遇，从而推动企业未来增长。所以，数字化和链条化可能是绿色企业实现价值创造所必备的关键特征。

---

① 资料来源：https://www2.deloitte.com/cn/zh/pages/risk/articles/china-decarbonization-report.html.

② 资料来源：https://www.environmentalleader.com/2021/09/5g-offers-opportunity-for-businesses-to-gain-a-competitive-edge-while-boosting-sustainabilty-new-qualcomm-report-finds/.

5.4.1 数字化

企业和社会的数字化与可持续性的融合为企业提供了机会和挑战，包括组织内部和跨组织边界。例如，公司可以使用数字工具绘制环境足迹图，并评估环境变化对其业务的影响。新兴的数字技术正在改善可持续创新，然而也带来了新的风险，如网络犯罪和隐私丢失。公司的数字化转型主要通过影响信息透明度，人工智能分析，数字生态系统协作这 3 种方式影响企业的可持续发展。

首先，数字技术提高了资源和环境信息的透明度。物联网（internet of things，IoT）的应用使我们能够收集和分析能源和资源数据，提供系统、建筑物、工厂和企业层面的信息。随着信息透明度的提高，电力和其他资源就不只是在需要时才能交付和使用，而是仅通过数据连接，就能将消费与实际需求、电网性能、预测和目标相匹配，这是脱碳的起点。例如，施耐德电气开发了 EcoStruxure™作为物联网，这是一个即插即用、开放、可互操作的架构和平台。利用数字化的力量，EcoStruxure 应用程序改善了家庭、建筑、数据中心、基础设施和工业中的能源和资源使用情况。[①]

其次，在数据的支撑下，企业可以根据基于事实而不是直觉的测量和学习做出明智的决策。凭借正确的数据质量和结构，人工智能自动化或协助企业实时做出这些决策，从而改变传统的业务流程。同时，国际能源署指出数字化可以通过收集和分析数据的技术来提高能源效率，从而优化能源使用的实际过程。例如，Banyan Water 的报告指出监控用水、学习和适应单个水系统的技术，以及分析物业的水数据有利于企业降低水风险。[②]

最后，找到合适的技术合作伙伴往往是实现雄心勃勃的可持续发展目标最快、最简单、最有利可图的方式。这就需要数字生态系统作为支撑，如施耐德电气交易所在此方面产生巨大影响：它们使最终用户、技术提供商和集成商能够走到一起，共享数据，以创建更多见解、开发新解决方案以及解决效率和可持续性挑战。

5.4.2 链化

随着企业绿色业务领域的不断扩展，企业会形成自己的绿色价值链，并带动上下游的企业一起形成绿色供应链，最终形成整个行业的绿色产业链。

首先，绿色价值链将是企业“变绿”的必经过程。企业在创造价值的同时，也是在不同阶段影响着自然资源的使用。多数企业现在或将来都会通过以下方式绿化其价值链：第一，确保自然资源的可持续利用，并在价值链输入端增加可再生和回收资源的份额；第二，在每个阶段最大限度地提高材料和能源效率；第三，将减少对环境的负面影响作为链条所有点的输出。绿色价值链将价值链的传统线性观点转变为循环系统观点，其中价值链在它们所依赖并影响的自然环境中运行。例如，上一节介绍的苹果公司正在不断中和其碳足迹，追求绿色价值链。

其次，供应链可持续性仍然是公司发展的核心目标。OpenText 的一项调查显示，由

---

① https://www.schneider-electric.cn/zh/work/campaign/innovation/overview.jsp.

② 资料来源：https://www.environmentalleader.com/2021/09/automation-and-machine-learning-could-eliminate-costly-water-waste-says-report/.

于消费者希望将道德标准放在产品的整个来源上，公司不仅需要对其商业惯例负责，而且需要对其供应链的行为负责。近年来，越来越多的跨国公司承诺只与遵守社会和环境标准的供应商合作。通常，这些跨国公司期望其一线供应商遵守这些标准。英特尔是一家表示重视这一理念的公司，最近还报告了其约 9000 家供应商如何处理可持续发展问题，并称将为自己的行为负责。英特尔还表示，它在整个业务和供应链中将可再生能源利用率从 71%提高至 82%，并节约了 71 亿加仑（1 加仑=4.546 092 dm^3）的水。①

最后，绿色产业链是所有公司“变绿”的最终结果。当一个行业的大多数企业都完成绿化的时候就会形成绿色产业，而且不同产业链的绿色环境表现会存在明显差异。例如，EcoVadis 的一项研究显示，尽管实现可持续性的运动有相似之处，特别是在供应链方面，但各行业在该领域的业绩差异很大，金融、法律和咨询服务部门在这方面做得最好，食品制造和电子等高度监管的行业可持续性绩效逐年改善，批发服务和运输行业在可持续性增长方面则显示出最大的潜力。

思考题

1. 绿色发展理念产生的现实背景是什么？
2. 什么是可持续发展？
3. 中国的绿色发展理念是如何形成的？
4. 绿色企业的概念和内涵是什么？
5. 什么是 LCA？
6. 企业变绿面临的机遇和挑战有哪些？
7. 企业的 TBL 指什么？有什么内涵？
8. 请指出绿色发展战略理论有哪些？并给出具体阐述。
9. 精益管理指什么？与企业“变绿”有什么关系？
10. 精益管理的五项原则分别指什么？
11. 什么是 LCM？
12. LCM 的框架是什么？
13. 企业怎样实施 LCM？请结合企业实践案例进行分析。
14. 绿色企业的未来发展趋势是什么？

即测即练

自学自测　扫描此码

① 资料来源：https://www.environmentalleader.com/2021/05/how-intel-encourages-9000-tier-1-suppliers-to-strive-for-sustainability/.

第 6 章

企业社会责任

6.1 企业社会责任的内涵

6.1.1 企业社会责任的发展

尽管企业社会责任（corporate social responsibility，CSR）已经有几十年的研究历史，但它的定义及适用范围一直存在模糊性，还不存在一个权威的定义。事实上，在目前的文献中，尚未存在对 CSR 的模糊性质和多样性定义的系统性梳理和讨论。

CSR 的起源可以追溯到 20 世纪 20 年代，英国学者谢尔顿（Sheldon）在他的著作《管理的哲学》中首次提出 CSR 的概念。但这一观点在当时并未受到重视，直到美国学者鲍文（Bowen）在 1953 年出版了具有里程碑意义的《商人的社会责任》一书，有关 CSR 的研究工作才开始蓬勃发展。鲍文在他的文章中指出，企业拥有巨大的权力和影响力，因此企业应该考虑其决策和行为对社会的影响。《商人的社会责任》激发了关于 CSR 的讨论，鲍文也因此被称为“CSR 之父”。

20 世纪 50 年代的其他贡献者也为后来 CSR 的研究工作奠定了基础。另一个重要的贡献者是张伯伦（Chamberlain），他将 CSR 定义为企业领袖无论是否受法律约束，都应该做出的正确决定，即 CSR 应超越法律的要求。张伯伦侧重于 CSR 的伦理和自愿性。因此可以看出，早在 20 世纪 50 年代，CSR 的定义就较为模糊，而且这种模糊性在随后的研究中进一步加剧。

在 20 世纪 60 年代，戴维斯（Davis）提出了著名的“责任铁律”，即商人的社会责任必须与他们的社会权力相称。他对 CSR 概念的贡献在于：强调企业在考虑自己利益的同时，有义务采取保护措施和增加社会福利。

20 世纪 70 年代也出现了“社会反应”和“社会绩效”等术语，如塞西（Sethi）的企业社会绩效三层模型。这些术语的出现暗示着学者们对企业行动的设想。关于 CSR 的讨论从“企业社会责任是什么”发展到“企业如何履行社会责任”。尽管出现了社会反应性和社会绩效等术语，但它们并没有取代 CSR。

同时在 70 年代，关于 CSR 的探讨也出现了一些反对的声音。最著名的反对意见来自经济学家弗里德曼（Friedman）。弗里德曼认为“企业只有一项社会责任，那就是在遵守游戏规则的前提下，利用其资源，从事旨在增加利润的活动。也就是说，参与公开和自由的竞争，不存在欺骗或欺诈行为”。弗里德曼的观点也是许多 CSR 反对者的基石。例如，卡纳尼（Karnani）认为，当私人利益与公共利益相冲突时，CSR 是无效的。要求公司自愿牺牲利润来增加公共福利是行不通的。弗里德曼的主张与波特（Porter）和克莱默（Karmer）等学者的“战略企业社会责任”观点有相似之处。弗里德曼主张组织是以利润为中心的，然而战略社会责任的支持者并不认为 CSR 和利润是相互排斥的，而是认为，如果 CSR 与企业的核心战略相结合，就可以对财务绩效产生积极影响。

1979 年，卡罗尔（Carroll）提出了一个由四部分组成的 CSR 的定义，他在 1991 年和 1999 年再次回顾了这个定义，并创造了“CSR 金字塔”（见图 6.1）。该模型已成为文献中被引用和支持最多的学术模型之一。

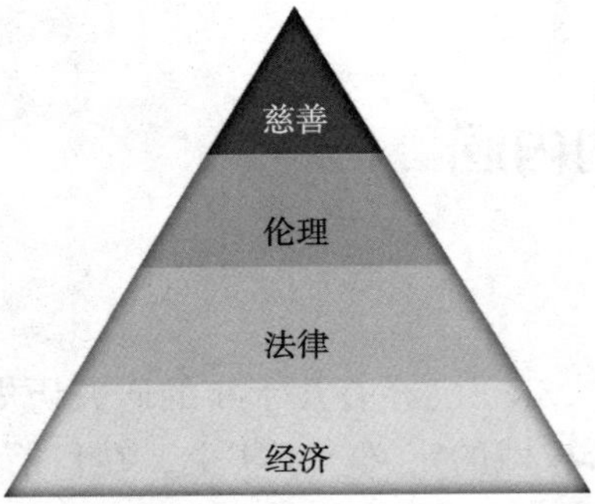

慈善
伦理
法律
经济

图 6.1　CSR 金字塔

在 20 世纪 80 年代和 90 年代，出现了一些替代企业社会责任的新术语，如“企业社会绩效”“企业公民”“企业社会响应”等。这些术语在文献中被继续使用：有时它们作为企业社会责任的替代品；有时它们与 CSR 互换使用。卡罗尔认为，对 CSR 的兴趣并没有在 20 世纪 80 年代“消失”，而是“CSR 的核心关注点开始被重新塑造成不同的概念、理论、模型或主题”。

自 2000 年以来，对 CSR 的兴趣呈爆炸式增长，相关文献已将其扩展和应用到许多领域，具体包括：CSR 与财务绩效之间的关系、CSR 与战略、CSR 与立法、CSR 与全球化、CSR 和行业、政府在推进 CSR 中的作用。与过去理论性、抽象化的文献相比，目前对 CSR 的关注更多集中在实践层面。

回顾 CSR 的演变历史，可以发现学术界和实践界对这一主题的探究一直在稳步、渐进地深入（见图 6.2）。关于 CSR 的研究已经从少数学者对商人责任的考察，到对企业责任内涵的界定，再到吸引大量学者结合理论与实践探索分析 CSR。简而言之，CSR 在学术界和实践界都已成为主流。

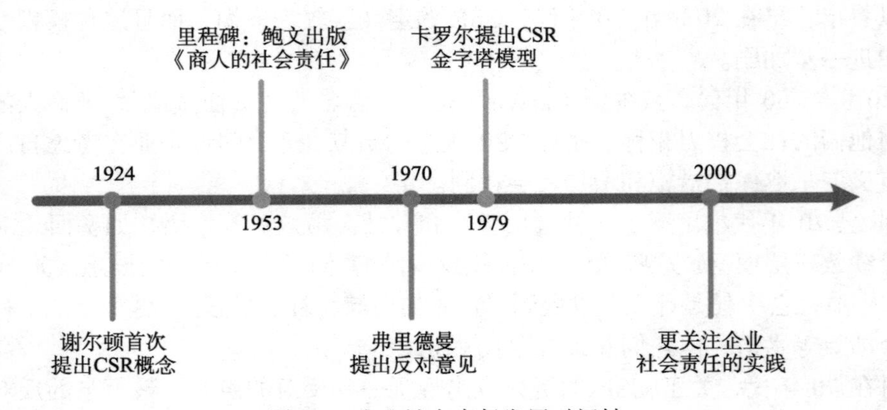

图 6.2　企业社会责任发展时间轴

6.1.2 CSR的定义

1. CSR定义的争论

事实上，自20世纪70年代以来CSR的定义一直备受争议。学者们对这个术语的定义进行了不懈的辩论。虽然已经有大量学者和组织研究了CSR，但是并未就其定义达成共识。

扩展阅读 6.1 CSR的定义

一些学者采取了广泛的方法，将CSR定义为企业和社会之间的关系①，但这一定义过于模糊，不利于企业实践。同样，将CSR定义为超越经济和法律义务的组织责任②也不够清晰。随后，卡罗尔在此基础上进行了扩展，以获得一个更系统的定义，他提出CSR包括社会的经济、法律、伦理和慈善期望。然而，正如前面提到的，这个被广泛接受的定义也受到批评，因为它不具有普适性，没有考虑到各国不同的经济发展状态。此外，一些学者建议，CSR涉及限制企业经营的不利影响③，但这一定义忽略了企业CSR对社会产生的积极影响。近年来也有学者从利益相关者的角度定义CSR，通过描述企业在其CSR定位中应考虑的特定群体或个人，将社会责任个人化。利益相关者更清晰地区分了企业应该对哪些群体承担社会责任。欧洲委员会（European Commission，EC）提供的定义不仅讨论超过最低法律要求，而且还包括满足利益相关者期望的需要。同样，社区商业协会（Business in the Community，BITC）提出，CSR是企业对社会的积极影响的管理，强调与关键利益相关者互动的重要性。

关于CSR的众多定义都曾受到支持和批评。宽泛而笼统的定义会被批评为对实践者和学者的帮助有限，因为它们导致CSR对任何人几乎都有意义。但狭义而规范的定义可能会被指责范围太过有限，忽视了组织通过多种方式参与企业社会责任的可能性。

2. CSR的五维度

尽管CSR存在多种定义，但不同的定义之间存在共性。④达尔斯拉德（Dahlsrud）通过对现有CSR定义的内容分析，寻找现有定义之间的相似性和差异，提出CSR的五个维度：环境维度、社会维度、经济维度、利益相关者维度和自愿性维度（见表6.1）。分析显示，虽然不太可能每一个CSR定义中都包含所有五个维度，但是一个随机选择的CSR定义有97%的可能性包含至少三个维度。达尔斯拉德的发现指出了CSR跨定义的共同核心，并表明尽管不同的定义可能在细节上有所不同，但最终它们在关键领域或维度上是一致的。这也有利于学者和实践者在界定CSR时识别出核心维度。

3. CSR的经典定义

虽然CSR的定义有很多，但本书重点介绍四个经典定义。

---

① Barnard, C. I. 1968. The functions of the executive[M]. Cambridge: Harvard University Press.

② Davis, H. T. 1960. Introduction to nonlinear differential and integral equations[M]. Washington DC: US Atomic Energy Commission.

③ Fitch, H. G.1976. Achieving corporate social responsibility[J]. Academy of Management Review, 1(1), 38-46.

④ Dahlsrud, A. 2008. How corporate social responsibility is defined: An analysis of 37 definitions[J]. Corporate Social Responsibility and Environmental Management, 15(1), 1-13.

表 6.1 CSR 的五维度

维　度	维度定义	示例短句
环境维度	自然环境	“更清洁的环境” “环境管理” “商业运作中的环境问题”
社会维度	商业和社会之间的关系	“有助于建立一个更好的社会” “将社会问题融入其业务运作中” “考虑它们对社区的全部影响”
经济维度	社会经济或财务方面，包括根据企业经营方式来描述企业社会责任	“有助于经济发展” “保持盈利能力” “业务运营”
利益相关者维度	利益相关者或利益相关者团体	“与利益相关者的互动” “组织如何与员工、供应商、客户和社区互动” “对待公司的利益相关者”
自愿性维度	法律未规定的行为	“基于伦理价值” “超出法律义务” “自愿”

第一个定义为卡罗尔提出的 CSR 金字塔模型（6.1.3 会详细介绍）。

第二个经典定义由弗里德曼提出。[①]弗里德曼引入“利益相关者”的概念，并论述了利益相关者在 CSR 中的作用。根据利益相关者理论，CSR 被定义为企业除了追求利润最大化这一目标之外，还需要对其利益相关者负责。弗里德曼认为企业拥有广泛的利益相关者，企业需要考虑并满足他们的期望。这就要求企业采用一种更全面的业务管理方法。由于弗里德曼将利益相关者定义为企业为实现其目标而影响的人，因此不难看出这些利益相关者包括除股东，所有者之外的其他群体。然而，即使在这个定义中，企业仍然处于被动地位——需要对其利益相关者负责。

第三个经典定义是阿伦森提出的，他将 CSR 定义为“与道德价值观相关，并要遵守法律要求以及尊重世界各地的人、社区和环境的商业决策”。[②]在该定义中，CSR 被认为是关于决策的管理实践，同时它也要遵守道德和法律责任。该定义包括了近年来越来越受重视的环境责任。它还指出 CSR 的范围包括世界各地，不管企业的利益相关者处于什么位置，公司都需要对其负责。

第四个经典定义由维特和钱德勒提出。[③]他们将 CSR 的观点纳入公司的战略规划和核心运营，认为公司的管理应该符合广泛利益相关者的利益，从而在中长期内实现最大的经济和社会价值。该定义提供了对 CSR 更全面的看法，同时强调了将 CSR 与公司的战略规划和核心运营联系起来的重要性。该定义还包括广泛的利益相关者和广泛的商业

① Freeman, R. E. 1984. Strategic management: A Stakeholder Approach[M]. London: Pitman.

② Aaronson, S. A. 2003. Corporate responsibility in the global village: The British role model and the American laggard[J]. Business and Society Review, 108(3), 309-338.

③ Werther Jr, W. B., & Chandler, D. 2010. Strategic corporate social responsibility: Stakeholders in a global environment[M]. California: Sage.

责任观点，强调企业承担 CSR 不仅是为了短期营销利益，而且是为了所有人的长期利益。

4. CSR 的相似概念

有许多类似的概念经常与 CSR 互换使用。其中包括企业责任、企业公民、可持续性、有意识的企业、社会企业和创造共享价值（creating shared value，CSV）等。这些术语之间有一些共同的含义，但存在差异。

1）企业责任（CR）

许多企业选择使用企业责任（corporate responsibility，CR）的概念而不是 CSR。他们的主要理由是，企业需要全面负责，而不仅仅是社会责任，因此扩大了责任范围。

2）企业公民（CC）

企业公民（corporate citizen，CC）是基于良好公民行为的含义（负责任，对社区有贡献，遵守法律）提出的，用于描述企业或组织对当地社区或整个社会的贡献。迈尼昂（Maignan）等人将企业公民定义为“企业满足其利益相关者强加给他们的经济、法律、道德和自由裁量责任的程度”。虽然这与卡罗尔对 CSR 的定义几乎相同，但是它强调积极履行责任，而不是细化责任。

3）创造共享价值（CSV）

哈佛商学院的波特（Porter）教授 2001 年在《哈佛商业评论》上率先介绍了 CSV 的概念。CSV 是指在关注竞争力和盈利能力的同时处理社会问题，致力于在公司与社会之间创造互惠互利和平衡。相比于 CSR，CSV 侧重于为社会和企业同时创造价值。

6.1.3 CSR 相关模型

1. CSR 金字塔模型

1）CSR 金字塔模型的组成

1979 年，卡罗尔提出了一个由四部分组成的 CSR 定义，并用金字塔的形式进行表述。他认为 CSR 包括社会在特定时间点对组织的经济、法律、道德和慈善期望。[①] CSR 金字塔是最著名的 CSR 模型之一，被 CSR 学者、实践者和教育者广泛使用。

卡罗尔后来解释说，选择金字塔是因为它简单、直观且经得起时间的考验。经济责任被置于金字塔的基础，因为它是商业的基本要求，也是其他一切的推动因素。这也表明了 CSR 是建立在经济稳健和可持续业务的前提下进行的（见图 6.1）。

第一层责任是经济责任。卡罗尔认为，社会对企业最强烈的期望是财务成功、生产对社会有价值的商品、提供投资、创造就业机会和纳税。有人认为，公司已经根据这些期望为社会做出了巨大贡献。卡罗尔认为，利润是公司完成上述所有工作的激励和回报。

第二层责任是法律责任。由于企业并不总是满足社会的期望，政府通过立法来规范企业，企业有义务了解并遵守法律和基本的“游戏规则”。法律责任包括：以符合政府和

① Carroll, A. B. 1991. The pyramid of corporate social responsibility: Toward the moral management of organizational stakeholders[J]. Business Horizons,34(4), 39-48.

法律期望的方式履行义务、遵守各种法律法规、以守法的企业公民身份开展业务、履行对社会利益相关者的所有法律义务、以及提供至少满足最低法律要求的商品和服务。

第三层责任是道德责任。对道德负责意味着以符合社会规范和道德规范期望的方式行事；承认并尊重社会采用的新的或不断发展的伦理或道德规范；防止道德规范因实现业务目标而受到损害；做符合道德或伦理要求的事情，成为优秀的企业公民。而并不仅仅是为了遵循法律法规才做出诚信行为。

第四层责任是慈善责任。慈善责任并不是强制的，是基于公司及其管理人员的善意，主要集中在慈善事业上。它包括所有形式的商业捐赠（包括金钱、物资和时间）和志愿活动。卡罗尔认为慈善责任通常是商业社会对企业的一部分期望，因此也将它放进金字塔。商业慈善以参与社会活动的愿望为指导，这些活动不是强制性的，不是法律要求的，也不是商业道德意义上的普遍期望。

2）CSR 金字塔模型的争议

CSR 金字塔的首要问题是金字塔的形式暗含着四种责任之间存在某种程度的层次结构，其中经济责任是最重要的责任。因此有人认为它鼓励公司盈利，即使盈利行为是不遵守法律或不道德的。而排在最后的慈善责任则容易被人们所忽视。

然而，卡罗尔后来解释说，应该从利益相关者的角度看待金字塔，应将他们看为一个整体而不是只关注其中某部分。卡罗尔认为 CSR 是参与同时满足所有组成部分的决策、行动、政策和实践，金字塔不应该被解释为企业应该以某种顺序的、分层的方式履行其社会责任。相反，企业应同时履行所有责任。但现实中同时满足四种责任是很困难的，四种责任之间不可避免会发生冲突。而公司平衡责任的方式决定了他们的 CSR 方向和声誉。如果公司将经济责任放在首位，则可能会导致它们的 CSR 水平较低。

2. 扎德克的五阶段模型

2004 年，扎德克（Zadek）基于耐克的案例研究提出了五阶段的 CSR 模型，包括防御、遵从、管理、战略和公民阶段（图 6.3）。

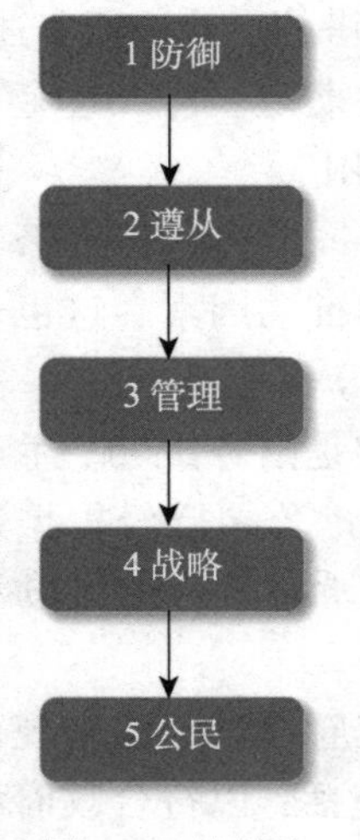

图 6.3　扎德克五阶段模型

防御阶段通常发生在公司被指控行为不道德、消费者或员工对公司行为不满意时。公司拒绝接受不当行为的指控并拒绝承担责任，认为解决问题不是公司的工作。在此期间公司试图避免对其声誉和业绩造成额外损害。

在遵循阶段，管理者和领导者意识到一味的否认只会造成公司声誉损失，因此企业采取遵循公众意愿的政策。但企业通常是被迫采取此类行动，只是为了保护品牌声誉并降低诉讼风险不得不满足批评者的要求。

在管理阶段，当问题明显不会消失时，公司承认他们需要承担责任和采取行动，因此他们寻找切实可行的长期解决方案。企业将社会问题纳入其核心管理流程，发展 CSR 部门，向慈善事业提供大量资金，并将其在企业公民方面的努力传达给利益相关者。

前三个阶段是风险规避。公司采用此类做法是为了降低风险并减少损害。然而，接下来的两个阶段，即战略阶段和公民阶段，旨在创造价值。

在战略阶段，公司将社会责任融入战略计划，并发现公司对公众需求的及时回应可以帮助公司获得战略优势，提升公司长期价值。

最后是公民阶段。在这个阶段的公司被认为是CSR的领导者，他们激励他人更加负责任，促进其他公司承担CSR，认可通过集体行动才能更好地为公众服务的原则。

扎德克的五阶段模型的贡献在于能够将CSR视为组织学习的一部分，并表明公司的道德和责任水平可能会发生变化。

3. ESR–CSR一致性模型

卡罗尔和扎德尔的模型本质上是垂直的，而ESR–CSR一致性模型将社会责任的两个维度——身份和行为——联系起来。该模型评估了“言行一致性”。之前的研究都把重点放在公司上，忽视了员工的重要作用，很少有人考虑员工的社会责任（employee social responsibility，ESR）。但学者们开始认识到员工敬业度在CSR中的重要性。ESR–CSR一致性模型通过对员工和组织进行分类，考察了员工与组织在社会责任方面的一致性。[①]

在个人层面，ESR身份反映了这样一种观念，即员工将自己视为给予、关怀（即对社会负责）的个人。[②] ESR行为包括员工在工作场所的社会责任行为，以及他们参与雇主的CSR工作。ESR行为可以被视为一种角色外行为，定义为旨在使组织受益的自由裁量行为。[③]

CSR行为是指公司选择对其各种利益相关者行事的方式。它可以针对外部利益相关者（如消费者、供应商、社区和环境），也可以针对内部利益相关者（如员工）。它还可能涉及各种外部行为，包括企业慈善事业、解决社会问题、道德行为和社区参与。

个人和组织可以（并且经常）认同特定的道德和价值观，同时以不反映这些观念的方式行事。因此，我们使用社会责任的这两个维度来创建一个矩阵，该矩阵由四种可能的社会责任参与模式组成：基于低和高水平的身份以及低和高水平的行为（图6.4）。这四种模式是低社会责任、基于身份的社会责任、基于行为的社会责任和交织的社会责任。社会责任矩阵使我们能够比较和确定组织和员工之间的行为是否具有一致性。

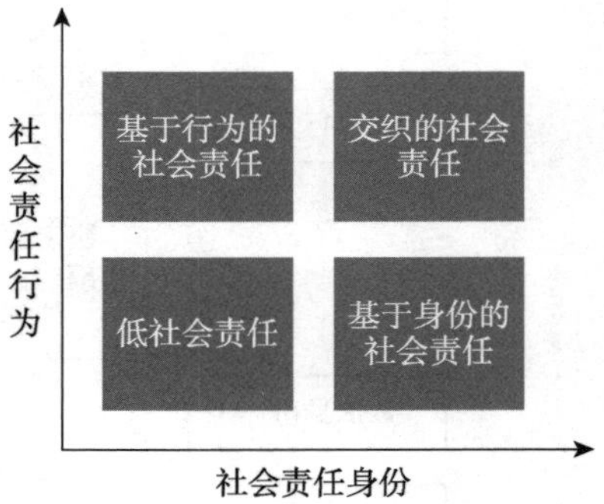

图6.4　企业社会责任矩阵

1）低社会责任

这一类别里包括具有较低社会责任身份和行为的员工和公司。员工对其工作场所中的社会或环境问题漠不关心。公司的商业责任观点也较为狭隘，只专注于最大化股东价值，不关心利益相关者的处境。这些公司可能会

① Haski-Leventhal, D., Roza, L., &Meijs, L. C. 2017. Congruence in corporate social responsibility: Connecting the identity and behavior of employers and employees[J]. Journal of Business Ethics,143, 35-51.

② Aquino, K., & Reed II, A. 2002. The self-importance of moral identity[J]. Journal of Personality and Social Psychology,83(6), 1423.

③ Macey, W. H., & Schneider, B. 2008. The meaning of employee engagement[J]. Industrial and Organizational Psychology, 1(1), 3-30.

为了利润最大化目标，做出损害社会和环境的行为。

2）基于身份的社会责任

此类员工和企业认为自己对社会负责，但却很少或不采取行动来支持这种自我认知。尽管他们可能会向外部利益相关者传达社会责任的价值观，但他们不会相应地采取行动。此类员工可能缺乏时间、意愿和机会参与 CSR 活动，或在工作中以对社会负责的方式行事。此类公司可能表现出对社会责任和可持续性的高度关注，但没有与之匹配的行为。

3）基于行为的社会责任

此类员工和组织可能会表现出非常高的社会责任行为参与度，而没有接受与此类行为相关的价值观，也没有采用相应的身份。例如，员工的 ESR 认同水平非常低，但被迫参与其组织的 CSR 活动。公司可能会通过法规被迫捐款，印度 2013 年的《公司法》要求目标公司将其净利润的 2%用于 CSR 活动。

4）交织的社会责任

在这一类别里，员工和企业的身份和行为是一致的，也就是日常说的“言行一致”。具有这种社会责任模式的员工会积极参与企业的 CSR 计划，而企业也将 CSR 纳入企业的战略规划和核心运营，从而使企业按照利益相关者的利益进行管理。交织在一起的 CSR 可以提高利益相关者之间的可信度。

ESR-CSR 社会责任模式的决定因素分为三组：内部因素（如背景变量、动机和领导风格）、关系因素（公司和员工的相互影响以及社会化等过程）和外部因素（如利益相关者的压力或变化市场）。ESR-CSR 只会存在三种结果：ESR-CSR 完全一致，ESR-CSR 单维一致，ESR-CSR 完全不一致（图 6.5）。

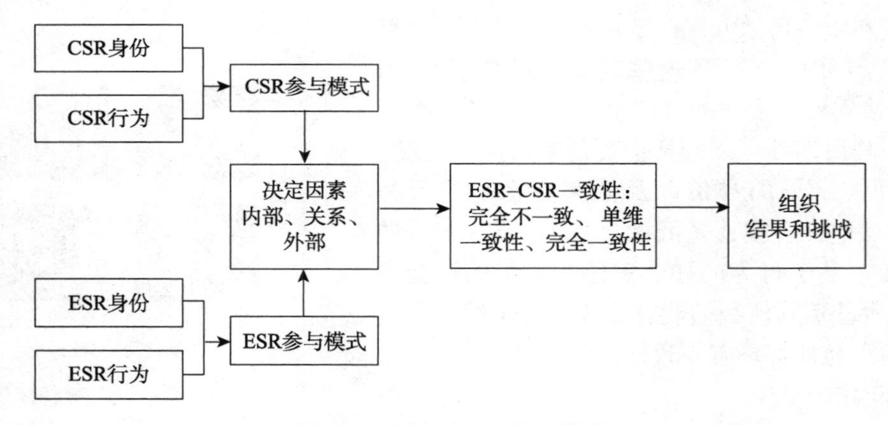

图 6.5　ESR-CSR 一致性模型

根据这个模型，当具有交织的社会责任模式的员工为具有相同模式的雇主工作时，将出现最佳结果。在这种情况下，具有强烈社会责任感和行为的员工为类似的组织工作，从而为员工、公司和社区带来共赢的积极结果。但是，当高 ESR 的员工为低 CSR 的公司工作时，员工可能会出现脱离和退出行为，企业存在离职和低绩效的风险。当低 ESR 的员工为高 CSR 的企业工作时，企业面临着调动员工参与社会活动积极性的问题。

ESR-CSR 一致性模型是第一个适用于雇员和雇主的模型，使我们能够比较两者并检查它们之间的匹配程度对员工和雇主的影响。其次相比于金字塔和五阶段模型，它从一个更高维的视角研究问题，提供了一个多维的 CSR 模型，将身份和行为联系起来，对 CSR 的实施十分重要。ESR-CSR 一致性模型的独特之处还在于它具有动态性：员工或公司模式的变化会引发员工和公司组合的变化，从而导致这两个参与者之间的一致性水平发生变化。

6.1.4　企业参与 CSR 的动机

企业参与 CSR 的动机可以分为三类：道德动机、关系动机和经济动机。[①]

道德动机：一些具有强烈仁爱价值观的企业会经常反思自己在社会中的角色，并且认为企业应当做正确的事，即对社会和环境负责。基于强烈的责任感，这些公司知道企业的发展离不开社会的支持，因此它有对等的责任义务。此外，这些公司及其领导层明白，为了获得合法性和"社会经营许可"，他们需要在道德上按照所有利益相关者的期望行事。

关系动机：一些公司重视他们与广泛利益相关者之间的关系，并明白要维持这种良好的关系，他们需要尊重人和环境。出于维护与广泛利益相关者关系的考量，这些公司承担起相应的企业社会责任。此外，通过维持良好的关系（与政府、消费者、员工和其他人），公司努力减少未来对他们的直接或更广泛的商业部门的限制和法规。

经济动机：CSR 可以提高财务业绩和员工参与度，维持更好的品牌形象和消费者忠诚度等。因此一些企业愿意展示高水平的 CSR 换取这些效益。

小故事速递 6.1：耐克的 CSR

6.2　利益相关者理论

利益相关者理论是一种帮助维护利益相关者关系以应对动态环境的理论。从 20 世纪中期开始，研究者就将利益相关者理论作为 CSR 研究的基础。所有组织都必须管理利益相关者关系。组织价值链中几乎所有活动都与组织所在的社区有直接的互动，对社会产生消极或积极的影响。因此了解企业的利益相关者、他们的利益所在以及企业如何管理利益相关者对企业的可持续发展至关重要。

6.2.1　企业的利益相关者

1. 利益相关者的定义

利益相关者的定义可以追溯到巴纳德（Barnard），他认为在企业决策中需要考虑员工的利益。弗里曼在其著作《战略管理：利益相关者方法》中首次介绍了利益相关者，他的工作为定义和构建利益相关者理论框架提供了坚实的基础。虽然弗里曼的出版物最

① Aguilera, R. V., Rupp, D. E., Williams, C. A., & Ganapathi, J. 2007. Putting the S back in corporate social responsibility: A multilevel theory of social change in organizations[J]. Academy of Management Review, 32(3), 836-863.

初是作为战略管理的教科书，但在商业和社会、CSR 和商业伦理等领域得到了广泛认可。

利益相关者的定义也是众说纷纭，但一般来说，任何对利益相关者的定义都必须考虑到利益相关者-组织之间的关系。弗里曼在 1984 年详细阐述的利益相关者理论与公司股东理论形成了鲜明对比，后者认为只有公司所有者才是重要的，公司的主要责任是增加股东价值。

利益相关者最经典的定义是指能够影响组织目标的实现或受其影响的任何团体或个人。这一定义揭示了对利益相关者关系的双重理解，利益相关者影响到公司，也受到公司行为的影响。公司行为对利益相关者的影响可能是一个积极的影响：员工得到一份工作和生活所需的工资；消费者购买他们需要或可以改善他们生活的产品；社区从公司的慈善活动中获得资金。然而，这种影响也可能是负面的：员工被压迫，同时工资也极为低廉；消费者购买到了不安全的产品；社区受到企业污染排放的影响。

利益相关者也可以通过自已的行动影响公司：消费者可以选择购买或抵制企业的产品；员工可以选择兢兢业业工作或罢工；政府可以决定对企业进行监管或视而不见。

2. 利益相关者群体

弗里曼提出利益相关者地图，它描述了与公司相关的利益相关者群体，如员工、消费者、竞争对手、工会和供应商等，见图 6.6。

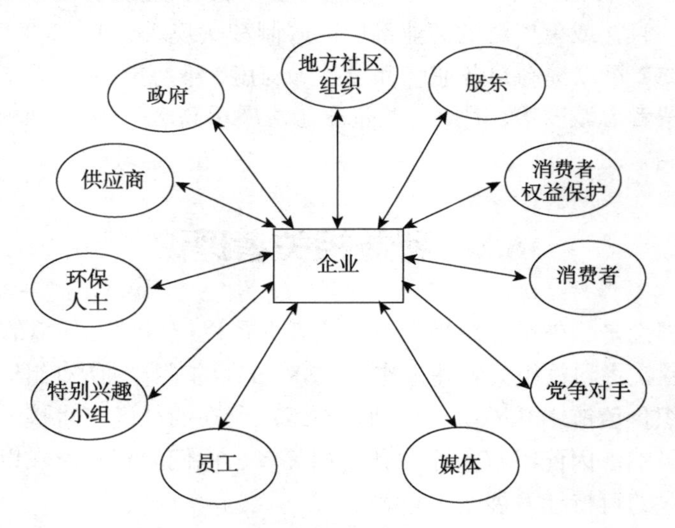

图 6.6　利益相关者地图

所有者以股票、债券等形式在企业中拥有财务利益，他们期望从这些企业中获得某种财务回报。所有者的股权会因所有者类型、对金钱的偏好、道德偏好、企业类型等因素而有所不同。

员工通过工作获取工资和福利。如果员工是管理人员，他们通常要为整个组织的行为承担很大的责任。员工有时也是所有者，因为许多公司有股票所有权计划，对公司未来有信心的员工也会自愿投资。

消费者购买企业的产品或服务，构成企业的利润来源。如果产品质量不合格或服务不到位，企业有责任纠正这种情况。

供应商向企业提供企业需要的各种资源，是企业维持正常生产的基础。优秀的供应商可以降低企业的商品采购成本，降低企业的库存，缩短产品交货期，对企业的发展大有裨益。

社区给予公司建造设施的权利，反过来，它也从公司的税费以及经济和社会贡献中受益。公司不应将污染、有毒废物等形式的不合理危害传递给社区。它应信守对社区的承诺，并尽可能以透明的方式运作。

弗里曼提出以下问题帮助绘制利益相关者的地图。

（1）谁是我们当前和潜在的利益相关者？

（2）他们的利益/权利是什么？

（3）每个利益相关者如何影响我们（挑战和机遇）？

（4）我们如何确定每个利益相关者？

（5）我们当前的战略对每个重要的利益相关者做了什么假设？

（6）目前影响和我们利益相关者的“环境变量”是什么？

（7）我们如何衡量这些变量及其对我们和利益相关者的影响？

（8）我们如何给利益相关者打分？

在确定好利益相关者后，下一步就是要分析利益相关者的行为，这就涉及对过去和未来可能增强或阻碍公司目标的利益相关者行为的调查。弗里曼建议管理人员尝试对利益相关者为何会以所观察到的方式行事进行逻辑解释，检查每个利益相关者群体的总体长期目标以及针对特定问题提出的目标。通过对目标的分析，评估作用于每个利益相关者的优势及存在的问题。同时，管理人员也要考虑利益相关者对组织的看法，以及利益相关者联盟的情况。当利益相关者面临共同的问题或利益时，他们可能会形成联盟。管理人员应寻找具有类似行为、信仰或目标的利益相关者群体，并检查他们的群体利益。

6.2.2 利益相关者的类别

1. 内部和外部的利益相关者

内部利益相关者包括组织内影响或受组织行动和目标影响的个人和团体。内部利益相关者通常包括员工、领导和管理层、所有者、企业成员和工会。作为内部利益相关者，意味着他们通常被认为对组织实现其目标特别重要，但同时也是非常强大的利益相关者，他们的期望需要得到满足。当然，并不是所有员工都能加入或创建工会、表达自己的担忧或进行罢工，员工的自由和权力被认为是CSR的一个主要问题。外部利益相关者包括与组织没有直接关系的个人和团体。消费者、供应商、政府、竞争对手、社区和非盈利组织是组织外部的，属于这一类。

基于这种分类，CSR的另一个双重定义出现了：内部CSR和外部CSR。内部CSR是公司对其内部利益相关者（主要是员工）的道德行为。外部CSR指企业对外部利益相关者的道德行为，包括慈善事业和社区贡献。它还反映了公司对消费者和其他外部利益相关者的道德立场。当公司只与外部利益相关者接触时，强调慈善事业；忽视员工权利时，他们的 CSR 可能会被认为是虚伪的。

2. 狭义和广义的利益相关者

狭义的利益相关者是那些受组织政策影响最大的公司，通常包括依赖于组织产出的股东、管理层、员工、供应商和客户。广义的利益相关者是那些受影响较小的个体，通常可能包括政府、依赖性较少的客户、更广泛的社区（而不是当地社区）和其他外围群体。

3. 主要的和次要的利益相关者

根据克拉克森的说法："主要利益相关者群体，如果没有持续参与，公司就不能持续经营生存下去。"①次要利益相关者是那些组织不直接赖以生存的个体。

主要利益相关者群体通常由股东、投资者、员工、客户和供应商组成，以及被定义为公共利益相关者群体。公司与其主要利益相关者群体之间存在着高度的相互依赖关系。如果任何主要利益相关者群体，如客户或供应商，对公司制度感到不满并全部或部分退出，公司将受到严重损害甚至无法持续经营。未能保留主要利益相关者群体的参与将导致该公司系统的失败。次要利益相关者群体被定义为那些影响或受公司影响，但不与公司进行直接交易的群体。该公司的生存并不依赖于次要利益相关者群体。然而，这些群体可能会对公司造成重大损害。次要利益相关者群体可能反对公司为履行其责任或满足其主要利益相关者群体的需求和期望所采取的政策或计划。

4. 积极和被动的利益相关者

积极的利益相关者是指那些寻求参与组织活动的人。管理层和员工显然属于这一类别，但组织之外的一些政党也可能如此，如监管机构。相比之下，被动的利益相关者是指那些通常不寻求参与一个组织的政策制定的人，一般包括大多数股东、政府和当地社区。但这并不意味着被动的利益相关者对公司经营战略不感兴趣，他们只是不寻求积极参与组织的战略。

5. 自愿的和非自愿的利益相关者

自愿的利益相关者包括具有可转移技能的员工（可以在其他地方工作）、大多数客户、供应商和股东。非自愿利益相关者包括那些受大型组织、当地社区和邻居、自然环境、后代和大多数竞争对手活动影响的利益相关者。

6. 已知的和未知的利益相关者

最后，一些未知的利益相关者很难被相关组织认知。例如，无名的海洋生物、未被发现的物种、靠近海外供应商的社区等。这意味着很难判断未知利益相关者的主张是否合法。组织在做出决定之前寻找所有可能的利益相关者是一种道德责任，有时会采取最小限度影响的政策。

---

① Clarkson, M. E. 1995. A stakeholder framework for analyzing and evaluating corporate social performance[J]. Academy of Management Review, 20(1), 92-117.

6.2.3 利益相关者的管理

1. 利益相关者管理原则

对利益相关者的管理本质上是对企业与利益相关者关系的管理，因为管理的是关系而不是实际的利益相关者群体。企业的利益相关者群体众多，但每个利益相关者群体都有自己独特的期望，如果不能妥当地处理和平衡利益相关者之间的关系可能不利于组织目标和绩效的实现，因此企业需要协调好不同利益相关者的关系。

克拉克森商业伦理中心制定了一系列利益相关者的管理原则，鼓励企业管理人员基于这七项原则去制定更为详细的利益相关者原则（见表 6.2）。

表 6.2 利益相关者管理原则

原则一	管理人员应该承认所有法律认可的企业利益相关者，并积极了解他们的想法与需求，在制定企业决策和从事经营生产时，适当考虑他们的相关利益。
原则二	管理人员应该与利益相关者广泛交流，认真听取他们的意见和建议，了解他们所认定的企业生产活动给他们带来的风险。
原则三	管理人员应该采取一种敏感的行为过程和行为模式，以应对每一名利益相关者的诉求和权利。
原则四	管理人员应该明确承认利益相关者的贡献与回报，在充分考虑他们各自的风险与弱点之后，公平分摊责任、义务及利益。
原则五	管理人员应该与其他力量（公共组织及私人团体）积极合作，确保将企业经营活动带来的风险、危害减小到最低限度，并对无法避免的危害进行适当补偿。
原则六	管理人员要坚决避免违反基本人权（如生存权）的活动和造成人权危害的风险，对于这一类危害和风险，利益相关者是断然不能接受的。
原则七	管理人员应该承认自己作为企业的利益相关者与作为其他利益相关者在法律、道德责任承担人之间的双重角色冲突，承认和强调这一冲突的形式有很多，比如公开的交流、适当的报告、有效的激励、第三方评议（如果需要的话）等。

资料来源：克拉克森商业伦理中心（1999）。

一些公司也开始在公司年度报告、社会报告或网站中公布它们的利益相关者管理政策。招商银行一直在日常经营服务的各个环节积极拓展与利益相关方的沟通渠道，并通过建立常态化沟通机制、运用数字化沟通技术，持续提升与相关方的沟通成效（见图 6.7）。腾讯也认为企业的可持续发展离不开利益相关者的理解和支持。企业应当有效管理和改善自身与利益相关者之间的相互影响，充分认识和回应利益相关者的要求（见图 6.8）。

2. 利益相关者三层管理

弗里曼提供了一种不同的管理公司利益相关者的方式，其中包括利益相关者三层管理：理性层、过程层和交易层（见图 6.9）。弗里曼建议从工具性流程驱动的方法转变为采用战略观点的方法，即理解有效处理组织与其利益相关者群体之间的冲突和分歧所需的资源和能力。

利益相关方	期望与诉求	沟通渠道
政府与监管机构	• 服务实体经济 • 助力扶贫攻坚 • 支持国家战略 • 防范金融风险 • 发展普惠金融 • 保障客户权益 • 规范公司治理 • 信息安全与隐私保护 • 商业道德与反腐败 • 利益相关方参与	• 研究和执行相关金融政策 • 支持行业政策制定 • 相关调研与讨论会议 • 上报统计报表 • 落实监管政策 • 参与调研走访 • 日常审批与监管 • 上报统计报表
股东与投资者	• 规范公司治理 • 防范金融风险 • 利益相关方参与 • 应对气候变化	• 定期报告与信息公告 • 路演与反向路演 • 投资者调研与沟通会议 • 股东大会
客户与消费者	• 深耕金融科技 • 提升客户体验 • 保障客户权益 • 普及金融知识 • 信息安全与隐私保护 • 利益相关方参与	• 客户需求调查 • 客户满意度调查 • 95555客户服务平台 • 客户关怀活动 • 微信、微博等数字化平台
员工	• 保障员工权益 • 人力资本发展 • 关怀员工生活 • 利益相关方参与	• 职工代表大会 • 员工满意度调查 • 员工文体健康活动 • 申诉与举报机制
供应商与合作伙伴	• 商业道德与反腐败 • 利益相关方参与	• 日常沟通 • 同业交流合作 • 招投标活动 • 供应商调研走访
环境	• 应对气候变化 • 发展绿色金融 • 践行绿色运营 • 利益相关方参与	• 落实节能减排政策 • 绿色金融论坛与会议 • 环境绩效数据采集与披露 • 绿色公益活动
社区	• 发展普惠金融 • 助力脱贫攻坚 • 助力公益慈善 • 利益相关方参与	• 定点扶贫 • 社区项目建设 • 持卡人捐赠平台 • 员工志愿服务 • 社区服务活动

图 6.7　招商银行利益相关者沟通

资料来源：《招商银行股份有限公司2020年可持续发展报告》。

维度	必尽责任诉求	应尽责任诉求	愿尽责任诉求	责任沟通与实践
用户	提供稳定、可靠的科技和文化产品服务	及时倾听用户声音，持续改善服务品质	创新产品，引领用户新的生活方式	从用户需求出发，提出科技+文化战略，满足用户体验需求，从产品、技术，设计等方面开展创新，为用户创造新的移动生活价值
股东	完善的经营模式，合理的投资回报	及时、准确、全面、合法的公司财务、经营信息披露	面对面、多种互动形式的投资者沟通活动	建立完善的董事会，按季度公布业绩，定期举行股东大会和股东特别大会，建立专门的投资者关系部，积极与股东和投资者交流
员工	合理、健全的员工保障体系	关爱员工，提供培训与发展机会	建立多元的企业文化氛围	建立专门的人力资源部，统筹劳动保障体系，设立专门的OHS委员会，推进员工职业安全和卫生保证体系；设立腾讯学院，为员工提供不间断的培训机会
政府	遵守相关法律法规，诚信经营依法纳税	落实国家相关政策	协助政府解决社会民生问题	设立公共事务部，统筹、规划、执行与政府合作的各类相关项目，并与政府部门建立良好的沟通机制
商业合作伙伴	遵守商业道德、杜绝贿赂	定期的合作伙伴沟通活动	帮助合作伙伴成长	定期举行供应商大会、合作伙伴论坛等活动，沟通合作中存在的发展机会与潜在缺陷，帮助伙伴成长；设立完全独立运营的反商业贿赂工作组，杜绝任何损害商业合作伙伴的行为
公益组织	参与公益慈善，进行合理适度的捐赠	创新公益活动形式，提升影响力	帮助公益组织成长	搭建互联网慈善平台，开放技术、产品和数据能力，为各类公益慈善组织开展公众募捐、项目管理、品牌传播和财务披露等提供数字科技支撑
所处社区	将互联网工具与社区发展相结合	针对特定事件的定向捐赠	探索公益性项目	通过腾讯基金会向社区发展项目做定向捐赠，为社区建设贡献资金和资源；利用互联网技术优势，推进智慧社区建设

图 6.8　腾讯利益相关方一览

资料来源：《腾讯2019年企业社会责任报告》。

图 6.9　利益相关者三层管理

在理性层面，管理人员确认他们的利益相关者群体并准确定义每个人在其运营中的利益。虽然乍一看这似乎是一项简单的任务，但有效的利益相关者管理能力需要广泛的市场研究，以了解每个利益相关者利益的性质和来源。

在过程层面，利益相关者存在于公司的战略决策过程中。公司通过邀请消费者和社区代表参加行政会议和董事会讨论，并让他们对可能影响其自身利益的商业决策发表意见，为公司的战略决策提供参考。

在交易层面，公司需要明确与利益相关者的交易需要投入哪些资源以及需要投入多少资源。在这一过程中，公司需要考虑这种交易是否能实现共赢。

6.2.4　多方利益相关者倡议

多方利益相关者倡议（multistake holder initiative，MSI）可以帮助企业和政府应对复杂的社会和环境挑战。MSI 旨在解决由于现有系统无法解决全球商业和社会问题而存在的治理差距。它将政府、企业、民间社会组织、当地社区和个人等各种利益相关者团体聚集在一起，以促进负责任、包容和可持续的治理以及商业运营。

政府为多边机构提供经验、影响力和当地知识。政府还可以支持、召集、促进甚至资助 MSI。政府有权进行政策或监管变更，以帮助促进 MSI 的顺利运作，并可以通过背书来增加对 MSI 认证产品或服务的需求。

当公司意识到公司的供应链或运营对环境和社会产生不利影响时，他们可以通过 MSI 寻求与各方利益相关者的合作，共同制定解决方案。公司可以通过提供可持续发展报告的方式向利益相关方传达公司的社会责任承担意识。

非营利组织和其他利益相关者代表当地社区、个人、弱势群体、边缘群体、妇女和土著人民的利益。他们有助于平衡这些不同群体、政府和私营部门的需求。他们要求所有其他利益相关者对其行为负责，并确保 MSI 实施的解决方案产生的不利影响最小。

MSI 具有特定的特征和优势。

- 将不同的利益相关者聚集在一起进行协作，并结合不同的技能、资源和专业知识来解决对所有人都具有重要性和相关性的问题。
- MSI 讨论不同的意见和建议的问题解决方案，没有一个特定的利益相关者群体主导讨论或施加影响。
- 妇女和弱势群体的关注和参与对 MSI 平台或结构至关重要。
- 大多数 MSI 都包括一系列的行为准则和认证系统，以确保组织在其业务活动中考虑并平衡各利益相关者的利益。
- MSI 的建立是为了使包括商品和服务的生产、消费和分配的商业价值链合乎道德并可持续。
- 使政府能够与不同的利益相关者群体互动并了解他们的问题、需求和愿望，MSI 为政策制定和治理提供信息。

MSI 通过协助组织论坛并促进关于社会和环境问题的对话，为利益相关者提供交流平台以共同制定可能的解决方案来克服挑战。这些举措可以帮助不同利益相关者群体之间建立信任和尊重，促使利益相关者参与机构建设。MSI 还能够为不同部门和利益相关者提供学习、教学、培训和能力建设的机会，开放知识共享和传播的沟通渠道。MSI 将具有不同观点的不同群体聚集在一起，以开发适用于所有人的解决方案。

小故事速递 6.2：可口可乐公司的利益相关者管理

6.3 环境、社会与治理

环境、社会和治理（environmental, social and governance，ESG）理念强调企业要注重生态环境保护、履行社会责任和提高治理水平。践行 ESG 理念要求企业积极响应“双碳”目标，加快 ESG 信息披露，强化 ESG 能力建设，推进布局 ESG 投资等。其中：ESG 信息披露作为 ESG 绩效展示的重要载体，可以充分展示企业在 ESG 方面的战略定位、规划目标和取得的进展，也有利于市场通过企业的 ESG 绩效综合评估企业的非财务风险及管控能力；ESG 评级是 ESG 投资的基础工具，其重要性不言而喻。为此，本节将在介绍 ESG 内涵的基础上，阐释 ESG 信息披露的相关准则和要求、ESG 评级框架和机构、ESG 投资策略。

6.3.1 ESG 的内涵

1. ESG 含义

环境（E）维度衡量公司对自然生态系统的影响，包括其排放（如温室气体）、生产过程中自然资源的有效利用（如能源、水或材料）、污染和废物（如泄漏），以及对其产品进行生态设计的创新努力。

社会（S）维度涵盖了公司与其员工、客户和社会的关系。它包括努力维护忠诚的员工（如就业质量、健康和安全、培训和发展）、让客户满意（如生产保证客户安全的优质商品和服务）以及在其经营所在的社区中成为好公民。

治理（G）维度体现了管理层制定适当制度以保障其长期股东的最佳利益，包括保护股东权利（如限制反收购防御）、拥有一个正常运作的董事会（如拥有经验丰富、多元化和独立的成员），维护精心设计的高管薪酬政策，并避免欺诈和贿赂等非法行为。

个人和机构投资者都越来越关注他们投资的公司的 ESG 实践。在过去十年中，对社会负责的投资产品的数量大幅增加，随着千禧一代的成长，这一趋势可能会加快。ESG 因素成为投资决策和企业绩效衡量的重要组成部分，表 6.3 列出了公司通常面临的一些主要 ESG 问题，这些问题越来越受到关注。越来越多的公司价值集中于无形资产，而许多 ESG 问题与无形资产相关，但这些问题通常没有反映在传统的财务会计报表中。

表 6.3　公司面临的 ESG 问题

环　境	社　会	治　理
• 气候变化和碳排放 • 自然资源利用、能源管理 • 污染和浪费 • 生态设计和创新	• 劳动力健康与安全 • 客户和产品责任 • 社区关系和慈善活动	• 股东权利 • 董事会组成 • 管理层薪酬政策 • 欺诈和贿赂

2. 与 ESG 相关的概念

（1）社会责任投资（SRI）

社会责任投资（socially responsible investing，SRI）关注的是公司在特定领域的影响。它最常见的做法是使用负面的筛选法进行投资，将那些从事或认为不受欢迎活动的公司排除在外。这种投资风格并不总是专注于排除不良行为者。相反，它可能会主动投资于以社会正义或环境解决方案为特色的公司。它还可能包括对为当地社区提供服务的组织投资。但最常见的区别是 SRI 投资会筛出负面公司，而相比之下，ESG 投资提供了将哪些公司纳入整体投资组合的方法指导。

（2）道德投资（EI）

道德投资（ethical investing，EI）是指根据个人投资者的个人价值观进行投资选择。

道德投资取决于投资者自己的观点。投资者可以选择投资与自己价值观一致的公司，也可以避开与自己价值观冲突的公司。如果投资者认为烟草对人体产生危害，那么他们会避开生产烟草的公司或者投资制造烟草的公司。因此道德投资在一定程度上会对社会和环境产生积极影响。但是相比于其他不考虑道德的投资，道德投资的回报普遍较低且产生回报的时间也会更长。同样，道德投资者也需要对投资公司进行仔细审查，因为有的公司只不过是打着绿色环保的名号，实际并未实施绿色行为。最后由于道德投资是基于投资者自己的价值观，因此道德投资是高度主观的。

6.3.2　ESG 信息披露

1. 国际层面

欧盟对 ESG 信息披露的立法走在了国际前列，是全球首个采用统一标准规范企业 ESG 信息披露的发达经济体。欧盟分类法（EU Taxonomy，以下简称分类法）、《企业可持续发展报告指令》（Corporate Sustainability Reporting Directive，CSRD）和《可持续金融信息披露条例》（Sustainable Finance Disclosure Regulation，SFDR）已构成欧盟可持续金融框架（见图 6.10）。

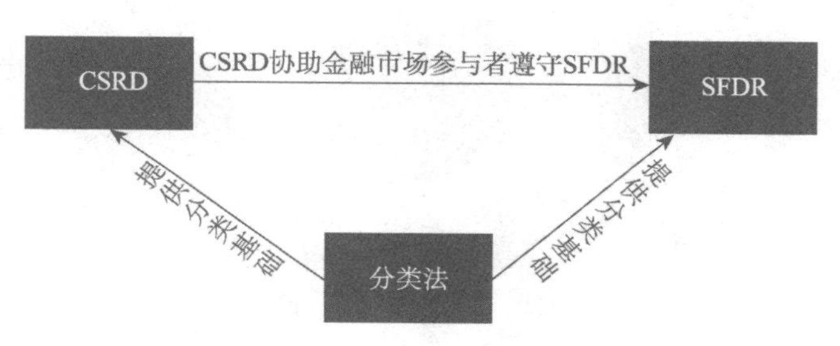

图 6.10　欧盟可持续金融框架

分类法是欧盟可持续金融框架的基石，为投资者确定哪些活动是环境可持续的经济活动，并促进欧盟向零碳未来过渡（见图 6.11）。同时，分类法引导资金流向应对气候危机和防止进一步环境恶化的解决方案。分类法于 2020 年 7 月 12 日生效，规定经济活动必须满足四个条件，才能符合环境可持续：

- 至少为一个环境目标做出实质性贡献；
- 不会对其他五个环境目标造成任何重大伤害；

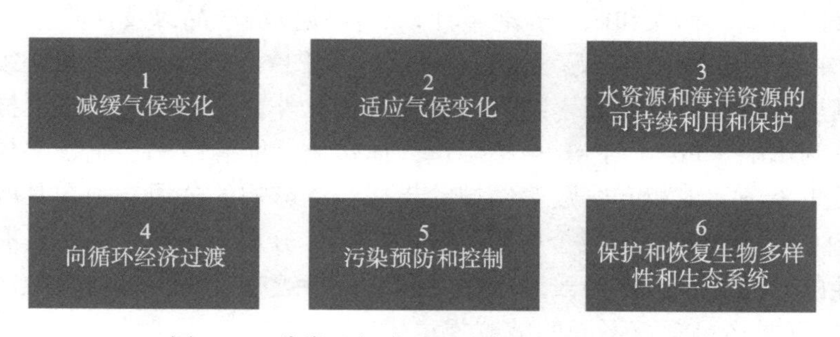

图 6.11　分类法规定的六大气候和环境目标

- 遵守最低限度的保障措施；
- 符合分类法授权法案中规定的技术筛选标准。

CSRD 要求在欧盟开展业务的公司强制披露相关的 ESG 信息，帮助投资者评估来自气候变化和其他可持续发展议题的相关风险和机遇。CSRD 自 2023 年 1 月 5 日生效，适用于所有超出特定标准的大型欧盟公司，包括欧盟子公司的非欧盟母公司。这也意味着，在欧盟经营的中国公司以及欧盟公司的中国母公司也会直接受到该法案的影响。除了上述直接受到影响的公司外，不在 CSRD 范围内的公司也可能因为处在相关的价值链中而受到影响。CSRD 强调以双重重要性原则（见图 6.12），即综合考量“影响重要性”和“财务重要性”，评估公司运营面临的可持续发展风险和机遇。同时，CSRD 要求第三方对公司披露的 ESG 信息进行审计和保证，减少公司洗绿的可能。

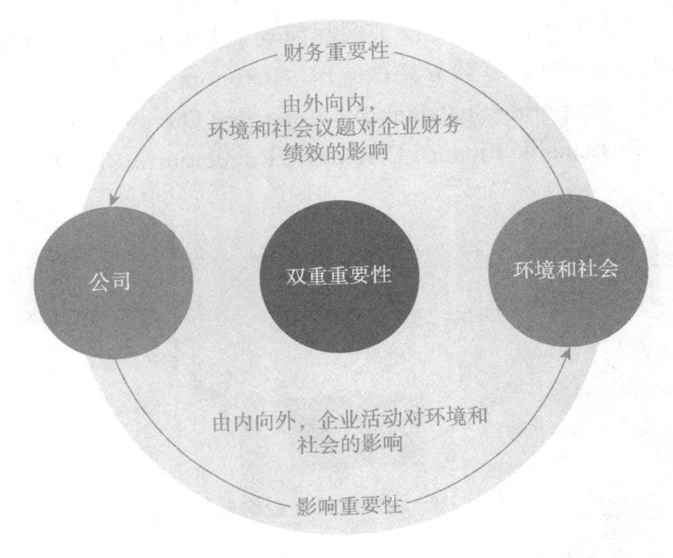

图 6.12 双重重要性

SFDR 旨在支持可持续增长融资，同时通过提高透明度减少金融市场参与者的洗绿行为。SFDR 补充了分类法和 CSRD，形成了一个欧盟可持续金融框架。SFDR 自 2021 年 3 月 10 日生效。SFDR 针对的是拥有 500 名以上员工的欧盟金融公司，包括金融市场参与者和金融顾问。SFDR 适用于银行、保险公司或资产管理公司。范围内的金融产品包括投资和共同基金、私人和职业养老金计划、保险投资产品以及保险。

SFDR 要求在公司层面和产品层面进行披露（见图 6.13）。金融公司必须报告其如何在公司和产品层面将可持续性因素纳入投资决策。此外，金融公司还必须披露其对可持续性的主要不利影响（PAI）。PAI 包括温室气体排放、能源效率、生物多样性、水、废物、社会和员工事务、人权和腐败等领域的指标。受影响的公司必须在其网站上公布有关 PAI 的信息。同时，SFDR 将金融产品分为三类，分别是一般产品、具有促进环境或社会责任特性的产品（也被称为浅绿产品）和以可持续投资为目标的金融产品（也被称为深绿产品）。每类产品都有不同的披露规定。

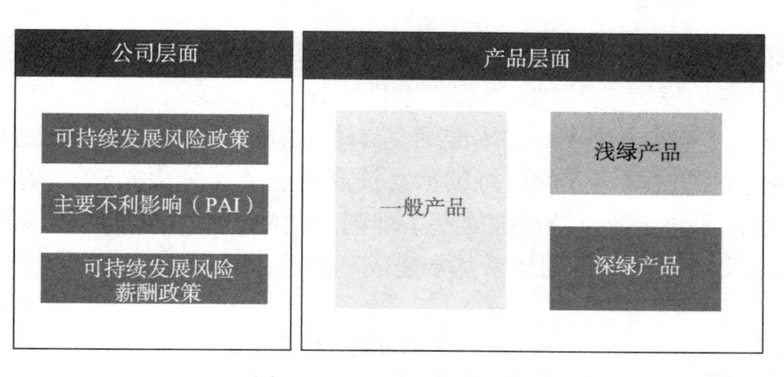

图 6.13　SFDR 披露要求

2. 国内层面

（1）相关法规

随着全球对 ESG 问题的关注，加强 ESG 信息披露逐渐成为大势所趋。中国正加快提升 ESG 信息披露的管理水平，在多部文件中提出了 ESG 信息披露相关的具体工作（见表 6.4）。

表 6.4　中国 ESG 相关法规

发布时间	发布部门	文件名称	关 键 内 容
2021.07.22	中国人民银行	《金融机构环境信息披露指南》	制定了金融机构在环境信息披露过程中遵循的原则、披露形式与频次以及披露内容要素。 重点关注“金融机构环境相关产品与服务创新”“金融机构环境风险管理流程”“金融机构投融资活动的环境影响”等内容。
2021.12.11	生态环境部	《企业环境信息依法披露管理办法》	规定了披露主体、披露内容、披露要求以及违规情形及相应罚则。 要求环境影响大、公众关注度高的企业（包括重点排污单位、实施强制性清洁生产审核和和上一年度有环境违规的上市公司、发债企业）依法披露环境信息。 重点披露环境管理信息、污染物产生、治理与排放信息、碳排放信息等内容。
2022.05.27	国务院国有资产监督管理委员会	《提高央企控股上市公司质量工作方案》	中央企业集团公司要贯彻落实新发展理念，探索建立健全 ESG 体系，持续提高信息披露质量，提升上市公司透明度。 推动更多央企控股上市公司披露 ESG 专项报告，力争到 2023 年相关专项报告披露“全覆盖”。到 2024 年底前，中央企业要将证券交易所年度信息披露工作考核结果纳入上市公司绩效评价体系。
2023.07.25	国务院国有资产监督管理委员会	《关于转发〈央企控股上市公司 ESG 专项报告专项报告编制〉的通知》	为央企控股上市公司编制 ESG 报告提供了指引。其中，《中央企业控股上市公司 ESG 专项报告编制研究课题相关情况报告》作为总纲，介绍了课题研究背景、过程及成果等内容。《央企控股上市公司 ESG 专项报告参考指标体系》为上市公司提供了 ESG 的指标参考。《央企控股上市公司 ESG 专项报告参考模板》提供了 ESG 专项报告的最基础格式参考。
2024.05.27	财政部	《企业可持续披露准则——基本准则（征求意见稿）》	制定了企业可持续披露准则的适用范围，规范了信息披露的目标、原则、要求和要素，推动了我国可持续披露准则体系建设的顶层机制建设。详细内容见表 6.5。

《企业可持续披露准则——基本准则（征求意见稿）》（以下简称《基本准则》）是我国可持续信息披露的发展进程中的里程碑事件，标志着国家统一的可持续披露准则体系建设拉开了序幕。《基本准则》由基本准则、具体准则和应用指南构成，适用于在中华人民共和国境内设立的按规定开展可持续信息披露的企业（见表 6.5）。《基本准则》确立了“到 2027 年，我国企业可持续披露基本准则、气候相关披露准则相继出台；到 2030 年，国家统一的可持续披露准则体系基本建成”的总体目标。

表 6.5 《基本准则》体系框架

框架构成	具 体 内 容
基本准则	规范企业可持续信息披露的基本概念、原则、方法、目标和一般共性要求等，统驭具体准则和应用指南的制定。
具体准则	环境方面的主题包括气候、污染、水与海洋资源、生物多样性与生态系统、资源利用与循环经济等。 社会方面的主题包括员工、消费者和终端用户权益保护、社区资源和关系管理、客户关系管理、供应商关系管理、乡村振兴、社会贡献等。 治理方面的主题包括商业行为等。
应用指南	包括行业应用指南和准则应用指南。行业应用指南针对特定行业应用基本准则和具体准则提供指引，以指导特定行业企业识别并披露重要的可持续信息。准则应用指南对基本准则和具体准则进行解释、细化和提供示例，以及对重点难点问题进行操作性规定。

（2）交易市场

2024 年 4 月 12 日，上海证券交易所、深证证券交易所和北京证券交易正式发布了《上市公司可持续发展报告指引》（以下简称《指引》），并自 2024 年 5 月 1 日起实施。三大交易所首次提供了针对中国资本市场的本土化可持续发展报告指引，弥补了这一领域的规范缺失。

《指引》为上市公司 ESG 信息披露设定了明确的标准，提升了信息披露的质量和一致性。三大交易所发布的《指引》除披露主体范围（见表 6.6），执行规范和制定依据中所应用的上市规则等略有不同，《指引》的具体内容基本一致。《指引》采用双重重要性原则，即识别议题是否具有财务重要性和影响重要性。披露框架包括以下四方面的核心内容：

- 治理，即公司用于管理和监督可持续发展相关影响、风险和机遇的治理结构和内部制度；
- 战略，即公司应对可持续发展相关影响、风险和机遇的规划、策略和方法；
- 影响、风险和机遇管理，即公司用于识别、评估、监测与管理可持续发展相关影响、风险和机遇的措施和流程；
- 指标与目标，即公司用于计量、管理、监督、评价其应对可持续发展相关影响、风险和机遇的指标和目标。

《指引》规范了 ESG 三大维度下各议题的定义，共设置 21 个议题，反映了我国在可持续发展方面的关注重点，具体议题见表 6.7。

表 6.6　披露主体范围

交　易　所	《指引》全称	披露主体范围
上海证券交易所	《上海证券交易所上市公司自律监管指引第14号——可持续发展报告（试行）》	上证180指数、科创50指数样本公司以及境内外同时上市的公司强制披露；鼓励其他上市公司自愿披露
深证证券交易所	《深圳证券交易所上市公司自律监管指引第17号——可持续发展报告（试行）》	深证100指数、创业板指数样本公司以及境内外同时上市的公司强制披露，鼓励其他上市公司自愿披露
北京证券交易所	《北京证券交易所上市公司持续监管指引第11号——可持续发展报告（试行）》	鼓励上市公司自愿披露

表 6.7　议题设置

环 境 议 题	社 会 议 题	可持续发展治理议题
应对气候变化	乡村振兴	尽职调查
污染物排放	社会贡献	利益相关方沟通
废弃物处理	创新驱动	反商业贿赂及贪污
生态系统和生物多样性保护	科技伦理	反不正当竞争
环境合规管理	供应链安全	
能源利用	平等对待中小企业	
水资源利用	产品和服务安全与质量	
循环经济	数据安全与客户隐私保护	
	员工	

6.3.3　ESG 评级

1. ESG 报告框架

ESG 报告框架较多，不同的框架侧重的利益相关者群体也不同。本节主要介绍几种不同的 ESG 报告框架。

（1）GRI 标准框架

GRI（Global Reporting Initiative，全球报告倡议组织）是一个帮助企业为其影响力负责的独立国际组织。GRI 成立于 1997 年，秘书处总部设立在荷兰阿姆斯特丹。GRI 标准为组织和利益相关者创造了一种通用语言，通过它可以传达和理解组织的经济、环境和社会影响。GRI 标准旨在提高企业影响的全球可比性，从而提高组织的透明度和问责制。GRI 标准是最常使用的 ESG 框架。GRI 为 ESG 制定了一个建设性和实用性的框架，公司可以在决定如何整合 ESG 时充分利用该框架。GRI-ESG 披露框架着眼于关键的企业社会责任问题，包括气候变化、人权、治理和社会福祉。该框架是国际上最常用的 ESG 框架之一。

GRI 标准包括 GRI 通用标准和 GRI 主题标准。GRI 通用标准包括 GRI101，GRI102 和 GRI103。GRI101 规定了报告的要求和原则，GRI102 披露了组织结构和报告实践的详细信息，包括有关组织概况、战略、道德、诚信、治理、利益相关者参与实践和报告流程的信息。GRI103 用于阐述组织如何确定报告中的每个重要主题。

GRI 主题标准包括三个系列，分别是 200、300 和 400 系列。主题标准主要报告与经济、环境和社会主题相关的组织信息。

200 系列（经济系列）涉及不同利益相关者之间的资本流动及组织对整个社会的主要经济影响。主要包括 201 经济表现，202 市场存在，203 间接经济影响，204 采购实践，205 反腐败和 206 反竞争行为。

300 系列（环境系列）涉及组织对生物和非生物自然系统的影响，包括土地、空气、水和生态系统。主要包括 301 材料，302 能源，303 水，304 生物多样性，305 排放，306 污水和废物，307 环境合规和 308 供应商环境评估。

400 系列（社会系列）涉及组织对其运营所在社会系统的影响。主要包括 401 就业，402 劳动/管理关系，403 职业健康与安全，404 培训和教育，405 多样性和平等机会，406 非歧视，407 结社自由和集体谈判，408 童工，409 强迫劳动，410 安全实践，411 土著人民的权利，412 人权评估，413 当地社区，414 供应商社会评估，415 公共政策，416 客户健康安全，417 营销和标签，418 客户隐私和 419 社会经济合规。

（2）SASB 标准框架

可持续性会计标准委员会（sustainability accounting standard board，SASB）制定了一系列行业特定的可持续性会计标准，帮助公司向投资者披露财务上重要的、决策上有用的 ESG 信息。SASB 标准的可持续性主题分为五大维度。

环境。这一维度包括环境影响，公司使用不可再生自然资源作为生产要素的投入，或通过有害排放造成环境破坏，可能对公司的财务状况或运营绩效产生不利影响。

社会资本。这个维度与企业为社会做出贡献以换取社会许可证运营的期望有关。它涉及管理与关键外部方的关系，如客户、当地社区、公众和政府。重点关注与尊重人权、保护弱势群体、地方经济发展、产品和服务的获取和质量、可负担性、负责任的营销商业实践以及客户隐私有关的问题。

人力资本。这个维度涉及公司人力资源（员工和个人承包商）的管理。它包括影响员工生产力、劳资关系管理、员工健康和安全管理以及创造安全文化能力的问题。

商业模式和创新。这个维度涉及将环境、人类和社会问题纳入公司的价值创造过程，包括资源回收和生产过程中的其他创新；以及产品创新，包括产品设计、使用阶段和处置阶段的创新。

领导力和治理。这个维度涉及管理行业商业模式所固有的问题，这些问题可能与更广泛的利益相关者群体的利益发生冲突，因此会产生潜在的责任或限制，甚至使公司面临经营许可证吊销的风险。该维度具体涉及法规合规性、风险管理、安全管理、供应链和材料采购、利益冲突、反竞争行为以及腐败和贿赂。

（3）UNGC10 项原则框架

UNGC（united nations global compact，联合国全球契约组织）为企业提供了 10 项原则。通过将 10 项原则纳入企业战略和决策中，公司不仅可以履行对人类和地球的基本责任，还为企业长期可持续发展奠定了基础。具体原则如表 6.8 所示。

表 6.8 UNGC10 项原则

范 围	编 号	具 体 内 容
人权	原则 1	企业应支持并尊重对国际公认人权的保护
	原则 2	企业应确保他们不是侵犯人权的同谋
劳动	原则 3	企业应维护结社自由和有效承认集体谈判权
	原则 4	企业应消除一切形式的强迫劳动和强制劳动
	原则 5	企业应有效废除童工
	原则 6	企业应消除雇用和职业方面的歧视
环境	原则 7	企业应支持对环境挑战采取预防措施
	原则 8	企业应采取措施，强化对环境的责任
	原则 9	企业应鼓励开发和推广环保技术
反腐败	原则 10	企业应打击一切形式的腐败，包括勒索和贿赂

（4）TFCD 四要素框架

金融稳定委员会成立 TCFD（Task Force on Climate-related Financial Disclosures，气候相关财务披露工作小组）以制定更有效的气候相关信息披露建议，帮助企业将与气候相关的风险和机遇纳入其风险管理和战略规划，提高市场透明度和稳定性，进而使利益相关者可以更好地了解金融部门碳相关资产的集中程度以及金融系统面对的气候相关风险。

TCFD 围绕 4 个要素提出 11 项信息披露建议。四个要素分别是治理、战略、风险管理、指标和目标。这些建议于 2017 年 6 月发布，旨在指导投资者做出决策和评估气候相关问题。

治理是指组织围绕气候相关风险和机遇的治理。TCFD 建议组织应披露董事会对气候问题的监督以及管理层在评估和管理气候问题中的作用。

战略考虑了气候相关风险和机遇对组织运营及战略的实际和潜在影响。该类别下有三项建议：组织应披露在短期、中期和长期内确定的与气候相关的风险和机遇；解释这些对其业务、战略和财务规划的影响；参考不同的气候相关情景（包括 2℃或更低的情景）制定其战略的弹性。

风险管理部分建议组织披露其识别和评估气候相关风险的过程，管理这些风险的流程，以及如何将这些整合到组织的整体风险管理设置中。

指标和目标部分建议组织披露在其战略和风险管理流程中评估气候相关风险和机遇时所使用的指标、披露温室气体排放及相关风险、描述用于管理气候相关风险和机遇的目标，以及组织针对这些目标的绩效。

为形成高质量和对决策有用的披露，TCFD 提出披露应包括相关信息，要具体、完整、清晰、平衡和易于理解，随着时间的推移保持一致，在一个部门、行业或投资组合内具有可比性，可靠、可验证和客观，及时传达。

2. ESG 评估机构

（1）MSCI

MSCI（摩根士丹利资本国际公司）是全球最大的 ESG 指数提供商，拥有 1500 多个股票和固定收益的 ESG 指数，旨在帮助机构投资者更有效地衡量 ESG 投资绩效。MSCI

通过评估企业面临的风险水平和企业风险管理能力，来识别行业中的领导者和落后者。ESG评级范围包括领先（AAA，AA），平均（A，BBB，BB）和落后（B，CCC）（见图 6.14）。

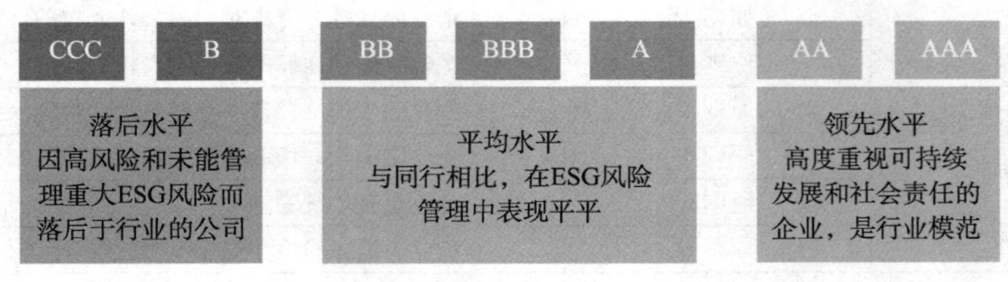

图 6.14 MSCIESG 评级划分

MSCI 提供的 ESG 评级能够帮助投资者识别行业内领先和落后的公司，这是传统财务分析无法捕捉到的。投资者可以将 ESG 评级用于基础或定量分析、投资组合构建以及风险管理等。

该 ESG 指数的环境部分评级考察了一家公司在污染、废物管理、清洁水、生物多样性、可再生能源和减缓气候变化措施方面的表现。社会部分考察了消费者安全、产品责任、社区关系、劳动力的健康和安全等因素。治理部分审查公平性、透明度和道德规范，包括与数据隐私等日益重要的问题相关的内容。

（2）Sustainalytics

Sustainalytics 是全球领先的 ESG 研究、评级和投资者数据提供商之一。该公司的 ESG 风险评级旨在使投资者能够利用重要的 ESG 见解进行证券选择、投资组合管理活动、ESG 整合以及参与投票活动。

Sustainalytics 认为 ESG 风险评级衡量的是公司未管理的 ESG 风险程度。公司的 ESG 风险评级由定量评分和风险类别组成。定量分数代表未管理 ESG 风险的单位，分数越低代表未管理风险越小。根据其定量得分，公司被划为五个风险类别（可忽略不计，低、中、高、严重）之一。这些风险类别是绝对的，这也意味着 ESG 风险评级是可比的。

（3）富时罗素

富时罗素（FTSE Russell）是全球领先的指数提供商。全球机构和散户投资者一直选择富时罗素指数作为其投资业绩的基准，并创建投资基金、ETF、结构性产品和基于指数的衍生品。富时罗素指数还为客户提供资产配置、投资策略分析和风险管理工具。

富时罗素的 ESG 评级数据主要由资产经理、资产所有者、投资顾问和学术机构用于指数创建、研究分析和报告。该 ESG 评级涵盖 47 个发达市场和新兴市场的 7200 只证券，包括富时全球指数、富时全股指数和罗素 1000 指数的成分股。ESG 评级是使用风险加权平均值计算的，这意味着在确定公司的分数时，最重要的 ESG 问题被赋予最大的权重。ESG 评级与联合国可持续发展目标保持一致，所有 17 个可持续发展目标都反映在 ESG 框架下的 14 个主题中。

6.3.4 ESG 投资策略

1. 负面筛选

负面筛选是一种常见的 ESG 投资策略。负面筛选经常与正面筛选一起提及。事实上，负面筛选和正面筛选是硬币的正反面。在正面筛选中，投资者通常会考虑特定行业内的“同类最佳”公司。负面筛选是指在构建投资组合时，排除可能会对环境或社会有害的企业。

负面筛选中通常考虑的一些典型因素包括企业糟糕的环境绩效，如过高的碳足迹，恶劣的劳资关系，特别是拖欠工资；以及较差的公司治理，如董事会缺乏多样性，或私人股东控制过度等。常见筛除的行业包括酒精、烟草、化石燃料、营利性监狱、枪支和武器及赌博等。

小故事速递 6.3：南非撤资运动

负面筛选长期以来一直被慈善机构、宗教组织和捐赠基金等具有社会责任感的投资者所采用。这种方法根据资产所有者的要求将一些特定行业排除在可投资领域之外。例如，基于信仰的投资者可能会避开烟草、酒精饮料、军备或赌博等“罪恶行业”。此外，如果投资者认为需要进行政治变革（如反对压迫或敌对政权），也可以在地理层面上进行负面筛选。

2. ESG 整合

ESG 整合是一种全面的投资分析方法，将 ESG 问题明确和系统地纳入投资分析和投资决策。换句话说，ESG 整合是对投资分析和投资决策中所有重要因素的分析，包括环境、社会和治理因素。ESG 整合可以改进投资决策，并有助于分析对长期价值创造做出重要贡献的无形资产。此外，将长期战略思维融入企业运营中，可以创造核心投资者所追求的韧性和品牌保护。随着 ESG 投资成为常态，资金流入 ESG 基金的速度加快，许多投资者正在寻求如何将 ESG 融入投资分析和决策过程的指导。

ESG 整合比负面筛选更为复杂。负面筛选只是要求识别和筛选会对环境或社会有害的企业，而 ESG 整合需要识别所有重要因素。ESG 因素涵盖了广泛的主题和问题，包括（但不限于）董事会或管理层多元化、网络安全、会计标准、财务报告、废物管理、碳排放管理、能源效率、碳足迹管理、原材料使用、水使用、水污染、气候变化风险管理、劳动管理、工作场所安全、人力资本开发、供应链劳动管理、化学品安全、隐私和金融产品安全、公司治理。通过对这些 ESG 因素的研究和分析，投资者能够识别公司面临的潜在风险。

小故事速递 6.4：摩根大通资产管理案例研究

3. 影响力投资

影响力投资是具有双重目标的有针对性的投资，除了一定程度的财务回报外，还产生特定的社会和环境效益。影响力投资还可以更广泛地定义为向非营利组织和项目捐赠，这些项目将这些慈善基金与投资资本相结合，以支持原本财务不可行的项目。影响力投资的目标之一就是帮助减少商业活动对社会环境的负面影响，因此影响力投资有时也被视为慈善事业的延伸，能够为可再生能源、持续农业、水资源管理和清洁技术、小额信贷以及医疗保健等领域提供资金。同时影响力投资并不代表低财务回报，有研究表明影响力投资有时会有超过传统投资的表现。

影响力投资可以是专题性质的。主题可以与一般影响一致，也可以关注特定影响；

可以是全球性的、区域性的、特定国家的或针对特定人口的，也可以影响特定的文化、社会经济地位或人口群体。影响力投资在投资流动性、地理位置、资产类别以及影响所指向的环境或社会主题类型方面可能有所不同，但基于影响的 ESG 投资在因果体现方面是一致的。例如，投资者希望减少碳排放，作为其投资过程的一部分，他们可能实施主动影响碳排放的投资战略。这类投资者可能会同时投资于那些拥有以碳减排技术为特色商业模式的公司，以及那些更关注其股票中碳足迹的投资组合。

影响力投资几乎可以在任何资产类别中进行，包括股票、债券、共同基金 ETF、风险投资和私募股权。影响力投资由个人和机构投资者进行，如对冲基金、养老基金和非营利组织。由于关注积极的社会或环境影响，影响力投资者有时愿意接受低于市场平均水平的投资回报。在这种情况下，他们的投资回报有时被称为“优惠回报”。

小故事速递 6.5：复兴基金（Renewal Funds）

影响力投资的兴起导致越来越多的公司积极发展和追求 ESG 的实践。此类做法包括努力减少公司对环境的影响，以及开展慈善活动以造福其经营公司所在的社区。

4. ESG 参与策略

投资者和公司之间在环境、社会和治理问题上的直接沟通正在增加。推动这一变化的因素有很多。首先，公司开始对理解股东的观点更感兴趣。许多公司开始与长期投资者的 ESG 专家进行接触。其次，投资者认识到健全的 ESG 管理与企业恢复力之间的联系，正在组建专门团队进行对话。最后，如今公众对公司和投资者以及他们在经济和社会中所扮演的角色进行了更严格的监督。

小故事速递 6.6：日本 ESG 投资

虽然从根本上说，参与是一种交流，但它可以采取多种形式。投资者采取的方法将受到他们投资方式、投资时间框架、围绕股东责任的哲学以及他们所负责的客户或其他人的兴趣程度的影响。

一些投资者将“参与”定义为与公司之间能够增进相互理解的任何交流。另一些人则认为，从定义上讲，参与是为了给公司带来方法或行为的改变。参与的关键是要向那些有能力解决这些问题的人——公司的董事会和管理层——表达自己的观点和担忧。

思考题

1. CSR 的五个维度是什么？
2. CSR 的定义是什么？说出一种即可
3. CSR 之父是谁？
4. 企业为什么要承担 CSR？
5. 企业的利益相关者包括哪些？
6. 利益相关者的管理原则有哪些？
7. ESG 报告框架包括哪几种？

8. ESG 投资策略有哪几种？其中最常见的是哪种？

即测即练

第 7 章

企业碳中和案例

案例 1　宝洁公司利用基于自然的解决方案促进企业碳中和

1. 企业背景

宝洁（Procter & Gamble）公司创始于 1837 年，是全世界最大的日用消费品公司之一，全球员工近 11 万人。宝洁在日用化学品市场上知名度相当高，其产品包括洗发、护发、护肤用品、化妆品、婴儿护理产品、妇女卫生用品、医药、织物、家居护理、个人清洁用品等。为推动全球加快应对气候变化进程，2020 年 7 月 16 日，宝洁宣布了其 2030 气候承诺，旨在通过企业内部改革和一系列保护、改善和恢复生态环境的措施，推动宝洁在 2030 年前实现全球运营的碳中和。

2. 应对气候变化行动亮点

1）全面的能源转型

当前，宝洁全球 70%的运营地点都在使用清洁的可再生电力，70%的机器负载是在低能耗循环中完成的。相比 2019 年，绝对温室气体排放量减少 52%。同时，宝洁开发出可再生材料替代一级石油衍生材料（塑料树脂、清洁剂和丙烯酸酯）的新技术，在成本和规模允许的情况下，用可再生材料代替了一级石油衍生原材料。

2）确定并资助一系列生态系统的项目

2020 年，宝洁宣布与保护国际基金会和世界自然基金会携手合作，共同确定并资助一系列旨在保护、改善和恢复森林、湿地、草原和泥炭地等重要生态系统的项目，在抵消碳排放之外，为环境和社会经济带来协同效益，进而保护自然环境并改善当地居民的生活。宝洁正在制定详细的项目资助计划，为全球各地相关项目提供支持。已确定的项目包括以下三个。

（1）与保护国际基金会合作开展菲律宾巴拉望保护项目——保护、改善和恢复巴拉望这一世界上第四大“不可替代”地区的红树林生态系统。

（2）与世界自然基金会合作推进大西洋森林生态恢复计划——在巴西东海岸大西洋

森林，为森林景观的恢复奠定基础，并对生物多样性、水资源和包括粮食安全在内的其他协同领域产生重大的积极影响。

（3）与植树节基金会合作建立常青树联盟——团结企业、社区和公民的力量，通过有效措施保护受气候变化影响的生活必需品。例如，通过植树来恢复北加利福尼亚州被野火烧毁的地区，并改善德国的森林环境。

3）启动“50 升水家庭节水联盟”

为解决家庭用水带来的能源消耗与温室气体排放问题，2020 年达沃斯经济论坛上，在世界经济论坛、世界可持续发展商业理事会、世界银行 2030 水资源组的支持下，宝洁公司牵头启动“50 L 水家庭节水联盟”，致力于以创新和技术实现将家庭每人每天用水量限制在 50 L 的目标（在部分国家，人均家庭用水最高可达每天 500 L），开发和推广家庭用水系统创新，帮助解决城市水危机。如果 50 L 水家庭项目得以在中国城市地区推广，每年将节约 140 亿 m^3 水，并减少 1500 万 t CO_2e 的温室气体排放。除此之外，宝洁也在企业生产与经营内部通过绿色信息公开、可持续供应链改革、推广可回收包装等方式减少资源消耗与温室气体排放。

3. 未来重点行动

1）推动可再生能源利用

到 2030 年，宝洁将实现生产过程 100%的可再生电力覆盖，将温室气体的排放量减少 50%，并在未来十年实现碳中和。

2）基于自然的解决方案

到 2030 年，宝洁工厂水资源利用率将提高 35%，并通过循环利用，获得至少 50 亿 L 用水，发展至少 10 个重要的供应链伙伴关系，促进气候、水或废弃物循环实践。公司将继续保育人类赖以生存的森林，在全球开展合作，扩大获得认证的森林区域面积，同时构建更强大的认证系统，发挥领导作用，努力为林业产品制定一个以科学为基础、实现森林健康效益的森林经营方案。针对受技术限制而在 2030 年前无法完全消除的排放（约 3000 万 tCO_2e），宝洁将通过积极开展基于自然的解决方案等措施予以抵消。

4. 对其他企业的经验启示

1）将可持续发展理念融入商品设计和生产

以可持续发展理念为引领，聚焦环境友好的绿色设计和生产、开展可持续发展实践。坚持“绿色设计、绿色生产、绿色产品、恢复自然绿色”的原则，通过优化环境管理，实施节能降耗与水资源利用相关措施，致力于将可持续发展融于企业运营的每个层面，共同守护更可持续的地球。

2）整体战略与基于自然的解决方案相结合

企业是基于自然解决方案的重要利益相关方，也是助力将基于自然的解决方案从理论推广到实践的中坚力量，企业参与投资、设计基于自然的解决方案项目既是承担社会责任、应对社会挑战的表现，同时也是提高自身生产与经营可持续性、拓展业务和增加盈利的重要途径。

案例 2　北汽福田汽车股份有限公司为排放标准升级做出中国国企表率

1. 企业背景

北汽福田汽车股份有限公司是中国品种最全、规模最大的商用车企业。福田汽车成立于 1996 年 8 月，现有资产 861 多亿元，员工近 4 万人，品牌价值达 1808.36 亿元，连续 17 年蝉联商用车第一。累计产销汽车 1000 万辆，连续多年中国商用车销量领先；海外累计出口 56 万辆，连续 6 年位居中国商用车出口第一。福田汽车是中国汽车行业自主品牌和自主创新的中坚力量。现已经形成了集整车制造、核心零部件、汽车金融、车联网、福田电商为一体的汽车生态体系。其中，商用车业务，涵盖整车及服务、汽车智能互联应用两大业务，整车覆盖卡车、客车、商务汽车等 5 大业务单元，欧曼、欧马可、奥铃、欧辉、图雅诺等 15 个产品品牌。

2. 应对气候变化行动亮点

1）提前布局国六技术研发

与国五排放标准相比，国六排放标准要求更加严格，氮氧化物和颗粒物限值分别将降低 77%和 67%。2007 年，福田汽车就未雨绸缪，斥资对发动机减排技术进行了前瞻谋划，提前启动了国六技术的研发工作。2007 年，福田汽车成立了节能减排重点实验室，实现了与欧洲技术同步；2010 年，福田康明斯正式导入康明斯欧六发动机技术；2013 年，实现了欧六发动机量产出口欧洲；2016 年，福田汽车斥资 1.2 亿元打造出“六阶段超低排放实验室”，同年，其国六发动机点火。

2）推行国六汽车产品

福田汽车进行了先行研发，福田康明斯 X12 发动机直接跳过国六 A，提前完成了标准更为严苛的重型柴油机国六 B 排放认证，成为行业先行者。作为业内率先推行国六标准的企业，福田汽车国六产品横跨重卡、中卡、轻卡、微卡、皮卡、VAN 等全品类，以及物流、客运、工程、环卫等全场景，排量涵盖 2 L～15 L，率先实现了对商用车细分市场的全覆盖。福田汽车积极准备国六产品库存。在福田汽车三大轻卡品牌中，欧马可国六库存已到 85%左右，奥铃已超过 50%，时代大概 40%。2021 年 5 月 8 日，福田召开的业绩说明会上讲到，在福田康明斯独有的国六科技加持下，福田汽车的国六产品累计销量已突破 41 万辆，福田汽车也成为推动中国商用车排放升级的主力军。

3）产业链国六排放标准升级

福田汽车利用自身规模和影响力，以中国国企担当，进行市场和用户培育，提升技术和服务标准，带动中国整个商用车产业链向国六排放标准升级。福田汽车积极举行国六发动机技术培训和国六服务培训，提供专属升级服务，确保服务商掌握国六产品维修技术。此外，福田汽车还通过开展国六产品体验活动，循序渐进地让用户切换和导入到国六。随着逐步完成向国六排放标准的切换，中国也将走在全球商用车节能减排的前列。

其中，作为中国商用车行业第一个累计产销突破 1000 万辆的自主品牌，福田汽车无疑将成为中国排放升级的表率。

3. 未来重点行动

1）研发生产排放处理系统

福田汽车将与在全球排放处理系统有着多年研发、制造和匹配经验的康明斯深化合作，对等股比成立了合资公司，计划生产在国六排放标准中发挥重要作用的排放处理系统。

2）积极推动老旧柴油货运车淘汰

福田汽车将积极推动老旧柴油货运车淘汰，加大研发降低油耗的节能产品，同时抓住新能源汽车的发展机遇，全面布局绿色蓝图，以科技创新的匠心品质，积极研发符合市场需求的新能源产品，引领新能源汽车行业实现更高效、更安全、更绿色的发展。

4. 对其他企业的经验启示

1）提前布局节能减排技术

节能减排技术研发与应用是企业应对气候变化，推动绿色发展的重要抓手，企业应加强对节能减排问题的认识，提前布局节能减排研发与应用，在未来市场竞争中，积累先发优势。

2）升级企业排放标准

把企业的短期利益与长远发展相结合，在加强技术创新和改造、提升管理能力与完善长效机制等方面下功夫，积极履行社会责任，有效开展节能减排，从而实现企业经济效益与节能减排之间的良性循环，为排放标准升级做出中国企业表率。

案例 3　瑞士雀巢集团推广可再生农业与再造林以实现净零排放

1. 企业背景

雀巢集团创始于 1867 年，是世界上最大的食品饮料制造商，也是最大的跨国公司之一，在全球拥有 500 多家工厂。雀巢公司起源于瑞士，最初以婴儿食品起家，以生产巧克力棒和速溶咖啡闻名，目前的主要产品有速溶咖啡、炼乳、奶粉、婴儿食品、奶酪、巧克力制品、糖果、速饮茶等数 10 种。雀巢销售额的 98%来自国外，因此被称为“最国际化的跨国集团”。过去十年，雀巢公司致力于通过提高能效、使用更清洁能源以及投资可再生资源的方式，减少与食品、饮料生产配送相关的温室气体排放。2013 年与 2012 年，雀巢在碳披露项目中的“气候披露领袖指数”和“气候绩效领袖指数”中获得了最高分，被评为“全球典范”。2019 年 9 月，雀巢公司宣布了其“到 2050 年实现温室气体净零排放”的目标，并于联合国纽约气候行动峰会上签署了联合国“企业 1.5℃温升控制目标”。

2. 应对气候变化行动亮点

1）发布净零碳排放路线图

2020 年 12 月，雀巢发布了“净零碳排放路线图”，以 2018 年为基准年，承诺到 2025 年、2030 年、2050 年分别实现减排 20%、减排 50%、净零碳排放的目标。雀巢的 2050 年净零碳排放承诺中包含原料采购、产品生产、产品包装、物流管理等部门产生的碳排放。

2）发展可再生农业

在再生农业领域，雀巢已经和超过 50 万农户及超过 15 万家供应商开展合作，支持其采取可再生农业实践，改善土壤健康，维持并恢复生态系统多样性。为此，雀巢采取了溢价、增加采购数量和共同投资等激励手段，预期到 2030 年将采购超过 1400 万 t 来自再生农业的原料，从而推动市场需求，鼓励农户开展可再生农业。同时，雀巢还在扩大实施“造林计划”，未来 10 年每年将在其原料采购地植树 2000 万棵。通过农林复合，树木将为农作物提供更多的庇荫以使其免于高温伤害，获得更高的作物产量；再造林还能显著提高碳汇，并改善生物多样性和土壤健康。雀巢承诺在其棕榈油、大豆等主要商品的供应链中，到 2022 年实现“零毁林”。

3. 未来重点行动

1）继续实施可再生农业和造林

作为全球重要的食品和饮料生产商，雀巢公司近三分之二的温室气体排放来自农业。因此，实施再生农业和造林等是雀巢实现净零碳排放的重要策略。雀巢计划通过增加碳汇，到 2030 年从大气中移除或抵消 1300 万 t CO_2e 的温室气体排放，具体措施包括以下方面。

（1）在水源和野生动物生态走廊周围种植植被，在改善水质的同时捕获碳。

（2）在牧场中栽种树木，使牧草长势更好，增加饲料产量，实现协同增效。

（3）尽可能采用有机肥料，使用本地堆肥（原料如咖啡果肉），积聚有机质并改善土壤结构及其储碳潜力。

（4）采取更加可持续的农业实践，实施免耕、轮作和覆盖作物等农业技术，从而避免氮耗竭，减少水土流失，控制病虫草害。

（5）种植树木和灌木，形成自然保护屏障，保护作物免于恶劣天气和水土流失的危害。

（6）开展农林复合措施，利用遮阳树等保护咖啡等作物免受高温伤害，同时增加土壤中的有机质、提高土壤保持水分和储存碳的能力。

（7）修复森林和泥炭地，在增加碳汇的同时维持地下水位、降低火灾风险（雀巢投资了 250 万瑞士法郎用于保护和恢复科特迪瓦的重要森林资源）。

2）推动公司低碳运营

雀巢预期在 2025 年前在其位于 187 个国家和地区的 800 个工作场所中实现 100%可再生电力，并努力实现低排放交通转型。雀巢还采取了水资源保护和再生措施，并努力解决运营中的食物浪费问题。此外，雀巢积极进行科技创新，推广新的植物基食品和饮料，并调整配方，使产品对环境更加友好。

4. 对其他企业的经验启示

1）详细评估企业温室气体排放情况，制定净零碳路线图

为加强气候行动以减缓气候变化，企业应依据产品类型与原材料，利用科学的工具，详细评估企业的温室气体排放情况，科学评估碳足迹，提高信息公开与透明度，确定净零碳目标，公开净零碳路线图，倒逼企业履行碳排放承诺。

2）开展再生农业和再造林等基于自然的减排行动

陆地三分之一是被植被覆盖，它对于维持地球的自然平衡非常重要，但植被面临着来自人类活动和气候变化的威胁，基于自然的减排行动是保护和再开发自然生态系统的项目，其可以帮助企业实现净零碳排放，并通过增加碳汇，从大气中移除或抵消温室气体排放。

案例 4　宁夏宝丰集团有限公司的农光互补与绿氢创新实践

1. 企业背景

宁夏宝丰集团有限公司以化工、新能源、现代农业为主要业务，积极在“新能源替代化石能源推动碳中和”领域开展创新实践。2020 年，宁夏宝丰集团已建成中国当前规模最大的“甲醇、烯烃、聚乙烯、聚丙烯、精细化工、新能源”一体化循环经济产业集群和全球单体最大的集中式光伏电站。

2. 应对气候变化行动亮点

1）开辟碳中和新路径

宝丰利用宁夏回族自治区丰富的光伏资源，将光伏发电与农业生产相结合，大规模推广“农光互补一体化项目”，通过植被种植、土壤改良等措施，对宁夏银川黄河东岸 16 万亩荒漠化土地进行生态治理，将植被覆盖率由原来的不足 30%提高到了 85%，并在此基础上充分发挥宁夏枸杞特色产业优势，大力发展万亩优质枸杞基地，并因地制宜种植经济林、经济草等其他经济作物。为综合利用土地和光照资源，2016 年，宝丰集团在枸杞上方建设了 1GWp 太阳能发电项目，开创了“板上发电、板下种植”的“一地多用、农光互补”特色产业发展新模式，实现了经济、生态、社会效益“三赢”目标。

（1）技术优势：太阳能发电项目全部采用华为智能光伏解决方案及最高效的单晶硅组件，运用国际领先的带倾角平单轴跟踪技术，已建成全球单体最大的集中式光伏电站，转化率高，太阳能发电量较传统提高 20%以上。项目综合使用智能化监控管理后台和无人机巡检的新模式，能够及时发现故障并进行处理，有效保障光伏电站安全、高效、稳定运行。

（2）环境效益：该项目用新能源发电替代火力发电，为企业直供“绿电”并解决部分社会用电。每年节约标煤 55.7 万 t、减少 CO_2 排放 169.3 万 t、减少 CO_2 排放 5.1 万 t、减少氮氧化物排放 2.6 万 t、减少粉尘排放 46.2 万 t，相当于植树近 9 000 万棵，为宁夏

回族自治区传统能源的后续发展年增加约 223 万 t 环境容量，有利于促进节能减排，加快新能源替代化石能源的发展步伐。同时，光伏板遮光减少约 70%的蒸发量，有效提升了当地农业生态系统的碳汇能力。

（3）社会意义：项目采用的“农光互补”新模式，把生态效益转化为经济效益和产业优势。每年仅光伏发电组件清洁维护和枸杞采摘劳务用工，就可解决周边移民群众就业达 8 万人次，为每户增收 4 万多元，有效巩固拓展了脱贫攻坚成果，促进了乡村全面振兴。枸杞产业与新能源项目结合构建的新型特色产业发展模式，加快了新技术、新产业的发展，催生了吸纳就业和创造财富的新业态，为社会带来更多有益价值。

2）积极科技创新，开发太阳能电解制氢储能及应用研究示范项目

宝丰集团应用全球先进技术，以“太阳能发电+电解水制氢”的最优组合，用太阳能生产绿色电能，再用绿色电能作为动力，通过电解水制取出“绿氢”和“绿氧”，替代化石原料和燃料，直供化工系统生产聚乙烯、聚丙烯等上百种高端化工产品，形成了一条完整的“碳中和”产业链条。“国家级太阳能电解水制氢综合示范项目”是目前已知的全球单厂最大、单台产能最大的电解水制氢项目。建成后每年可生产“绿氢”2 亿标方，副产“绿氧”1 亿标方。

（1）技术创新：太阳能电解水制氢是以太阳能为一次能源，以水为媒介，生产二次能源氢气的过程。在“太阳能发电+电解水制氢”的最优组合下生产得到的氢气是真正意义上的“绿色氢气”。项目引进了单套产能 1000 标方/小时的电解槽以及气化分离器、氢气纯化等装置系统，其先进性已达到国内先进水平，能耗低，转化率高，从技术上、工艺上、使用上保证氢气的质量，生产的氢气质量高，纯度达到 99.999%的国标高纯氢气标准，满足精尖领域需求，对推广发展清洁能源具有重要的示范意义。

（2）成本优势：该项目通过科技创新提高转化率，在实现制氢装置长周期高负荷运行、提高设备利用率的同时，有效降低制氢综合成本，制氢系统电耗为 4.5~5°/标方氢气，“绿氢”成本可降低至 0.7 元/标方，实现可再生能源向高端化工新材料的有效转化。

（3）环境效益：该项目全部建成后每年可减少煤炭资源消耗 31.75 万 t，减少 CO_2 排放约 55.25 万 t。此外，弃风与弃光是当前制约中国，尤其是西北地区可再生能源发展的重要因素，实施太阳能电解制氢储能项目可以有效消纳宁夏回族自治区内的弃光，环境效益显著。

3. 未来重点行动

1）末端治理转化为源头治理

宝丰集团立足源头治理，开辟了“荒漠化土地可持续生态治理—创新建设新能源产业—利用新能源电解水制氢—制氢与现代化工融合协同发展”的碳中和新路径，从根本上建立由末端治理转化为源头治理的技术路线，通过科学探索与技术创新开发得到经济可行的解决方案。

2）注重低碳技术创新

在发展传统新能源转型与生态修复工作的同时，宝丰集团还积极进行科技创新，开发了以“绿电制绿氢”为核心的“太阳能电解制氢储能及应用研究示范项目”。在全球能

源结构向清洁化、低碳化转型的背景下，氢能作为来源广泛、灵活高效、零排放的可再生能源，被视为最理想、最具发展潜力的清洁能源，是减少温室气体排放、应对气候变化、实现低碳工业的重要途径。

4. 对其他企业的经验启示

1）立足于化石能源替代与生态修复的综合能源创新实践

依托企业具有的各种自然资源，推动新能源替代化石能源，为节约资源、保护环境增添动力，同时也为贫困群体提供良好的就业机会，使企业环保行为具有重要的社会意义。

2）顺应国际国内能源市场未来发展趋势

企业应该顺应国际国内能源市场的未来发展趋势，综合实现降本增效和节能减排，引领能源产业高质量发展，实现具有可操作、可示范、可推广的低碳能源发展模式。

案例 5　德国邮政敦豪集团制定可持续发展战略，打造绿色运输模式

1. 公司背景

德国邮政敦豪集团（DHL）是全球领先的物流公司，业务遍及 220 余个国家和地区。2020 年，DHL 报告了 3 300 万 t CO_2e 排放。DHL 凭借可持续的商业实践，为世界做出了积极贡献，它宣布到 2030 年，将温室气体排放量减少至 2900 万 t 以下，且力争到 2050 年实现物流运输环节碳中和。

2. 应对气候变化行动亮点

1）打造可持续航空运输

航空运输是 DHL 最大的温室气体排放源，DHL 已采取多项举措降低该领域碳排放。例如，通过提升能效促进航空运输业务碳减排，持续投资于飞机现代化，提高飞机的能源利用效率，进而减少温室气体排放。迄今为止，DHL 已投入使用 22 架波音 777 货机，与上一代机型相比，该货机由于使用高效能燃油技术，可减少 18%的碳排放量。DHL 还致力于开发新技术以优化运营，如确定理想的重量平衡，优化物流网络设计，选择高效的承运交通工具以进一步提高运营效率。此外，它还积极参与可持续航空燃料（sustainable aviation fuel，SAF）开发，增加飞机燃料中的可再生能源占比，并与各利益相关方合作开展开创性研究工作，促进可持续生物燃料合成煤油在过渡期的使用。

2）推动“最后一公里”和长途运输绿色化

DHL 致力于提供“最后一公里”和长途运输绿色服务方案，通过投运电动车、采用可持续燃料等主要措施，向可再生能源转型。2020 年，DHL 约有 17%的陆运车辆配备了替代性驱动系统，其中 15%的车辆配备了电驱动系统。与此同时，公司持续加大投资，依据最新排放标准升级传统动力车辆。同年，DHL 有 80%的车辆达到欧Ⅴ、欧Ⅵ排放标准或实现零排放（零排放车辆，ZEV）。此外，DHL 还将提高能源利用效率作为实现陆

运碳减排的重要抓手。DHL 对路线网络和枢纽位置进行优化，以期待减少燃料消耗。同时，为司机提供系统的培训项目，鼓励环保驾驶行为，并通过制定标准、提供教育和激励措施来促使分包商采用绿色运输方案。

3）建设可持续设施

DHL 拥有仓库、分拣中心、物流枢纽、办公楼等大量实体资产，目前正积极利用绿色前沿技术，为其在 220 余个国家和地区的业务网络开发绿色建筑或改造现有建筑。DHL 主要通过直接采购可持续绿色能源和利用光伏系统供应绿色电力，推动企业设施向绿色转型。在不久的将来，DHL 还将通过购电协议（power purchase agreement，PPA）确保绿电供应。2020 年，DHL 近 80%的电力来自可再生能源，并致力于到 2030 年将全球业务的可再生能源供电占比提高至 90%以上。此外，DHL 还推行可再生能源供暖系统，部署自动化、数字化及智能楼宇管理系统，进一步降低日常运营的能耗，从而削减业务场所产生的碳排放。集团在其脱碳路线图中宣布，所有正在建造的新建筑都将达到碳中和标准。

3. 未来重点行动

1）将可持续发展战略融入内部系统和流程

DHL 将进一步促进碳中和路线图融入内部运营系统，从碳盘查、监测到将可行举措分配给不同业务部门和区域的利益相关方，全面实施更加系统的方法论，并配套严格的内部报告机制、培训措施及政策。

2）制定 2030 重点目标和举措

DHL 与燃料供应商保持密切沟通，不断提高可持续航空燃料的使用比例，使可持续航空燃料的占比到 2030 年至少达到 30%。作为欧洲电动车行业的引领者及最大的电动车队运营商，DHL 将在 2022 年前将电动车队规模从如今的 15000 辆扩大到 21500 辆。2025 年，DHL 的配送车队将由 37000 辆电动车构成，其中包括传统整车制造商的电动商用车。到 2030 年末，DHL 计划推动“最后一公里”配送车辆实现 60%的电动化。建筑物方面，DHL 争取自 2021 年开始对公司的新建筑物全面采用碳中和设计。例如，DHL 计划 2025 年在德国多地建立多达 280 个碳中和配送基地。DHL 还将进一步扩大绿色服务方案组合，为每一种核心产品提供绿色替代方案。例如，从 2022 年起，私人和企业客户所有国内国际邮件运输产生的碳排放都将通过碳抵消机制得到抵消，并且不收取任何附加费用。

3）进一步扩大与其他利益相关方的合作

作为物流行业的主要参与者，DHL 将依据《AA1000 利益相关方参与标准》，进一步与主要利益相关方（尤其是供应商和分包商）开展公开和建设性对话，通过美国国家环境保护局 SmartWay 计划等全行业项目，共同设计碳中和实现途径，开发创新性解决方案，持续在倡议制定方面发挥积极作用。

4. 对其他企业的经验启示

1）开展全面分析以协助目标制定

企业应开展全面细致的分析，设定有意义、切实可行的减排目标。自下而上和自上而下相结合的分析方法将是最佳方案，有助于企业审慎制定关键决策，不仅将《巴黎协定》要求纳入考量，同时需要考虑不同业务部门和区域在不同情景下有望实现的减排量。

2）建立专长互补的专职团队

企业可以建立专门的团队来协助推动碳减排进程，而碳减排举措的具体实施任务则由业务部门承担。该专职团队应当囊括兼具技术背景和项目管理背景的人才，技术人员专注于解决科学问题，确保目标设定和碳减排倡议科学可行，而项目管理人才可以协助与不同岗位的核心管理人员及利益相关方进行谈判，监督项目管理办公室工作流程。

3）优化分包商管理

分包商管理可能是诸多物流公司在推进陆运和长途运输碳减排过程中面临的大难题，因此，物流公司应建立综合全面的分包商管理系统，收集相关数据，采用减排工具，根据分包商的需要提供支持。此外，物流公司还可将环境表现纳入分包商筛选标准。

案例6 伊利集团锚定碳中和目标，推动低碳食品加工制造

1. 公司背景

内蒙古伊利实业集团股份有限公司（简称伊利）是全球乳业五强，亚洲第一大乳业公司。2019年伊利报告了190万t温室气体排放，其碳排放强度从2012年的377 kg CO_2e/t终端产品降至2019年的214 kg CO_2e/t。伊利致力于到2060年实现碳中和，目前正着手制定详细的实施路线图。

2. 应对气候变化行动亮点

1）建立对集团碳排放量的清晰认知

伊利自2010年起依照ISO14064标准及《2006年IPCC国家温室气体清单指南》盘查碳排放。凭借过去10多年的经验，伊利已熟知国内和国际的各类碳排放指南，碳盘查流程也日趋标准化。以此为契机，伊利组建了一支百人团队，专门负责年度碳盘查，并提出节能减排举措。从2019年开始，伊利将上游牧场的碳排放纳入碳盘查范围。

2）制定完善的碳中和组织架构和指导原则（图7.1）

伊利的可持续发展委员会由董事长潘刚直接领导。在委员会的指导下，伊利集团、事业部和工厂在可持续发展的4个行动领域（即产业链共赢、质量与创新、社会公益和营养与健康）展开密切合作。伊利质量管理部门、工厂和其他相关方在可持续发展中的角色都有着清晰定位。

3）推动低碳食品加工制造

自2014年起，伊利投入9000万元人民币，将燃煤锅炉改造为天然气锅炉。到2020年底，除三家工厂因当地供应不足未能采用天然气锅炉外，其余所有工厂均已使用天然气锅炉，锅炉更换后较更换前合计每年减排58万tCO_2e。伊利还引进了余热回收、热泵等一系列绿色技术以提高工厂的能源利用效率。截至2020年12月31日，伊利旗下24家工厂通过ISO50001认证，19家分（子）公司被工信部评为国家级“绿色工厂”。得益于2020年的专项推进节能项目，伊利成功将运营成本降低1亿元，节约电4800多万kW•h，节约水400万t，节约天然气430万m^3，节约煤2.8万t。

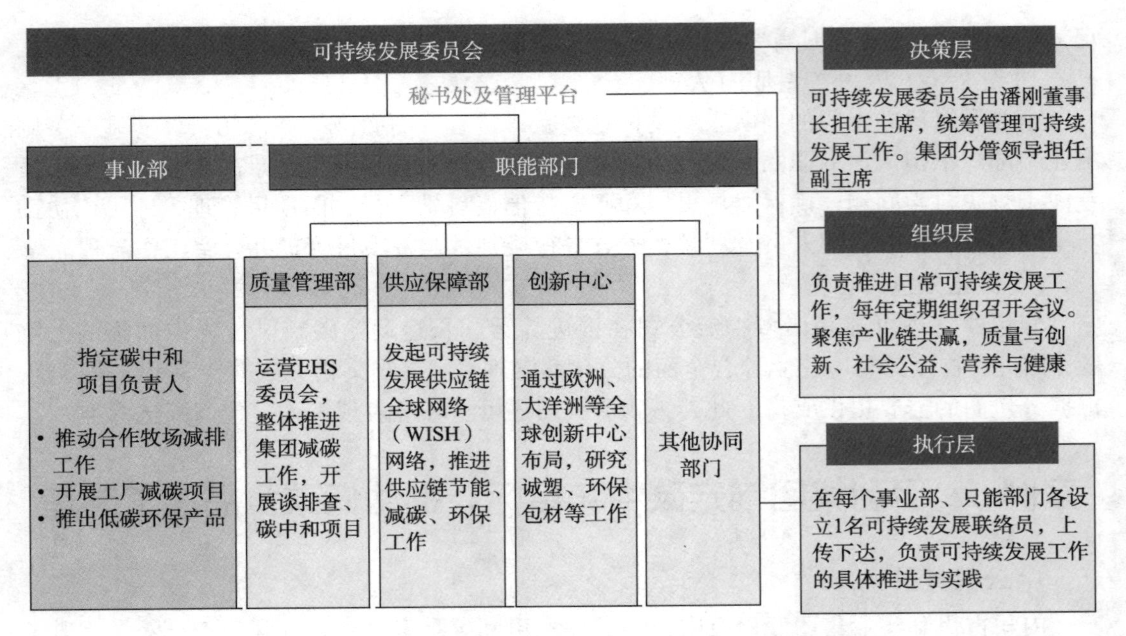

图 7.1　伊利建立了完善的组织架构，统筹推进碳中和举措

3. 未来重点行动

1）盘查间接碳排放

对于伊利这样的食品制造商而言，约九成碳排放来自间接碳排放，如原料采购、包装、物流等。伊利目前正着手梳理间接排放源，探索碳排放盘查的最佳方法。

2）推动养殖活动碳减排

伊利创新中心正致力于研究如何利用植物吸收和降解动物粪便，同时考虑在牧场选址上落实低碳原则，如与高纬度地区牧场合作以降低奶牛产生的碳排放。

3）探索直接采购绿电可能性

伊利将评估各个工厂所在地的可再生能源政策、法规，并积极与当地政府沟通，争取获得绿电直接采购配额。

4. 对其他企业的经验启示

1）完善的组织架构和清晰的职责定位是可持续发展治理机制的基石

在可持续发展的初始阶段即遵循国际标准，长期可为企业节省大量工作。伊利在初次启动碳盘查时就依照 IPCC 指南展开，确保覆盖了广泛的排放源。如此一来，伊利的数据可以轻松契合客户数据平台（customer data platform，CDP）报告系统和 MSCI 评级体系，且有助于年度流程的标准化。

2）完善数据收集对于碳盘查及监测至关重要，尤其是间接碳排放

碳排放盘查耗时长，需要高度细化完善的数据（伊利的碳盘查细到甚至包括了灭火器、开关等小型设施）。因此，企业需开发完善的 IT 系统来实现原始数据收集的标准化和自动化，减少人工操作，提高盘查准确性。

案例 7 博世集团运用四大手段助力实现碳中和

1. 公司背景

博世集团（Bosch）是全球领先的技术及服务供应商，业务几乎遍及世界各国。2020年第一季度，博世宣布在全球超过 400 个业务所在地实现碳中和，并有外部独立审计公司认证。其碳中和范围主要包括企业自身所生产能源及为生产、研发及行政所需所购买的能源。博世为实现碳中和系统地应用了四大举措：提高能源效率、使用可再生能源、采购绿色电力，以及作为最后的手段用碳汇来抵消不可避免的碳排放。

2. 应对气候变化行动亮点

1）提升制造流程的能效

博世计划到 2030 年通过提高厂房所在地的能效来节省 1.7 TW•h 的能源。自 2019 年起，该公司已在全球启动了 2000 多个项目，并实现了 0.38 TW•h 的节能成效。当前，100 多个公司所在地已成功通过接入博世能源平台这一智能能源管理系统，实现了显著的能源节降。例如，其洪堡工厂在过去两年中通过使用连接传感器和自编程算法来监控和管理能源使用，减少了约 4500 t 碳排放。除此之外，博世还实施了其他诸多瞩目的行动以提高工作场所和工厂的能源效率，如降低表面贴装技术焊机能耗的数字解决方案。

2）部署可再生能源

在新能源的旗帜下，博世旨在推动可再生能源发电——通过公司自发电力和长期供电合同，最终使新建光伏电站和风电场成为可能。博世致力于到 2030 年实现公司内部所使用能源中有 0.4 TW•h 来自可再生能源。当前，博世通过在业务覆盖密集和当地光伏发电条件较好的地区部署内部光伏系统，已经能够通过自有可再生能源供应约 69 GW•h 的电力，以满足到 2020 年的电力需求。与此同时，博世在 2020 年与德国的 3 个能源供应商签订了长期供电协议，旨在新建可再生能源工厂。

3）购买绿电

为加速碳减排进程，博世同样致力于从现有电站中外购绿电。2020 年，绿色电力已占博世全球电力供应的 83%，且这一比例未来有望进一步扩大。博世采取的策略是，初期在高耗能地区集中采购电力，之后推广至其他区域。

3. 未来重点行动

1）改善不同举措的贡献分布

博世计划在未来几年中不断改善举措组合，以减少对碳抵消的利用。同时进一步提高能源效率并购买新的清洁能源。2020 年，碳抵消对博世碳中和的贡献约为 29%，博世希望到 2030 年能够将保持碳中和所需的碳抵消比例降至不超过 15%（相对于 2018 年基线）。

2）降低企业上下游的碳排放

未来，博世计划将碳减排事业延伸至企业供应链上下游，力争到 2030 年将供应链上下游的碳排放减少 15%。经过系统分析，博世计划首先关注高排放活动，如购买的产品和服务、物流运输以及售出产品的使用。

4. 对其他企业的经验启示

1）用一套完整方案实现碳中和

公司可以通过采用由不同举措组成的完整方案实现碳中和。在明确了解自身的碳足迹和减排潜力后，公司可综合使用不同手段实现碳中和。企业可考虑创建一个由控制团队、工程师、能源和气候专家组成的跨专业团队，探索实现碳中和的方式和手段。

2）制定具体的关键绩效指标（key performance index，KPI）来跟踪各举措效果

建议公司设计相关指标来跟踪不同碳减排措施的成效，以便对各举措给予必要的后续支撑。聚焦关键举措，确保尽可能最佳地利用资源以实现可持续性发展及实现碳中和。

3）专注于推出有助于碳减排的产品

对于制造公司而言，间接碳排放大部分排放来自产品使用阶段，因此公司可以通过设计节能产品、优化减少产品在使用过程中的 CO_2 排放，重塑产品组合，并利用能源部门的转型帮助客户减少温室气体排放。

案例 8　瑞典斯堪斯卡公司推动自身业务及全价值链实现碳中和

1. 公司背景

瑞典斯堪斯卡公司（Skanska）成立于 1887 年，是全球领先的建筑和项目开发公司，专注于北欧本土市场、欧洲其他国家以及美国市场。2019 年，斯堪斯卡报告了 210 万 t CO_2e 排放，其中约 26 万 t 来自直接碳排放，约 190 万 t 来自间接碳排放。与基准年（2012 年）相比，斯堪斯卡公司 2019 年直接碳排放降低了 28%。公司承诺到 2045 年在自身业务活动及整个价值链实现碳中和。

2. 应对气候变化行动亮点

1）打造绿色建筑及基础设施

斯堪斯卡公司设计建造产能建筑，此类建筑的电力产出大于消耗。以世界最北端的产能办公楼 Powerhouse Brattorkaia 为例，该建筑的屋顶倾斜角为 19.7°，为光伏太阳能电池板提供最优倾角以达到最佳的太阳能收集效果，且设计有一个大的圆形开口，使阳光能够直射办公室内部。该建筑日均生产的电力是其消耗量的两倍之多。

2）选用可持续材料

多年来，斯堪斯卡一直致力于寻找和使用可持续材料。例如，它在瑞典开发了一种低碳混凝土混合物，利用钢厂产生的炉渣或发电厂生产的粉煤灰代替了一部分水泥。这种混凝土产生的碳排放量最多可减少 50%，同时仍可保持高耐用性、强度和可加工性。在美国，斯堪斯卡正在主导一个合作伙伴关系，开发出一种创新工具，即在建筑中的隐含碳计算器（其名称为 EC3）。这一免费、开放访问的工具可以在建筑项目的设计和采购

阶段实时查看项目的整体隐含碳排放量和潜在节约量，并对材料制造商的隐含碳排放量进行分类和评估，从而确定最低碳的采购方案。在天然聚合物的供应日渐缩紧的捷克，斯堪斯卡公司在该地推出一种混凝土循环利用方法，使用100%可回收的混凝土。

3）推动施工流程碳减排

斯堪斯卡联合挪威科技工业研究所（SINTEF）、沃尔沃及软件公司Ditio，共同开发智能施工机械。这些机械设备共享位置和任务，能够利用机器学习、路线优化、人工智能等技术优化和安排后续任务，提高运行效率，降低碳排放。

3. 未来重点行动

1）进一步探索创新解决方案

斯堪斯卡将通过全面的市场分析，发掘更多商机，顺应日新月异的市场需求，为终端客户提供可持续解决方案，以创新技术推动建筑和基础设施使用过程碳减排。斯堪斯卡将持续追求卓越，精益求精，不断提高能源资源利用效率。

2）推广ACT气候计划

斯堪斯卡将进一步推广其名为ACT的气候计划，即气候意识（awareness）、客户成功（customer success）和转型（transformation）。通过内部组织、倡导和交流如何衡量气候目标与财务模型，斯堪斯卡希望进一步提高公司整体对可持续发展的认识。斯堪斯卡认为，跨行业的持续创新和合作对解决气候危机十分必要，需要通过更多地使用数字工具、更智能的能源解决方案和低碳产品，与合作伙伴和客户一起实践低碳和零碳解决方案。斯堪斯卡同样也在参与制定建筑物和基础设施的可持续性标准。斯堪斯卡还计划采取进一步行动，从整个规划、建设到拆除阶段，不断减少碳排放。

4. 对其他企业的经验启示

1）碳盘查及后续跟踪是制定碳减排方案的关键

对于各行各业的公司而言，全面测量评估所有关键排放活动至关重要，而对碳绩效的持续跟踪和高层监督同样不可或缺。

2）参与可持续认证体系对于促进建筑使用阶段的低碳转型至关重要

建筑公司的碳排放大多来自建筑使用阶段，而参与可持续认证有助于客户对比和评估建筑及设施的可持续性表现，对建筑业可持续发展起到重要助推作用。因此，积极参与美国能源与环境设计认证（leadership in energy and environmental design，LEED）、美国WELL健康建筑标准、英国建筑研究院环境评估方法（building research establishment environmental assessment method，BREEAM）等广受认可的绿色建筑认证体系，是建筑和房地产开发公司实现建筑碳减排的有力手段。

案例9　华为借力科技产品打造绿色科技企业，推动碳减排

1. 公司背景

华为创立于1987年，是全球领先的信息与通信技术（information and communication

technology，ICT）基础设施和智能终端提供商。2019 年，华为所报告的温室气体排放量共计 220 万 t CO_2e，但每百万人民币销售收入的碳排放较基准年（2012 年）下降 32.7%，减碳成效显著。华为致力于到 2025 年将碳排放进一步降低 16%。

2. 应对气候变化行动亮点

1）借力科技推动内部运营碳减排

华为始终致力于推动自身运营节能减排，覆盖从园区设施、研发实验室、数据中心到工厂的方方面面。2019 年，华为引入“智慧园区能耗解决方案”，开启了园区管理的数字化转型，并将该方案陆续推广至各地园区，全年实现节能超过 15%。华为借助模块化不间断电源设备（uninterruptible power system，UPS）解决方案、间接蒸发冷却技术等先进技术，将数据中心电源使用效率（power usage effectiveness，PUE）降至 1.2，大幅降低了碳排放。

2）促进循环经济

华为优先选用环境友好型材料，减少原材料的使用，提升产品耐用性、易拆解性，完善产品回收体系，促进循环经济发展，削减温室气体排放。华为的极简式刀片有源天线单元（active antenna unit，AAU）将有源 5G AAU 和无源 2G/3G/4G 天线集成到一个盒子中，并将总高度限制在 2 m 左右，大大节省了材料、空间和能耗。绿色包装方面，华为始终践行“6R1D”策略，即以适度包装（right packaging）为核心的合理设计（right）、预先减量化（reduce）、可循环周转（returnable）、重复使用（reuse）、材料循环再生（recycle）、能量回收利用（recovery）和可降解处置（degradable）。2019 年，华为全年绿色包装用量达 40 多万件，相当于节约了 9 万多 m^3 的森林木材。此外，华为在全球范围内建立了电子废弃物处理系统，将电子废弃物经环保处理后分离出铜、钴盐/铁、铝、铜砂、树脂粉、塑料等原材料，并投入再利用。2020 年，华为回收处理的电子废弃物超过 4500 吨，全面提高了资源利用率。

3）开发绿色产品

华为基于产品 LCA 环境影响评估方法，对产品碳足迹进行了系统评估，发现网络设备的碳排放主要来自使用阶段。为此，华为大力开发节能技术，降低 ICT 产品的端到端能耗，助力各行各业节能减排。以 NetEngine 8000 X8 路由器为例，该设备相比业界同类产品，每比特数据的功耗降低 26%～50%，每台设备每年就可节电约 9 万 kW•h。

4）携手供应商共建绿色供应链

华为积极与供应商协作，共同打造绿色供应链。华为将环保要求融入公司的采购战略和采购业务流程，引入国际能效检测与确认规程（international performance measurement and verification protocol，IPMVP）等广受认可和采纳的节能认证机制，鼓励并引导供应商制订节能减排计划。2019 年，共计 35 家供应商参与节能减排项目，累计实现碳减排 8 万 t。

3. 未来重点行动

1）持续推动内部运营碳减排

华为将一如既往在源头控制（清洁能源）、过程管理（技术节能和管理节能）、成果闭环（其他措施）等方面做出努力，在保证业务正常运行的同时，节约能源，提高资源利用效率，降低运营成本，实现园区的高效、优质、低碳运营。

2）探索可持续产品开发机遇

华为将依托前沿的技术创新和技术进步，继续完善 5G、F5G、IP 网络建设及站点能源的各个环节，实现端到端的绿色智能互联。

3）制订进一步的供应商碳减排计划

华为将继续鼓励和引导前百大供应商盘查碳排放数据、确认碳减排目标、制订减排计划并实施减排项目。

4. 对其他企业的经验启示

1）推动供应链碳减排

供应链是温室气体排放的一大源头，科技公司在设计碳减排举措时，应当充分考量供应链的碳排放，并制定系统化的方法与机制来引导和管理供应商碳减排进程。

2）借助数字化工具评估和跟踪碳排放

评估判断碳排放源头并非易事，相关流程高度复杂，对于业务遍及多个地区和领域的公司来说尤其如此，而能源管理系统等数字化工具可以有效协助评估和跟踪碳排放活动。

案例 10　兴业银行布局绿色金融业务，助力碳中和目标

1. 公司背景

兴业银行成立于 1988 年，是中国首批股份制商业银行之一，现已成为一家以银行业为主体，涵盖其他多个金融领域的中国主要商业银行集团。兴业银行是中国首家加入赤道原则的银行，该原则是金融机构采纳的一种风险管理框架，旨在确定、评估和管理项目中的环境与社会风险。

2. 应对气候变化行动亮点

1）开发多元绿色融资产品及服务

如其他金融机构一样，价值链是兴业银行的首要温室气体排放源，尤其是被投项目和企业。因此，兴业银行将发展绿色融资产品视为脱碳进程中的重要支柱。作为国内首家“赤道银行”，兴业银行于 2006 年率先开展绿色金融业务，已在该领域深耕 15 年，形成涵盖绿色融资、绿色租赁、绿色信托、绿色基金、绿色理财、绿色消费等多门类的集团化绿色金融产品与服务体系，在绿色金融领域形成先发优势。截至 2021 年 3 月末，兴业银行累计为 3 万多家企业提供绿色融资逾 3 万亿元，绿色融资余额超 1.2 万亿元，已成为全球绿色债券发行规模和余额最大的商业性金融机构。特别是该行所支持的节能减排项目，预计每年可减少 CO_2 排放 8587 万 t，相当于关闭了 196 座 100 MW 的火电站。

2）积极参与碳交易市场

兴业银行积极参与国内碳排放交易市场建设，与我国七个碳交易试点省市全部签署

了战略合作协议。结合国际和国内碳市场的参与经验，兴业银行为碳市场和交易主体提供了包括交易架构及制度设计、碳交易资金清算结算、碳市场履约、碳资产保值增值、碳资产质押融资、碳交易中介等一揽子金融服务方案，涵盖了项目建设和市场交易的前、中、后各个环节，并在上海、广东、天津、湖北、深圳等重点区域，作为主要清算银行参与完成碳市场交易、完成交易系统开户与结算对接。在与监管部门、碳资产管理公司合作方面，兴业银行探索成立引导基金、担保基金等产品，同时研究开展碳金融衍生品，包括远期、期货、期权、掉期等交易工具，以及碳指数、碳债券、碳资产支持证券（ABS）等可交易的结构化创新产品。

3）发挥行业“领头羊”优势

兴业银行通过参与政策制定，发挥自身在绿色金融行业的“领头羊”优势。兴业银行深谙不同绿色金融标准下银行的角色定位，依托自身专长与经验，参与了国内《绿色贷款专项统计制度》《能效信贷指引》《绿色银行评级方案》等多项绿色金融政策制定。此外，兴业银行还协助中国及其他发展中国家的银行同业开发专有绿色金融解决方案。目前，兴业已与九江银行、湖州银行、安吉农商银行等20家银行签署绿色金融同业合作协议，并为江苏银行等众多银行提供绿色金融专项服务。兴业银行还借助赤道原则等合作伙伴关系，积极协助越南、泰国、蒙古等新兴市场国家贯彻可持续发展实践，履行气候义务。兴业银行深信，各行在互换能力、互补优势中能够进一步提升绿色金融服务质效。

3. 未来重点行动

1）设计净零目标和路线图

兴业银行于2021年4月采纳联合国《立即实施气候中性》倡议，按照该倡议框架，确立自身碳达峰、碳中和目标及详细路线图，推动全行低碳转型。此外，兴业银行还希望在气候和环境信息披露试点、环境压力测试、绿色金融产品创新、绿色标准国际对接等领域继续与国际组织和金融机构开展深入交流合作，携手应对全球气候变化。

2）在碳交易领域采取进一步行动

兴业银行将进一步加强碳金融产品和服务创新，满足碳配额履约、交易和碳资产增值、盘活等领域日益增长的需求，为中国碳交易市场的发展做出贡献。

4. 对其他企业的经验启示

1）为现有融资产品制定评估框架

金融机构除了推出绿色金融产品外，还可以构建碳排放评估框架，并将其嵌入当前的信贷或投资审批流程中，在提供金融服务之前，评估高排放项目或企业的温室气体排放量。此外，金融机构还可以发挥资金引导作用，一方面对高排放活动实行融资限制，另一方面为有助于碳中和的项目提供资金支持。

2）设立支持性组织和机制

金融机构可以建立支持性组织及配套机制，协助推动绿色转型。例如，将业务团队的绿色融资绩效纳入现行KPI体系，为绿色金融项目配置专项资产及人力资源，对绿色信贷项目优先审批等。

案例 11　海尔集团实施“6-Green 全生命周期绿色发展战略”

1. 公司背景

海尔集团创立于 1984 年，是全球领先的美好生活和数字化转型解决方案服务商。海尔集团始终以用户体验为中心，连续 4 年作为全球唯一物联网生态品牌蝉联“BrandZ 最具价值全球品牌百强榜”，连续 13 年稳居“欧睿国际全球大型家电零售量排行榜”第一名。海尔集团聚焦实体经济，布局智慧家庭、产业互联网和大健康三大主业，致力于携手全球一流生态合作方，持续建设高端品牌、场景品牌与生态品牌，以科技创新为全球用户定制个性化的智慧生活。

2. 应对气候变化行动亮点

1）布局产品的全生命周期管理

据显示，家用电器是居民能源消耗的第二大来源，产生了约 30%的居民碳排放。在“双碳”战略下，家电产业绿色化转型已成趋势。“绿色设计、绿色生产、绿色经营、绿色回收、绿色处置、绿色采购”——海尔已经实施 6-Green（6G）战略，驱动全产业链绿色发展，通过研发设计低碳“新物种”、广泛采用可回收环保材料等措施，实现产品的全生命周期低碳管理。

2）打造碳中和智慧园区

海尔集团打造全球首个碳中和“灯塔基地”海尔中德智慧园区。2021 年，在中德园区 13 万 m^2 的屋顶上，海尔集团已建设总装机量 13.5 MW 的光伏发电系统，年发电量超 1500 万 kW•h，折合减少约 1.3 万 t CO_2 排放。海尔集团利用当地风力条件，建设 3 台 3 MW 的低风速风机，年发电量预计为 4080 万 kW•h，可减少 CO_2 排放 3.5 万 t。园区内建筑均为海绵建筑，下雨时具备吸水、蓄水、渗水、净水的功能，需要时可以将蓄存的水释放并加以利用，提高水的利用率。后端生产区，海尔集团通过对空压机余热回收、对水泵房电机进行变频改造等措施，建设燃气三联供系统，在满足供冷、供热的同时，实现能源的梯级利用，能源综合利用效率超过 80%。同时，海尔集团在园区内构建智慧综合能源管理系统，每年减少 3.22 万 t CO_2 排放，约合植树造林 3.22 万亩。

3）建设家电循环产业互联工厂

海尔集团建设中国首个家电循环产业互联工厂。在我国家电回收处理面临规模大、任务重等现状下，海尔集团积极落实生产者责任延伸制度，充分参与循环经济体系建设，于 2021 年 5 月开工建设中国首个家电循环产业互联工厂，全面保障废旧家电正规化、合法化拆解。2022 年 7 月，海尔莱西再循环互联工厂一期项目正式投产，投产后每年可拆解 200 万台废旧家电，改性造粒 3 万 t。未来，工厂将以废旧家电拆解利用为切入点，逐步扩展到部件再制造、报废汽车回收拆解、贵金属提炼等领域，促进再生资源加工利用行业的规模化、规范化、清洁化发展，为生态绿色发展贡献力量。

4）打造并推广可复制的智慧减碳模式

海尔集团打造的智慧能源平台，不仅在自有工厂和园区实现节能减碳，更将场景解决方案对外赋能给各类企业、园区，助力全社会共同构建绿色世界。2021 年，海尔集团共赋能 450 家外部企业，节电共 2 亿 kW•h，减少 5.5 万 t 碳排放，相当于植树造林 10 万亩。海尔集团赋能山东港口青岛港设备智能化升级，仅开关设备的整体智能化迭代，预计每年就能减少 3.98 万 t CO_2 排放；帮助制冷压缩机研发的武汉东贝电器，综合成本降低 20%；助力打造天津八里台工业园区，园内能源托管运营企业 100 家，提升能效 15%，光伏发电量 125.278 4 万 kW•h，能源成本降低 100 多万元，节约标准煤 501 t，能耗降低 20%。

5）创新绿色低碳科技

海尔–150℃深低温冰箱采用碳氢制冷剂和 LBA 聚氨酯发泡的创新设计，实现完全绿色环保制冷，全球增暖潜能值（global warming potential，GWP）值接近 0。海尔成功突破了高效斯特林制冷机控制技术难题，达到国际领先水平。斯特林制冷技术以氦气（He）为制冷工质，绿色环保、高效节能，将广泛应用于疫苗、血液等低温储运，以及基因工程、生物医药、生命科学等低温制冷领域。在大健康领域，海尔生物研发太阳能疫苗冰箱，进入 78 个国家和地区，每年服务 4500 万名适龄儿童；与世界卫生组织等创新绿色科技保障方案，开发出太阳能实验室、太阳能采血舱等绿色场景。

3. 未来重点行动

1）加大绿色创新力度

海尔集团将不断加大创新力度，对内，支撑海尔园区、工厂能源数字化、清洁化转型；对外，赋能更多园区、产业，实现能源生态的互联、互通、互享。

2）把握循环经济发展机遇

海尔宣布成立科学与技术委员会，未来 3 年内将建立专项产业基金 400 亿元，研发投入 600 亿元，而首要瞄准突破的科技领域就是“绿色双碳”，未来将“关注新能源和循环经济带来的新发展机遇，成为绿色发展的先行者”。

4. 对其他企业的经验启示

1）驱动全产业链绿色发展

企业是践行绿色低碳循环发展的关键主体，是产业绿色转型和绿色创新的重要推动者。碳中和与碳达峰“双碳”目标的实现，主导在企业，重点在产业链各环节的绿色转型。企业应从源头治理、过程管控和末端治理等各运营环节部署低碳管理，促进全产业链的绿色低碳发展。

2）赋能外部企业节能减碳

企业应利用数字化技术积极探索提升能效、促进清洁能源可持续发展的标准化模式，打造适应性的降碳运营模式，以自身绿色发展实践为基础，输出绿色发展场景解决方案，助力子公司或外部企业降低用能成本、实现节能减碳。

教师服务

感谢您选用清华大学出版社的教材！为了更好地服务教学，我们为授课教师提供本书的教学辅助资源，以及本学科重点教材信息。请您扫码获取。

教辅获取

本书教辅资源，授课教师扫码获取

样书赠送

企业管理类重点教材，教师扫码获取样书

清华大学出版社

E-mail: tupfuwu@163.com
电话：010-83470332 / 83470142
地址：北京市海淀区双清路学研大厦 B 座 509

网址：https://www.tup.com.cn/
传真：8610-83470107
邮编：100084